"十三五"国家重点出版物出版规划项目
现代机械工程系列精品教材
"十二五"普通高等教育本科国家级规划教材
普通高等教育"十一五"国家级规划教材

内 燃 机 设 计

第 3 版

袁兆成　主编

袁兆成　赵铁良　编著

钱耀义　主审

机 械 工 业 出 版 社

本书是"十三五"国家重点出版物出版规划项目。

本书讲述了内燃机设计的基本理论、原则和方法。全书共分 11 章，内容包括内燃机曲柄连杆机构运动学、内燃机平衡的分析方法与平衡措施、曲轴系统扭转振动理论、配气凸轮的设计和机构动力学分析、主要零部件的设计原则和设计基准、润滑与冷却系统的设计参数选取原则等。在各章中都结合现代设计理论、手段和工具的发展介绍了现代设计方法的应用。

本书为能源与动力工程专业中内燃机专业方向的本科生教材，也可供从事内燃机设计、制造和开发的工程技术人员参考。

本书配有电子课件，向授课教师免费提供，需要者可登录机工教育服务网（www.cmpedu.com）下载。

图书在版编目（CIP）数据

内燃机设计/袁兆成主编.—3 版.—北京：机械工业出版社，2018.9
（2024.1 重印）

"十三五"国家重点出版物出版规划项目　现代机械工程系列精品教材
"十二五"普通高等教育本科国家级规划教材　普通高等教育"十一五"国家级规划教材

ISBN 978-7-111-60588-1

Ⅰ.①内…　Ⅱ.①袁…　Ⅲ.①内燃机-设计-高等学校-教材　Ⅳ.①TK402

中国版本图书馆 CIP 数据核字（2018）第 171535 号

机械工业出版社（北京市百万庄大街 22 号　邮政编码 100037）
策划编辑：蔡开颖　责任编辑：蔡开颖　王海霞　尹法欣
责任校对：刘雅娜　封面设计：张　静
责任印制：李　昂
北京捷迅佳彩印刷有限公司印刷
2024 年 1 月第 3 版第 4 次印刷
184mm×260mm·19 印张·463 千字
标准书号：ISBN 978-7-111-60588-1
定价：49.00 元

凡购本书，如有缺页、倒页、脱页，由本社发行部调换

电话服务　　　　　　　　　　　网络服务
服务咨询热线：010-88379833　　机 工 官 网：www.cmpbook.com
读者购书热线：010-88379649　　机 工 官 博：weibo.com/cmp1952
　　　　　　　　　　　　　　　　教育服务网：www.cmpedu.com
封面无防伪标均为盗版　　　　　金　书　网：www.golden-book.com

前言

  本书在2012年第2版的基础上进行了修订，并增加了实践性和指导性更强的设计内容，如"V型多缸机错拐曲轴系统平衡性分析""曲轴基准相关问题""内燃机主要部件的设计基准"，更多地考虑了我国高校内燃机专业方向本科生的课堂学习需要以及企业技术人员进行内燃机自主开发设计的技术需求和现状。本书主要内容包括：曲柄连杆机构运动学、受力分析，内燃机平衡的分析方法与平衡措施，曲轴系统扭转振动理论，配气凸轮设计方法、配气机构运动学和动力学，主要零部件的设计原则和设计基准，润滑与冷却系统的设计参数选取原则等。在各章内容中结合了各种现代设计方法的应用和作者长期从事内燃机设计研究的工作体会与经验。由于课时有限，书中一些章节的内容（标注 * 部分）不必全部作为课堂教学内容，可以作为自学内容或设计人员的参考资料。有关章节的详细内容可参阅其他相关文献。本书适用于能源与动力工程专业中内燃机专业方向的本科生教学。

  本书由吉林大学袁兆成教授主编，袁兆成和赵铁良（吉利汽车）编著。本书部分章节由苏岩整理，方华教授提供了部分CAE图片，李帅计算并提供了第三章中"V型多缸机错拐曲轴系统平衡性分析"的主要内容和全部表格，钱耀义教授对本书进行了审阅并提出了宝贵意见，在此对于他们的辛勤劳动一并致以诚挚的感谢。

作　者

本书主要符号表

符号	名称	符号	名称
a	活塞加速度	P_L	升功率
A	面积，活塞顶投影面积	Q	热量
A_m	断面积	r	曲柄半径
A_f	气门开启通过断面积（时间断面）	S	行程
C	刚度，曲柄连杆机构往复惯性力，常数	S_0	活塞环自由端距
C_0	机构刚度	T	热力学温度，振动周期
C_s	弹簧刚度	v	速度
d	直径	v_m	活塞平均速度
D	气缸直径	V	体积
D_1	曲轴主轴颈直径，风扇轮叶内径	V_h	单缸工作容积
D_2	连杆轴颈直径，风扇轮叶外径，曲轴销直径	W	机械功
e	偏心距，轴的柔度	x	活塞运动位移
E	弹性模量	Z	气缸数
F_j	往复惯性力	α	曲轴转角，曲柄转角，过量空气系数，攻角
F_r	旋转惯性力	β	连杆摆角，材料膨胀系数
F_k	径向力	γ	V型发动机气缸（轴线）夹角，气门锥角
F_t	切向力	δ	壁厚，厚度，发动机运转不均匀系数
g_e	燃油消耗率	ε	压缩比，轴颈在轴承中的偏心率，平衡系数，过量平衡率
g_m	机油消耗率		
G	切变模量	η_i	指示热效率
h	挺柱、气门升程，高度	η_m	机械效率
H	升程，高度，活塞总高度	η_v	充气效率
H_u	燃料低热值	η_V	容积效率
i	摇臂比	θ	凸轮工作段半包角
I	断面惯性矩，转动惯量	λ	连杆比，热导率
l	长度	μ	转矩不均匀系数，流量系数，总适应性系数
l_0	理论空气量	ξ	阻尼系数，盈亏功系数
l_v	气门杆长度	ρ	凸轮曲率半径，密度
m	质量	σ	应力
m'	活塞组质量	τ	冲程数，切应力
m_1	连杆往复部分质量	φ_c	凸轮转角
m_2	连杆旋转部分质量	$\varphi_{e1}, \varphi_{e2}$	配气相位排气提前角和滞后角（曲轴转角）
M	转矩或弯矩	$\varphi_{i1}, \varphi_{i2}$	配气相位进气提前角和滞后角（曲轴转角）
n	发动机转速，标定转速	ϕ	包角
n_c	凸轮轴转速	Φ	热流量
p	压力	ψ_F	比时间断面
p_{me}	平均有效压力	ψ_{Fm}	凸轮型线丰满系数
P_e	有效功率，标定功率	ω	角速度，圆频率
P_i	指示功率	ω_e	固有频率

目 录

前　言
本书主要符号表
第一章　内燃机设计总论 ………………… 1
　第一节　内燃机设计的一般流程 …………… 1
　第二节　内燃机的主要设计指标 …………… 4
　第三节　内燃机的选型 …………………… 10
　第四节　内燃机主要参数的选择 ………… 13
　第五节　现代内燃机设计与技术的发展 … 24
　思考及复习题 …………………………… 26
第二章　曲柄连杆机构受力分析 ………… 27
　第一节　曲柄连杆机构的运动学 ………… 27
　第二节　曲柄连杆机构中的作用力 ……… 34
　思考及复习题 …………………………… 43
第三章　内燃机的平衡 …………………… 45
　第一节　平衡的基本概念 ………………… 45
　第二节　旋转惯性力的平衡分析 ………… 47
　第三节　单列式内燃机往复惯性力的平衡
　　　　　分析 ……………………………… 54
　第四节　双列式内燃机往复惯性力的分析 … 69
　思考及复习题 …………………………… 96
第四章　曲轴系统的扭转振动 …………… 98
　第一节　扭转振动的基本概念 …………… 98
　第二节　内燃机当量扭振系统的组成与
　　　　　简化 ……………………………… 99
　第三节　扭振系统自由振动计算 ………… 106
　第四节　强迫振动与共振 ………………… 110
　第五节　曲轴系统的激发力矩 …………… 113
　第六节　曲轴系统的强迫振动与共振 …… 117
　第七节　扭振的消减措施 ………………… 119
　第八节　扭振的现代测试分析方法 ……… 123
　思考及复习题 …………………………… 127
第五章　配气机构设计 …………………… 128
　第一节　配气机构的形式及评价 ………… 128
　第二节　配气机构运动学和凸轮型线
　　　　　设计 ……………………………… 132
　第三节　配气机构动力学 ………………… 144
　第四节　凸轮轴及气门驱动件设计 ……… 149
　*第五节　可变配气机构 …………………… 168
　思考及复习题 …………………………… 174
第六章　曲轴飞轮组设计 ………………… 175
　第一节　曲轴的工作情况、设计要求和材料
　　　　　选择 ……………………………… 175
　第二节　曲轴的结构设计 ………………… 177
　第三节　曲轴的疲劳强度校核 …………… 182
　第四节　提高曲轴疲劳强度的结构措施和
　　　　　工艺措施 ………………………… 184
　第五节　飞轮的设计 ……………………… 188
　思考及复习题 …………………………… 192
第七章　连杆组设计 ……………………… 193
　第一节　连杆的设计 ……………………… 193
　第二节　连杆螺栓的设计 ………………… 201
　第三节　提高螺栓疲劳强度的措施 ……… 204
　第四节　连杆的强度计算方法 …………… 205
　思考及复习题 …………………………… 205
第八章　活塞组设计 ……………………… 206
　第一节　活塞设计 ………………………… 206
　第二节　活塞的结构设计 ………………… 209
　第三节　活塞环设计 ……………………… 220
　思考及复习题 …………………………… 240
第九章　内燃机滑动轴承设计 …………… 242
　第一节　轴承的工作条件和材料要求 …… 242
　第二节　轴瓦的结构设计 ………………… 245

第三节　轴心轨迹 …………………………… 248
思考及复习题 ………………………………… 251
第十章　机体与气缸盖的设计 …………… 252
　第一节　机体设计 …………………………… 252
　第二节　气缸与气缸套设计 ………………… 262
　第三节　气缸盖设计 ………………………… 266
　*第四节　内燃机主要部件的设计基准 …… 272

思考及复习题 ………………………………… 276
第十一章　内燃机的润滑和冷却系统 … 277
　第一节　润滑系统 …………………………… 277
　第二节　冷却系统 …………………………… 279
　思考及复习题 ……………………………… 294
参考文献 …………………………………… 295

第一章

内燃机设计总论

> **本章学习目标及要点**
>
> 本章的主要目的是使学生在整体上了解往复式内燃机设计的一般流程；内燃机主要设计指标的发展趋势、影响因素以及确定原则；不同内燃机形式的应用特点和选择依据；内燃机主要设计参数对内燃机性能的影响及其选择等。

第一节 内燃机设计的一般流程

内燃机的开发设计是一项非常复杂的工作，一般由以下几个阶段组成。

一、产品开发计划阶段

此阶段由下述环节组成：

（1）确定任务　主要根据市场需要、国家相关法规要求和现有技术水平（进行必要性、可行性论证）来确定要开发的产品。这个环节应该在企业产品规划中确定，有长期规划，也有短期规划。

（2）组织设计团队　根据任务挑选合适人选，做到人员结构合理、技术结构合理。

（3）调查研究

1) 访问用户，调查市场对欲开发产品的要求和技术需求。

2) 了解制造厂的工艺条件、设备能力及配件供应情况。

3) 收集同类先进产品的资料，包括性能参数、结构方案。

4) 确定参考样机。现在没有从零开始的产品设计，一般都是在某个参考机型的基础上进行改进设计。

（4）确定基本性能参数和结构形式　主要通过同类机型对比、经验公式计算、热力学计算、动力学计算和整机一维模型仿真分析来确定。

（5）拟订设计任务书　设计任务书的主要内容有：

1) 说明开发该产品的原因、主要用途、适用范围等。

2) 说明内燃机的主要设计参数和要达到的技术指标。

① 形式（汽油、柴油或其他燃料）、气门数、直立或卧式、燃烧室形式。

② 总排量、气缸数。

③ 标定功率 P_e、标定转速 n、最大转矩 M_{emax}、最大转矩转速 $n_{M_{emax}}$。

④ 冲程数 τ（4 或 2）、气缸直径 D、行程 S。

⑤ 气缸排列方式（直列、V 型）。

⑥ 排污指标（噪声、废气）。

⑦ 燃油消耗率 g_e [g/(kW·h)]。

⑧ 平均有效压力 p_{me}。

⑨ 活塞平均速度 v_m。

⑩ 机油消耗率 g_m [g/(kW·h)]。

⑪ 冷却方式（水冷或风冷）。

⑫ 大修期、保用期，一般大修期是保用期的 2 倍。

⑬ 质量和外形尺寸，与用途有关（大型车、小型车、固定式）。

3) 主要结构及零件参数，如燃烧室、压缩比、燃油供应方式、配气机构、润滑系统、冷却系统、起动系统、零部件（活塞、连杆、曲轴飞轮、机体及气缸盖）。

4) 产品系列化和变型、强化的可能性。

设计任务书是一个简单的设计任务描述，其中的某些指标还要在设计中进行调整。在设计完成之后，还要编写比较详细的设计说明书，对所设计的发动机进行总体和分部分描述，对主要参数的选取进行说明，有计算过程的要将计算过程、计算原始数据和计算结果以计算报告的形式提交。设计说明书是企业产品的重要技术档案资料。

二、设计实施阶段

此阶段是把设计计划付诸实施的阶段，包括以下内容。

1. 总布置设计及零部件设计

在确定总体方案之前，一般要先拟订几种方案，进行多方案讨论、分析和比较。经过反复修改后得出初步方案，随即进行下面的工作程序。

1) 内燃机总布置设计，零部件三维实体造型和虚拟装配。确定主要零部件的允许运动尺寸、结构方案、外形图（图 1-1）。

2) 按照企业标准编制零部件图样目录。

3) 进行零部件三维图细致设计，绘制零部件工作图、整机纵横剖面图。

2. 主要零部件和单缸机的试制（现在往往省略单缸机的试制）

3. 系统及零部件的理论分析、虚拟试验以及系统标定

此阶段主要进行曲轴、连杆、活塞销等受力零部件的理论强度校核，零件疲劳强度试验（现在多以虚拟试验为主）；配气凸轮、机构零部件设计，配气机构动力学计算评价；平衡系统的设计计算；气道流动仿真评价；燃烧仿真评价；配气相位优化；冷却水温度场分布；冷却系统、润滑系统和起动系统的参数设计；发动机燃料供给系统设计（包括电控系统设计与匹配）。

图 1-1 整机设计三维总装图

4. 单缸机试验（可省略）

此阶段主要考证各个系统参数是否满足设计要求，获取必要的第一手资料。

三、产品试制检验阶段

1. 试制多缸机样机

完成总体设计和零部件强度理论计算之后，就可进行多缸机的施工设计。此阶段决定零部件的加工精度和工艺处理规范、部件结构调整等。对于形状比较复杂、需要进行模具制造的零部件，如机体、缸盖等，现在多以快速成形的方法进行试制，以减少试制成本、提高开发速度。

2. 多缸机试验

此阶段要进行整机磨合、性能调整、电控系统标定、性能试验、耐久性试验、可靠性试验、配套试验和扩大用户试验。

四、改进与处理阶段

1. 样机鉴定与改进

在总结了单缸机试验、多缸机试制、样机性能试验和用户配套试验结果的基础上，往往要进行多方面的综合改进和进一步的试验观察，然后由企业或地方主管部门组织新产品鉴定。鉴定时，设计和试制单位需要提供的主要文件有：

1) 设计任务书。
2) 内燃机研发试制总结。
3) 内燃机动力性、经济性、耐久性、排放特性和噪声水平等性能试验报告。
4) 内燃机生产产量成本盈亏分析。
5) 市场需求预测分析。

6）用户使用报告。

7）相关标准审查报告。

2. 小批量生产和扩大用户试验

内燃机是一个十分复杂的技术系统，涉及水、油、气的流动与密封，工质燃烧、做功与传热，机械传动等多个复杂的物理和化学过程，用户要求和使用工况的变化非常大。因此，必须经过小批量生产和逐步扩大用户使用试验，经过严密的设计和严格的生产工艺调整，才能最终进行正式商业化生产。

关于内燃机设计的"三化"要求：

(1) 产品系列化　它是指以较少的相同基本规格尺寸（如气缸直径、活塞行程），通过不同的气缸排列、增减气缸数目、改变进气增压度等使内燃机功率的覆盖范围扩大，以满足不同需求。也可以保持整机外形尺寸不变，大多数零部件和辅助系统不变，通过适当扩大或缩小气缸直径，或者适当改变活塞行程，从而改变内燃机功率的适用范围。

(2) 零部件通用化　它是指同一系列机型的主要零件能够通用，这样可以减少零部件的开发和生产成本，避免过多的零部件采购和供应环节，也方便用户的使用。

(3) 零件设计标准化　它是指按照国家标准、行业标准或企业标准进行设计，提高设计图样和资料的可读性和交流性，便于技术交流，同时也可起到减少生产和采购成本的作用。

"三化"可以提高产品的质量，减少设计成本，便于组织专业化生产，提高劳动生产率，便于使用、维修和配件供应。

总之，内燃机的设计与开发是一个相当复杂的过程，一个型号的产品往往要经过几年的设计与开发周期才能得以完善。

第二节　内燃机的主要设计指标

一、动力性指标

1. 有效功率 P_e

有效功率 P_e(kW) 的计算公式为

$$P_e = \frac{p_{me}V_h Zn}{30\tau} = 0.785 \frac{p_{me}v_m ZD^2}{\tau} \tag{1-1}$$

式中，p_{me} 为平均有效压力（MPa）；v_m 为活塞平均速度（m/s）；V_h 为单缸工作容积（L）；Z 为气缸数；n 为转速（r/min）；D 为气缸直径（mm）；τ 为冲程数，四冲程 $\tau=4$，二冲程 $\tau=2$。

可见，有效功率 P_e 受到上面各参数的影响。在设计转速和结构参数基本确定之后，影响有效功率的主要参数为平均有效压力。平均有效压力的表达式为

$$p_{me} = \eta_i \eta_v \eta_m \frac{H_u \rho_s}{\alpha l_0} \tag{1-2}$$

式中，η_i 为指示热效率；η_v 为充气效率；η_m 为机械效率；H_u 为燃料低热值；ρ_s 为进口状态下空气密度；l_0 为理论空气量；α 为过量空气系数。

从式 (1-2) 可以看出，影响平均有效压力，也就是影响有效功率的关键参数是指示热

效率、气缸充气量（$\eta_v, \rho_s/\alpha$）和机械效率 η_m，因此应该主要从这几方面入手来提高有效功率，后面会介绍提高 p_{me} 的具体措施。在初始设计阶段，可以由表1-6根据内燃机用途和参数初步确定平均有效压力的范围，进而确定内燃机的有效功率。

2. 转速 n

提高内燃机的转速可以使功率提高，从而使单位功率的体积减小、重量减轻。但是转速的提高会导致以下问题：

1）惯性力增加，从而导致机械负荷增加，平衡和振动问题突出，噪声增加。

2）工作频率增加，从而导致活塞、气缸盖、气缸套和排气门等零件的热负荷增加。

3）摩擦损失增加，机械效率 η_m 下降，从而使燃油消耗率 g_e 增加，磨损寿命变短（主要由 v_m 增加所致）。一般高速发动机采用短行程，以降低活塞的平均速度。

4）进、排气系统阻力增加，充气效率 η_v 下降。

柴油机由于其混合气形成速度和燃烧速度比较慢的原因，转速不会太高，转速在1000r/min 以上的为高速，600~1000r/min 为中速，600r/min 以下为低速。汽油机的转速范围很宽，小缸径汽油机的转速可以达到10000r/min，一般轿车用汽油机的转速可达到6000r/min 左右。汽油机的最大缸径受爆燃的限制，一般不超过100mm。同样原因，大缸径汽油机的转速也不高。

各种用途的内燃机转速范围见表1-1。

发电机组内燃机受电网频率和磁极对数的限制，转速 n（r/min）应为

$$n = 60 \frac{f}{p} \tag{1-3}$$

式中，f 为电网频率（Hz），一般为50Hz；p 为发电机磁极对数。

表1-1 各种用途的内燃机转速范围 （单位：r/min）

用途	柴油机	汽油机
汽车	1500~5000	2500~6000
工程机械与拖拉机	1500~2800	2000~3600
内燃机车、发电机组	900~1500	2800~3600
摩托车、摩托艇	—	5000~10000
中小型农用动力	1200~3000	3000~6000
船舶（高速）	1000~2000	1500~2500
船舶（低速）	300~850	—

3. 最大转矩 M_{emax} 及最大转矩转速 $n_{M_{emax}}$

内燃机的标定功率和标定转速确定以后，其标定转速下的转矩（N·m）可表示为

$$M_e = \frac{P_e}{n} \times \frac{30000}{\pi} = \frac{P_e}{n} \times 9549.3 = \frac{318.3 p_{me} Z V_h}{\tau} \tag{1-4}$$

式中，P_e 为标定功率（kW）；n 为标定转速（r/min）；p_{me} 为平均有效压力（MPa）；Z 为气缸数；V_h 为单缸工作容积（L）；τ 为冲程数。

实际上，内燃机给出的转矩指标都是最大转矩 M_{emax}，而不是标定转速下的转矩 M_e。M_{emax} 对应的转速为 $n_{M_{emax}}$，小于标定转速 n。

汽车、拖拉机、工程机械和农用动力用内燃机等除对功率和转速有要求外，还要求具有一

定的转矩储备,以克服短时间的外界阻力。城市用载客汽车更强调低速转矩特性和低速区燃油经济性,因为在城市交通环境中有50%以上的时间运行在低速工况下。表征转矩储备的参数为转矩储备系数,又称为转矩适应性系数,它是最大转矩与标定转速下转矩的比值,即

$$\mu_\mathrm{m} = \frac{M_\mathrm{emax}}{M_\mathrm{e}} > 1 \tag{1-5}$$

标定工况转速和最大转矩转速之比称为转速适应性系数,即

$$\mu_\mathrm{n} = \frac{n}{n_{M_\mathrm{emax}}} > 1 \tag{1-6}$$

总适应性系数 $\mu = \mu_\mathrm{m} \mu_\mathrm{n}$,它随用途的不同而有不同的要求。各种动力装置对内燃机适应性系数的要求见表1-2,可以根据表中所列系数和设计任务书给定的设计参数(标定转速 n 和标定功率 P_e)初步确定最大转矩 M_emax 及其对应转速 n_{M_emax}。

表1-2 各种动力装置对内燃机适应性系数的要求

动力装置	汽油机			柴油机		
	μ_m	μ_n	μ	μ_m	μ_n	μ
汽车	1.1~1.25	1.5~2	1.65~2.5	1.05~1.2	1.1~1.25	1.1~1.25
工程机械	1.2~1.45	1.6~2	1.9~2.9	1.15~1.4	1.6~2	1.85~2.8
拖拉机	1.2~1.3	1.6~2	1.9~2.6	1.15~1.25	1.6~2	1.85~2.5

二、经济性指标

内燃机的经济性指标主要指燃油消耗率指标,即每千瓦时的燃料消耗质量。对于固定工况下使用的内燃机,是指标定功率下的燃油消耗率;对于变工况下使用的内燃机,则一般是指万有特性曲线上的最低油耗率。如说某内燃机的最低油耗率,则是就万有特性曲线上的最低油耗率而言。当然,万有特性曲线上的低油耗区越广,则变工况下使用的内燃机的使用经济性越好。

1. 燃油消耗率 g_e [g/(kW·h)]

降低 g_e 的措施主要有提高指示热效率 η_i 和机械效率 η_m。一般车用内燃机的燃油消耗率为:

车用汽油机   250~380g/(kW·h)
车用柴油机   200~260g/(kW·h)

目前出现的缸内直喷汽油机,其燃油消耗率理论上可以达到200g/(kW·h)甚至更低,但这是指在缸内直喷且实现分层稀燃的前提下,否则很难达到。无论如何,内燃机的经济性是内燃机设计师和使用者永远追求的目标。

2. 机油消耗率 g_m [g/(kW·h)]

机油的价格远高于燃油,希望使用中的消耗量尽量少,而且要求在两个保养期之间不要添加机油,这在乘用车上已经实现了,但在重型商用车上还是比较严重的问题。重型商用车柴油机的机油消耗量比较大,为了保证运行安全,在连续运行2000km之后,需要添加1.5~2L机油。

设计发动机时,一般情况下按照燃油消耗量的百分比计算机油消耗量,我国企业现在按照燃油消耗量的1%以下确定机油消耗量。随着排放要求的提高及燃烧效率的提高,燃油形

成的颗粒物密度在减小，未燃机油形成的排放颗粒物的密度越来越大，因此要求发动机的机油消耗量要尽可能少。国外发动机在设计上要求机油消耗量为燃油消耗量的 0.1%~0.2%，将来机油消耗量的目标肯定会更低。我国已经出现使机油消耗量达到 0.04g/(kW·h) 的新型油环技术，这将大大降低重型商用车的使用成本，也将有利于中重型柴油机达到更严的颗粒物排放标准。

三、可靠性、耐久性指标

1. 可靠性

可靠性是指在规定的运转条件下及规定的时间内，具有持续工作、不会因为故障而影响正常运转的能力。可靠性高的内燃机在保证期内不应发生停车故障和需要更换主要或非主要零件的故障。

以下零件被规定为主要零件：机体（包括机座、曲轴箱）、油底壳、曲轴、齿轮、凸轮轴、传动链、传动带、油泵凸轮轴、气缸盖、缸套、活塞、连杆、连杆轴瓦、连杆螺栓、活塞销、进排气门及座圈、气门弹簧、摇臂、调速器弹簧、调速器飞块和销子、机油泵齿轮、活塞环、油泵柱塞偶件、出油阀偶件、喷油器。

2. 耐久性

耐久性是指从开始使用起到大修期的时间。内燃机的大修期一般取决于缸套和曲轴磨损达到极限尺寸的时间（h），此时内燃机不能继续正常工作，使用中的对外表现通常为：内燃机起动困难甚至无法起动、排气冒蓝烟、机油消耗量明显加大、动力性明显下降和内燃机工作噪声变大等。

四、质量、外形尺寸指标

质量、外形尺寸是评价设计紧凑性和金属利用程度的指标。不同用途的内燃机对质量和外形尺寸指标的要求不尽相同。比如，汽车发动机要求质量和外形尺寸都要小，而工程机械和拖拉机则可稍大一些。不管怎样，设计紧凑、质量小总是内燃机设计追求的目标。

衡量内燃机质量的指标是比质量 m/P_e（kg/kW），内燃机的比质量范围见表 1-3。

表 1-3 内燃机的比质量范围　　　　　　　　（单位：kg/kW）

用 途	柴油机	汽油机
汽车用	4~6	1~2.5
小型农用	单缸 16~26 多缸 5.5~16	2~8 1.5~6
工程机械用	4~7	1~4
机车用	3.4~7.5	—
船用	13.5~19	

衡量内燃机外形尺寸紧凑性的指标是体积功率 P_V（kW/m³）：$P_V = P_e/V$。

五、低公害指标

1. 噪声

内燃机的噪声主要来自燃烧噪声、气体流动噪声和机械噪声三个方面。目前我国仅有针对柴油机的噪声限值，还没有针对车用汽油机的噪声限值。现在主要通过对整车噪声的限制（表 1-4）来间接限制发动机的噪声。按照国家标准，内燃机的噪声测量按照 9 点法进行。测定内燃机噪声时，一般要在消声室里进行，也可以在混响室里进行，混响室的空间要尽量大，以保证有足够的声学空间，要尽量消除外部噪声源，并且要对测量结果进行本底噪声修正。内燃机的噪声大小用声压级 L_p(dB) 或声功率级 L_W（dB）（用 9 点法测量得出的结果）表示，一般还要对测量数据进行各种计权处理，仿照人耳的听力，一般采用 A 计权。所以在噪声数据上所见的噪声单位多用 dB（A）或 dBA 来表示。

燃烧噪声主要取决于缸内气压的压力升高率。一切有利于缩短滞燃期和减少该期间燃油注入量或可燃混合气生成量的措施，都有利于降低燃烧噪声。比如进气增压、燃油分段喷射、减小喷油提前角和减小点火提前角等。降低压缩比也是很有效的措施，一般与增压同时采用，否则会降低内燃机的动力性。

表 1-4 我国目前实行的汽车加速通过噪声限值

汽车分类	噪声限值(A)/dB	
	第一阶段	第二阶段
	2002.10.1~2004.12.31 期间生产的汽车	2005.1.1 以后 生产的汽车
M_1	77	74
M_2(GVM≤3.5t)，或 N_1(GVM≤3.5t) GVM≤2t 2t<GVM≤3.5t	78 79	76 77
M_2(3.5t<GVM≤5t)，或 M_2(GVM>5t) P<150kW P≥150kW	82 85	80 83
N_1(3.5t<GVM≤12t)，或 N_1(GVM>12t)： P<75kW 75kW≤P<150 kW P≥150kW	83 86 88	81 83 84

注：1. M_1、M_2（总质量 GVM≤3.5t）和 N_1 类汽车装用直喷式柴油机时，其限值增加 1dB（A）。
2. 对于越野汽车，当 GVM>2t 时：如果 P<150kW，其限值增加 1dB（A）；如果 P≥150 kW，其限值增加 2dB（A）。
3. M_1 类汽车，若其变速器前进档多于 4 个，P>150kW，P 与 GVM 之比大于 75kW/t，并且用三档测试时其尾端出线的速度大于 61km/h，则其限值增加 1dB（A）。

气体流动噪声主要通过进排气消声器来控制。风扇噪声主要通过合理设计风扇结构参数和合理控制风扇转速来达到控制目的。在中重型货车和大客车上，当接近发动机标定转速时，风扇噪声往往成为主要噪声源，因此对风扇噪声的控制应予以进一步重视。

机械噪声包括活塞拍击和气缸压力引起的机体表面振动噪声、油底壳表面振动和气门室表面振动噪声、气门落座冲击和传动件运动撞击振动噪声等。这方面的研究也已经比较深入，主要通过优化机体机构，采用整体式主轴承座、复合材料油底壳、液压挺柱、优化凸轮型线、非金属材料传动件和齿轮减振等措施来降低内燃机的机械振动噪声。

对于轿车发动机，其噪声水平占整车噪声的 35%~58%，因此控制发动机的噪声水平

（包括气体流动噪声）是使整车噪声满足限值的重要技术途径。

2. 有害气体排放

汽车的排放，就是内燃机的排放，说到汽车对于环境和空气的污染，实际上主要是内燃机的排放污染。当前，全世界都十分重视汽车的污染问题，都根据本国、本地区的实际情况制定了相应的汽车尾气排放法规。因此，在设计内燃机时，尤其是在设计车用内燃机时，一定要根据本地施行的法规制订合适的设计方案。表1-5为欧洲汽车尾气排放标准，我国的排放法规基本上是参照欧洲标准制定的。

表1-5 欧洲汽车尾气排放标准　　　　　　　　　　　　（单位：g/km）

		欧Ⅰ、欧Ⅱ			
GVM<2.5t ≤6人		欧Ⅰ,1995年底之前		欧Ⅱ,1995~2000年	
		汽油	柴油 IDI+DI	汽油	柴油 IDI　DI
转鼓试验台排放测试	CO	2.72(3.16)	2.72(3.16)	2.2	1.0　1.0
	HC+NO$_x$	0.97(1.13)	0.97(1.13)	0.5	0.7　0.9
	PM	—	0.14(0.18)	—	0.08　0.10
	蒸发量	2.0g/t	—	2.0g/t	—
		欧Ⅲ、欧Ⅳ			
GVM<2.5t ≤6人		欧Ⅲ,2000~2005年		欧Ⅳ,2005~2008年	
		汽油	柴油	汽油	柴油
转鼓试验台排放测试	CO	2.3	0.64	2.2	0.5
	HC+NO$_x$	—	0.56	—	0.3
	HC	0.2	—	0.1	—
	NO$_x$	0.15	0.5	0.08	0.25
	PM	—	0.05	—	0.025
	蒸发量	2.0g/t	—	2.0g/t	—
		欧Ⅴ、欧Ⅵ			
GVM<2.5t ≤6人		欧Ⅴ,2008~2012年		欧Ⅵ,2012年底起施行	
		汽油	柴油	汽油	柴油
转鼓试验台排放测试	CO	1.0	0.5	1.0	0.5
	HC+NO$_x$	—	0.23	—	0.17
	HC	0.1	—	0.1	—
	NO$_x$	0.06	0.18	0.06	0.08
	PM	0.005	0.005	0.005	0.005
	蒸发量	2.0g/t	—	2.0g/t	—

注：表中蒸发量是指每吨汽车质量蒸发的燃油量（g/t）；IDI指非直喷柴油机，DI指直喷柴油机。括号内的数字为生产一致性排放限值。

六、制造、使用、维护指标

内燃机首先要求好用（包括前面五项指标），能够满足各种性能要求，同时也要求使用方便（操纵性好，起动性好）、好修和好造。

操纵性好是指使用者不需要特别的专门技能，即可顺利地进行操作，而且在运行中不需要经常进行特别的调整就能维持稳定的运转工况。有些大型内燃机还要求水温、机油温度和压力等能自动报警、自动停车等。

起动性好是指冷车起动迅速可靠。对于船用、固定式及机车柴油机，一般要求在-5℃以上的环境温度下能顺利起动；对于汽车、拖拉机、中小型移动电站及农用柴油机，则要求在-5℃甚至更低的气温条件下，不附加任何辅助装置能顺利起动。

为了使内燃机便于维护保养、好修、好造，应使各调整部位便于接近，结构简单合理，工艺性良好。

对于汽车、拖拉机、工程机械和农用内燃机，其共同点是大量生产，功率范围和结构布置比较相近。在结构设计和总布置设计中，许多考虑因素都是共同的，都要求尽可能采用一般钢材，零部件的工艺性要好，要适合大量生产。它们的附属系统（如供油系、起动机、滤清器、散热器、水泵等）往往都是专业化生产的，这就更严格地要求符合"三化"的规定。对汽车、拖拉机、工程机械和农用内燃机的所有要求可概括为：

1) 高的动力性能。功率、转矩、使用转速范围均适合于工作机械的需要。

2) 高的燃料经济性。汽车发动机必须注意部分负荷和不稳定工况下的经济性，还要求燃油经济区尽可能宽，这在混合动力系统中尤为重要。

3) 高的工作可靠性和足够的使用寿命。现代较先进内燃机的寿命指标大致为：

汽车内燃机　　　　　　　大于 40 万～80 万 km；

拖拉机及农用内燃机　　　6000～10000h；

工程机械内燃机　　　　　10000～28000h。

4) 对于汽车内燃机，还要求振动和噪声尽量低，也就是所说的 NVH（Noise，Vibration and Harshness）性能。

第三节　内燃机的选型

目前，在汽车、拖拉机、工程机械、内燃机车、船舶、农用动力和小型发电机组装置中占统治地位的还是往复活塞式内燃机，这是由内燃机技术的发展和往复活塞式内燃机固有的优点所决定的。往复活塞式内燃机的主要优点是效率高、结构紧凑、机动性好，因而应用极广。但其本身也有一些难以克服的缺点：结构比较复杂，从而制造修理困难；有大量的摩擦表面，使用寿命受到限制；往复机构固有的旋转不均匀和产生较大的往复惯性力，引起整机振动等。因此，人们在发展往复活塞式内燃机的同时，也在寻求其他形式的动力机械。例如，燃气轮机具备结构简单、紧凑轻巧、零件较少、部件数量约为活塞式内燃机的 1/5、摩擦副数约为活塞式内燃机的 1/6 和牵引性能好等优点，但是其燃料经济性差，特别是在部分负荷时更加明显。此外，燃气轮机由于噪声大、寿命短、加速性能差、制动困难，加上涡轮叶片需要较多的耐热合金（镍、铬、钴、钨）等严重缺点而暂时还得不到推广。转子发动机具有结构简单、尺寸小和质量小等明显的优点，日本马自达公司已经推出使用转子发动机的轿车。但由于密封上存在的困难，转子发动机在可靠性、排放性和寿命等使用性能上还暂时赶不上往复活塞式内燃机。

近年来出现的其他动力形式,如混合动力(Hybrids)、燃料电池(Fuel Cell)等具有较大的潜力,混合动力主要的目的是节油,节省使用成本。由于世界石油能源危机和石油价格快速提升的压力,许多汽车制造公司都加大了对混合动力汽车的开发力度,世界各地都已经有混合动力汽车产品问世;由于港口起重机在搬运货物时存在频繁的货物下放能量释放问题,混合动力在港口起重机等设备上也受到了重视。但是由于成本、关键技术和电能储存等原因,汽车用混合动力距离大面积推广使用还有相当长的时间。燃料电池是最具有环保前景、效率最高、不使用石化燃料的下一代动力,但是由于催化剂成本太高、氢气制取技术不够成熟,以及燃料电池本身的一些技术问题还没有得到彻底解决,因此其在短时间里还没有代替往复活塞式内燃机的可能。

一、柴油机、汽油机或气体燃料发动机

目前广泛使用的内燃机主要是柴油机、汽油机和气体燃料发动机。在设计内燃机时,首先碰到的问题就是选择什么内燃机。这主要由两方面来决定:

1) 内燃机本身的技术经济特点和市场需求。
2) 地区或国家对环境和能源应用分布的要求。

下面主要从内燃机本身的技术经济特点进行阐述。

1. 柴油机的优点

1) 燃料经济性好。因为柴油机的热效率高,所以其燃料消耗率比较低,而且在工况变化时,燃料消耗率 g_e 曲线的变化历程比较平坦,这对于经常在部分负荷下使用的发动机来说是非常重要的。

2) 工作可靠性和耐久性好。由于柴油机没有用于点火的电路系统,因此出现故障的机会就比汽油机少了许多。加上柴油机的转速一般都低于汽油机,因此其耐久性也优于汽油机。

3) 可以通过增压、扩缸的方法增加功率。因为柴油机没有爆燃的问题,所以比较容易通过扩大缸径和装进气增压器的方法达到增加功率的目的。

4) 防火安全性好。柴油的挥发性比汽油差很多,不容易在空气中形成可燃气体,另外柴油的燃点比较高,混合气遇到明火也不会轻易点燃。

5) CO 和 HC 的排放比汽油机少。柴油机由于过量空气系数比较大,有充分的空气与柴油混合燃烧,只要喷雾和混合气形成过程比较正常,就可以燃烧得比较充分,因此排放物中的 CO 和 HC 产物比汽油机少,但是氮氧化物 NO_x 要明显多于汽油机。

2. 汽油机的优点

1) 空气利用率高,升功率高。大多数情况下,汽油机要保证在过量空气系数 $\alpha \approx 1$ 的情况下工作,也就是说进入气缸中的空气基本都能得到利用,气缸的工作容积也就得到了充分利用。化油器式的过量空气系数 α 较高,在 1.1 左右,电控喷射式则要求 $\alpha = 1$,因此汽油机的升功率较高。另外,一般情况下汽油机的转速比较高,因而也使升功率较高。

2) 制造成本低。因为汽油机没有柴油机喷油系统的精密偶件,零部件的强度要求也较低,因此制造成本低。

3) 噪声较低。汽油机低温起动性好,加速性好,工作柔和、运转平顺,因而噪声较低。

4) 比质量小。由于升功率高,最高燃烧压力低,所以结构轻巧、比质量小(汽油机的质量一般只有柴油机的一半)。

5) 不冒黑烟,颗粒排放少。

目前来讲,汽油机和柴油机由于所用燃料和工作方式的不同,各自的优点和缺点正好是相对应的。即柴油机的优点正好是汽油机的缺点,反之亦然。

现在开始实际使用的缸内直喷汽油机在使用经济性上已达到了很高的水平,已经与柴油机越来越接近了。在均质燃烧模式下,其最低燃油消耗率可以达到 239g/(kW·h) 左右;在实验室中使用分层燃烧模式时,其最低燃油消耗率可以达到 200 g/(kW·h) 甚至更低。

3. 气体燃料发动机的特点

气体燃料发动机主要使用压缩天然气(Compressed Natural Gas, CNG)、液化天然气(Liquified Natural Gas, LNG)、液化石油气(Liquified Petroleum Gas, LPG)。

1) 在汽油机上加装 LPG 燃气装置或 CNG、LNG 装置后,可以实现汽油/液化石油气或汽油/天然气切换(这样的模式称为 Bi-fuel 两用燃料),这种技术现在已经在城市出租车和公交车上得到了大面积使用。也可采用天然气/柴油混合模式,在小负荷时由少部分柴油引燃天然气,随着负荷的增加加大柴油的比例,直至全负荷时全部使用柴油作为燃料(这样的模式称为 Dual Fuel 双燃料)。还可以单独使用天然气作为发动机燃料,这时必须有点火装置来引燃天然气混合气,其压缩比略高于汽油机。

2) LPG 和天然气的辛烷值超过 100,因此现在提倡使用单一气体燃料的内燃机,这样可以提高压缩比以保证功率不损失或少损失。

3) 排放指标比较低,不冒黑烟。

4) 一般情况下使用经济性较好,气体燃料的价格也比汽油便宜。

5) 可以节省石油资源。从地球上的能源储存情况分析,石油燃料总有用尽的一天,而且各种理论都证明这一天不会太远。大量研究表明,最有可能代替石油燃料而大面积使用的下一代汽车燃料是天然气,还有储存在深海和地下的、储量极其丰富的可燃甲烷晶体(甲烷冰)。

6) 燃料供给采用多点电控喷射才能使混合气比较均匀。

一般车载质量 6t 以上用柴油机,3~6t 时汽油机、柴油机混用,3t 以下用汽油机居多,燃气则有较宽的使用范围。但是燃气汽车续驶里程短,大部分地区加气站不如汽油、柴油加油站分布广泛,所以燃气汽车多用于城市公交车、城市出租车。

使用其他代用燃料(氢气、醇类、醚类和生物柴油)的发动机都是在汽油、柴油发动机基础上改造而成的。

二、冲程数

(1) 四冲程内燃机　四冲程内燃机使用可靠,工作柔和、耐磨,经济性好,指标稳定,而且积累了丰富的生产、使用经验。其主要应用在汽车、拖拉机、坦克、柴油发电机组上,现在由于排放和经济性要求的提高,摩托车上也越来越多地使用四冲程发动机了。

(2) 二冲程内燃机　二冲程内燃机单位时间内工作循环数比四冲程内燃机多一倍,实际功率输出大 50%~70%,其体积小、质量小、结构简单,但经济性差。回流扫气二冲程发动机的结构很简单,因此二冲程小型汽油机在摩托车、摩托艇、喷雾机和割草机等小型动力装置上应用很广。由于二冲程功率密度大的优点,现在对于二冲程发动机的研究仍然很多,也取得了很大进展。

三、水冷、风冷

(1) 水冷方式　内燃机的机体和气缸盖内部铸有水套,内燃机的散热量主要由循环水带走。水冷方式的特点如下:

1) 冷却均匀,效果好,强化的潜力比风冷式发动机大。
2) 充气效率 η_v 大,平均有效压力 p_{me} 大。
3) 由于水的比热容大,因此受外界影响比较小。
4) 由于有水套隔离,因此向外辐射的噪声低。

(2) 风冷方式　气缸盖和机体外表面铸有散热片,没有水套,靠空气流动带走内燃机的散热量。风冷方式的特点如下:

1) 散热不好,热负荷高,喷油器易堵塞,机油易变稀,磨损大。
2) 可在沙漠等缺水地带使用,无冻裂现象,适用于军用装甲车辆。
3) 噪声大,因为没有水套来吸声。
4) 散热片铸造困难。
5) 冷却系统结构简单,无漏水现象。
6) 单体结构,维修成本低。

四、气缸的布置

内燃机气缸的布置主要由发动机的使用环境决定。

(1) 单列式　结构简单,工作可靠,成本低,使用维修方便,能够满足一般要求。

(2) 双列式　在增加功率、提高车厢有效利用面积的要求下,趋向采用双列式气缸。双列式气缸有V型、错缸型(缸心线平行、缸心线不平行)两种。在世界范围内,越来越多地采用V型双列式发动机结构。经验表明,从直列六缸过渡到V型八缸,在其他条件相同的情况下,可以使发动机的长度缩短约30%,质量减小约25%。特别是在气缸排量大于5~6L的情况下,采用高转速、短冲程V型发动机,不仅结构紧凑,而且可使机体、曲轴、凸轮轴和连杆的结构刚度增大,并且平衡性良好,进气系统完善,外形空间利用率高。

(3) 卧式　可布置在底盘中部或后部,从而可大幅度降低高度,改善面积利用率,开阔视野,提高了操纵性、机动性和驾驶员的工作舒适性。大型客车多采用这种形式。

第四节　内燃机主要参数的选择

内燃机的主要参数是进行内燃机设计时的主要依据和设计目标,掌握这些参数对内燃机各项性能的影响及其变化规律,对于内燃机设计来说是非常必要的。一般情况下,总是对与动力性指标直接相关的参数进行选择。内燃机的功率计算见式 (1-1)。

一、平均有效压力 p_{me}

平均有效压力 p_{me} 是衡量内燃机整个工作循环过程的有效性和内燃机制造完善性的指标

之一。因此，p_{me} 值的提高，是内燃机技术发展的重要标志。

平均有效压力 p_{me} 与混合气形成的方法、燃料的种类、燃烧和换气过程的质量、进气温度和压力以及机械效率等有关。由式（1-2）可知，平均有效压力 p_{me} 与充气效率、指示热效率和过量空气系数之比 η_i/α、机械效率 η_m 成正比，当然也与是否增压直接有关。统计的平均有效压力范围见表 1-6，确定发动机设计参数时，可根据具体机型和采用的技术进行选择。

表 1-6　中小功率高速内燃机的主要评价参数范围

参　　数	车用柴油机	增压柴油机	农用柴油机	车用汽油机	二冲程风冷汽油机	摩托车汽油机
活塞平均速度 v_m/(m/s)	8.5~12.5	8~11	6~10	10~15	13~17	13~17
平均有效压力 p_{me}/MPa	0.65~1.4	1~2.9	0.6~0.85	0.9~1.8	0.4~0.65	0.78~1.2
升功率 P_L/(kW/L)	11~25.8	15~40	8.8~14.7	22~70	18.4~73.5	51.8~88
比质量 (m/P_e)/(kg/kW)	4~6	—	5~24	2~3	1~2	1~2
转速 n/(r/min)	2000~5000	1500~2500	1500~2500	2800~6000	4000~10000	3600~10000
行程缸径比 S/D	0.75~1.2	0.9~1.3	0.9~1.26	0.7~1.2	0.7~1.2	0.7~1.2

提高 p_{me} 的途径主要有以下几方面：

(1) 提高充气效率 η_v　提高充气效率的途径主要是采用合理的进气系统，以减小阻力，增加进气。目前，已经有很多轿车发动机采用可变长度进气歧管，以保证全转速范围内的动力性都得到提高；采用合理的配气机构和配气正时（如可变配气相位机构、可变气门升程机构、丰满完善的凸轮型线、多气门结构等）；采用进气增压技术。

(2) 提高指示热效率 η_i　提高指示热效率的途径主要是提高压缩比 ε，汽油机现在已经能够做到 $\varepsilon=10.6$ 左右，缸内直喷汽油机的压缩比能够达到 12。汽油机压缩比的再提高主要受到爆燃和表面点火等不正常燃烧的限制。柴油机由于依靠高温高压使柴油自发点火，所以其压缩比一般为 14~22，直喷式柴油机的压缩比取上限，分隔式燃烧室柴油机的压缩比取下限。当直喷式柴油机采用增压技术后，为了降低机械负荷和减轻工作粗暴，压缩比要减小，现在甚至已经减小到上述范围的下限。降低传热损失（绝热活塞、绝热气缸）也是提高指示热效率的努力方向，但是会带来很多问题，如活塞过度膨胀造成拉缸等。加强燃烧室密封是提高缸内气体压力、有效提高循环功的有效措施，主要方法是合理设计活塞、控制最佳活塞间隙以及优化设计活塞环，使活塞环在任何工况下都能可靠密封和传递活塞热量。这些方法也是提高机械效率的必要措施。

(3) 提高机械效率 η_m　这包括：选择最佳的运动副配合间隙和摩擦材料，选择优质的机油，保持最佳热状况，减少活塞环数目，减少辅助系统消耗的功等；尽量减小机体的工作变形，减小运动件的配合间隙，选择优良的摩擦材料，提高工艺水平是最直接的措施。

(4) 调整燃油系统　对于柴油机还要注意燃油系统的调整，提高空气利用率，使过量空气系数 $\alpha \rightarrow 1$。

(5) 采用增压技术提高空气密度　这是提高充气效率的最有效途径，发动机在结构改变不大、质量增加很少的情况下，就能增加功率 30% 甚至更多。因为涡轮增压利用了废气中的能量，因此废气涡轮增压柴油机的燃料经济性较好。由于增压后气缸中的空气密度和温度升高，滞燃期缩短，从而使燃烧更为柔和，燃烧噪声降低。此外，废气涡轮还可以降低排气噪声。

当然，涡轮增压的柴油机可在变工况下使用，如用于汽车也是有一定问题的，即涡轮增压器的制造成本较高，而且对发动机的转速适应性不够理想，容易产生反应迟钝和高低速转速不匹配的现象。为了克服增压器工作范围不宽的缺陷，现在发展起来了可变涡轮增压技术，典型的技术有VGT（可变几何面积增压器）和VNT（可变喷嘴增压器）。这些新型增压器的设计思想就是根据工况变化改变作为涡轮机动力源的废气流通面积，控制压气机的转速，以达到根据需要控制压气量的目的，这样就可以更宽范围地发挥增压器的作用。

增压会带来一些问题，如：气缸压力变大，现在已经达到15MPa左右；机体、活塞、曲轴、连杆和气缸盖等零部件的机械负荷增加，导致零部件机械应力增加；燃烧温度升高，发动机热负荷增加，导致零部件热应力增加；水温升高，冷却系统的负担加重。这些问题都应该在设计阶段就加以考虑，要在结构、冷却、加工、材料等方面加以保证。

二、活塞平均速度 v_m

活塞平均速度 v_m（m/s）是表征发动机强化程度的主要参数，其公式为

$$v_m = \frac{2Sn}{60} = \frac{Sn}{30} \tag{1-7}$$

式中，S 为活塞行程（mm）；n 为发动机转速（r/min）。

在结构参数不变的情况下，v_m 提高，实际上就是发动机转速提高，可以使内燃机功率增加，但是 v_m 的增加会带来以下副作用：

1) 摩擦损失增加，机械效率 η_m 下降，活塞组的热负荷增加，机油温度升高，机油承载能力下降，发动机寿命降低。

2) 惯性力增加，导致机械负荷和机械振动加剧，机械效率降低，寿命降低。

3) 进排气流速增加，导致进气阻力增加，充气效率 η_v 下降。

一般情况下，v_m 值为：

汽油机　$v_m = 10 \sim 20$m/s，摩托车的发动机更高一些，可以达到25m/s。

柴油机　$v_m = 8 \sim 18$m/s，增压柴油机取中低范围。

为了使 v_m 不超过允许数值，现代汽油机往往采用短行程结构，即比较小的行程缸径比（S/D）。一般高速汽油机的 S/D 值为0.7~1，而柴油机因为要有较长的活塞行程来保证较大的压缩比以利于燃烧，其 S/D 值一般稍大于1，为 1.05~1.2。短行程发动机由于曲柄半径（$r=S/2$）较小，故在主轴颈和连杆轴颈不变的条件下，可以使曲柄轴颈的重叠度增大，从而提高曲轴的弯曲刚度和扭转刚度。

但是发动机的行程变短后也存在一定的问题，主要是会影响燃烧的完善性和膨胀的充分性，也会使排气温度有所升高，尤其是对柴油机而言。对于转速较低、缸径较大的发动机，则适于采用较大的 S/D 值。

三、气缸直径 D 和气缸数 Z

气缸直径 D 加大，有效功率 P_e 以直径平方的速度增加，但是惯性力也以直径平方的速

度增加，导致振动和机械负荷加剧，还会导致发动机气缸、活塞组、气缸盖、气门等零件的热负荷增加。汽油机受到爆燃的影响，其 D 一般不超过 110mm。车用柴油机的 D 为 80~160mm，机车和船用柴油机的 D 根据需要可以做得很大，但是速度随着 D 的增加要降低，否则会产生很大的惯性力。

现在的内燃机厂往往通过改变内燃机的 D 来达到扩大内燃机功率的目的。在原型机上改变 D，也是一种设计方法，不需要很多的设计工作量，但是要注意相关参数的改变和校核。D 改变之后，要做如下工作：

1) 计算气缸工作容积，并利用式（1-4）和式（1-5）计算标定功率和标定转速下的转矩 M_e。利用表 1-2 估算最大转矩 M_{emax} 和其对应转速。

2) 验算和调整压缩比、重新设计燃烧室。

3) 进行工作过程计算。

4) 重新选配活塞组零件，计算活塞组质量。

5) 确定是否需要改变气门直径和气门最大升程，是否需要重新设计凸轮型线。

6) 重新进行曲轴平衡分析，重新设计曲轴的平衡块及其布置。

7) 进行曲柄连杆机构动力计算，计算活塞侧向力、连杆力、切向力、径向力和单缸转矩，计算轴颈积累转矩。

8) 进行连杆轴承表面压力校核。

9) 计算曲轴系统的扭转振动，以确定是否需要重新匹配减振措施。

10) 计算分析冷却水流动和散热能力。

气缸数 Z 与气缸直径 D、转速 n 有着密切的联系。在同样的功率要求下，Z 越多，D 就可以缩小，n 就可以继续提高。Z 增加，有效功率 P_e 线性提高，发动机长度加大，平衡性得到改善。因此，增加 Z 是比较好的提高内燃机功率的办法。

同样，增减 Z，可以轻松地大幅度改变发动机的功率，是发动机系列化的重要措施。

四、行程 S

行程 S 增加，可以提高有效功率 P_e，增加输出转矩，但是在气缸直径不变的情况下，S 增加即行程缸径比 S/D 增加，会导致活塞平均速度 v_m 提高，引起磨损加速、寿命降低等问题。一般 S 的变化主要用于：

(1) 调节整机排量 $V_h Z = \dfrac{\pi}{4} D^2 S Z$。

(2) 调节耐久性 减小 S，即降低 S/D，可以减小侧向力和 v_m，减轻磨损。

(3) 调节转矩值 $M = F_t r \dfrac{\pi}{4} D^2 = F_t \dfrac{S}{2} \dfrac{\pi}{4} D^2$。

式中，F_t 为作用在连杆轴颈上的切向力。

要改变 S，应在结构上进行必要的改变和必要的计算，其包括：

1) 重新设计曲轴，使曲轴的曲柄半径 $r = S/2$。

2) 重新进行压缩比的计算和调整。

3) 重新设计缸套长度。

4）计算气缸工作容积，并利用式（1-4）和式（1-5）计算标定功率和标定转速下的转矩 M_e。利用表 1-2 估算最大转矩 M_{emax} 和其对应转速。

5）重新进行曲柄连杆机构的动力计算、平衡计算。

6）计算活塞平均速度和最大速度，确定活塞与缸套的摩擦情况。

7）曲柄半径改变，可能使连杆比 λ 发生变化。要确定连杆长度是否合适，达到最大连杆摆角时杆身是否与缸套下沿相碰，活塞位于下止点时曲轴平衡块是否与活塞裙部相干涉。一般情况下，如果 S 加大，连杆长度也要加大。

8）改变机体高度，或者将曲轴中心上下移动。

9）进行工作过程计算。

10）此时曲轴轴颈的重叠度会发生改变，尤其是在加大冲程的情况下，重叠度将减小，因此必须利用有限元方法验算曲轴的强度。

11）进行扭转振动的计算分析，确定是否需要改变减振器结构。

有些发动机的行程改变较小，为了避免过多的计算分析，常采用改变活塞顶岸高度的方法调节压缩比。

五、内燃机评定参数

发动机形式和主要参数选择的合理性以及机构的完善性，常用以下三个参数来评定。

（1）强化指标 平均有效压力 p_{me} 和活塞平均速度 v_m 的乘积通常称为强化指标（或称强化程度）。

（2）比质量 m/P_e 比质量是单位千瓦的净质量（kg/kW）。它表征工作过程的强化程度和结构设计的完善程度，数值越低越好。

（3）升功率 P_L(kW/L) 升功率 $P_L = P_e/(ZV_h) = p_{me}n/(300\tau)$，$P_L$ 取决于有效功率 P_e、气缸数 Z 和单缸工作容积 V_h，或者说取决于平均有效压力 p_{me}、转速 n 和冲程数 τ，表征发动机工作过程的完善性，也可以用来评定发动机的结构紧凑性和气缸利用程度。车用发动机发展的趋势之一是升功率不断提高。

对于内燃机的主要参数，决不可不经过实际调查，就凭主观想象选取。中小功率高速内燃机的主要评价参数范围见表 1-6。选定一个参数，必须伴随着相应的实际结构措施。例如，选择了较高的转速或平均有效压力，就要想办法在结构上予以保证。否则，设计指标不能实现，设计也只能是纸上谈兵，没有一点实用价值。

最后应该指出，目前所用的内燃机设计方法，一般还都是采用经验设计结合理论计算的模式，即先广泛地利用统计或经验数据，参考比较成功的同类型样机来具体地选择机件的结构、尺寸、材料和工艺，再经过必要的理论计算，通过样机试验，最后确定性能指标和结构参数。只不过现在模拟计算的比例越来越大，在很多方面起到了代替部分试验、校核经验设计和数据的作用。不管怎样，设计单位都需要掌握足够多的内燃机机型参数，建立内燃机参数数据库，这样才能快而好地设计出符合要求的内燃机。这也是国内汽车和内燃机企业较缺乏的基础技术资料和开发手段。

六、几种典型内燃机结构

下面是几种车用汽油机和柴油机的结构图（图 1-2~图 1-10），仅供参考。

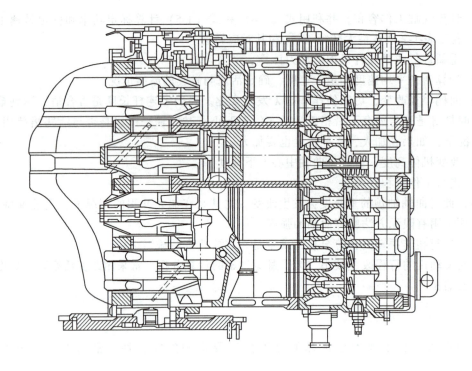

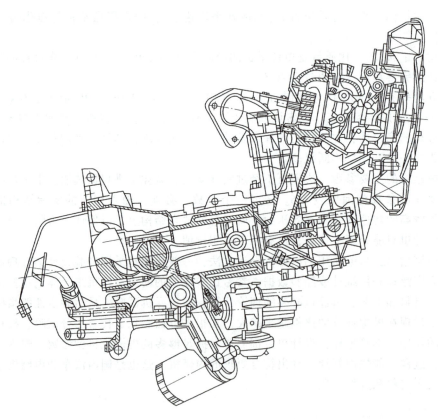

图 1-2 桑塔纳 1.6L 轿车汽油机

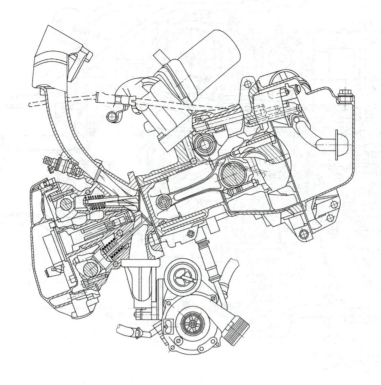
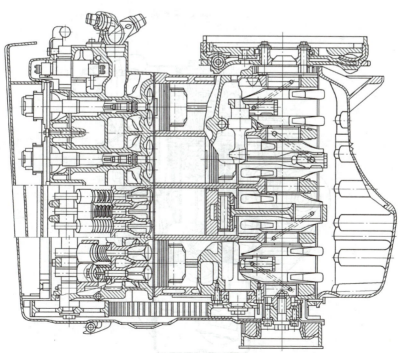

图 1-3 奥迪轿车汽油机

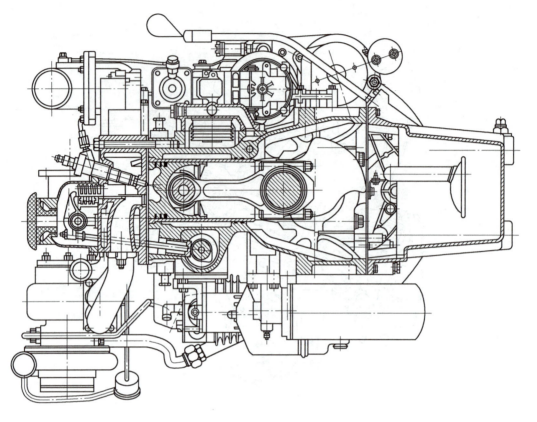

图 1-4 6110 柴油机

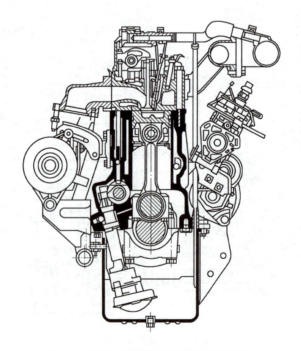

图 1-5 平分式铸铁机体整体气缸汽油机

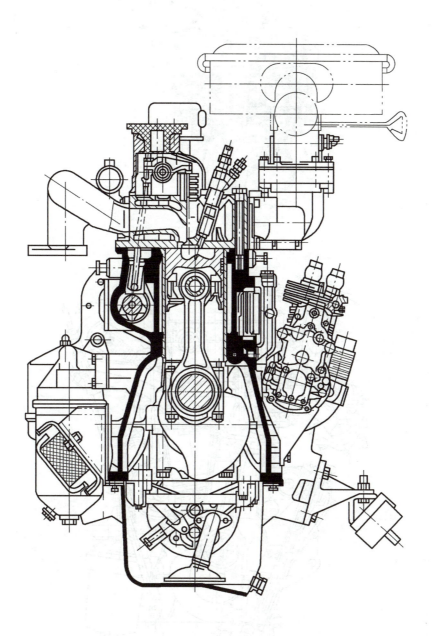

图 1-6 龙门式机体轻型柴油机

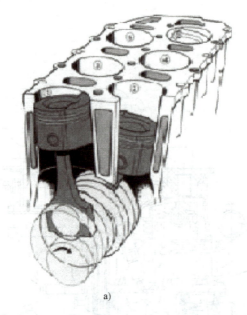

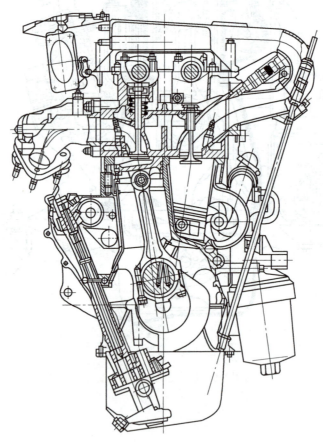

图 1-7 整体机体的双列式内燃机结构

a) 机体三维结构示意图 b) 实际横断面图

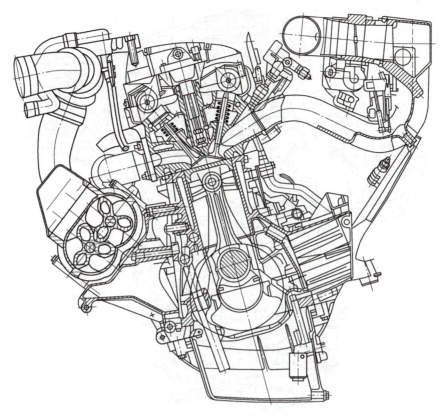

图 1-8　奔驰增压汽油机

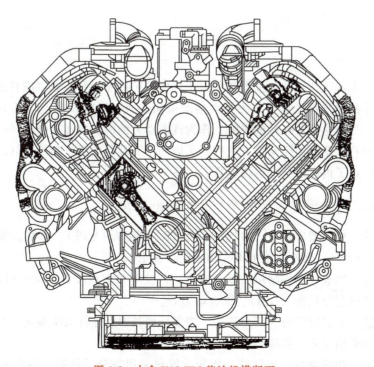

图 1-9　大众 V10 TDI 柴油机横断面

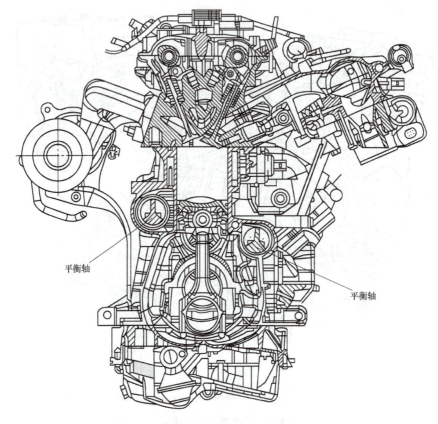

图 1-10 采用双轴平衡机构的 1.8L 奥迪 FSI 发动机横断面

第五节 现代内燃机设计与技术的发展

近年来汽车工业飞速发展，世界各国出于环境保护的需要和能源供应日益紧张的形势所迫，纷纷对汽车的尾气排放提出了更加严格的限制法规，同时要求汽车动力性更强、更省油、更加安静。受到这种大环境的影响，作为汽车动力的内燃机在不断地进行技术革新，许多新结构、新材料、新的加工制造方法得到了应用，尤其是内燃机新的设计理论和方法得到了广泛推广，促进了内燃机技术迅速提高。

一、新结构、新技术、新工艺和新材料的采用

（1）新结构　如新型燃烧室、多气门、可变配气相位（VVT）、可变长度进气管、可变增压器（VGT，VNT）、顶置凸轮机构（DOHC 或 SOHC）等。

（2）新技术　如废气涡轮增压、复合增压、汽油电控多点喷射、柴油机高压喷射系统、预喷射技术、缸内直喷汽油（GDI）、混合动力等。

（3）新工艺　如以铸代锻、压力铸造、表面处理技术、连杆大头裂解工艺、轴承盖裂解工艺、装配式凸轮轴工艺、直接铸造润滑油道等。

（4）新材料　如活塞环、进气管、齿轮、风扇采用高分子材料，活塞采用钢铝复合材

料、缸套、轴瓦采用新配方金属，油底壳采用三明治夹层、高分子涂层，气门室罩采用镁合金等，主要目的是减轻质量、减小阻力、减小磨损、隔振以及降噪隔声。

二、现代设计与分析方法

由于计算机技术和计算方法的飞速发展，现代的内燃机设计方法有了根本性的改变，主要体现在以下几个方面。

(1) 计算机辅助设计　它包括计算机三维建模与制图和工程分析计算。

1) 计算机制图。提高了绘图的速度和质量，便于保存和修改处理。

2) 工程分析计算。缩短了设计周期，降低了设计成本，提高了准确性。

(2) 仿真设计　如三维实体造型设计，气体、液体流动分析，冷却水温度场分析及水套优化设计，配气相位性能优化，喷雾模拟，燃油喷射模拟，燃烧模拟，散热器热交换三维仿真和结构设计，振动模拟分析，噪声仿真等。

(3) 优化设计　它是指结构形状优化（以质量最小、应力最小、变形最小或阻力最小等为优化目标），多采用线性规划法、复合形法、惩罚函数法等。

(4) 工程数据库　它可用来积累和管理技术数据，摆脱对某个技术人员的依赖，提高设计技术的继承性，方便技术咨询、数据查询及设计流程管理。实际上，工程数据库对于内燃机产品设计是非常重要的，一个企业能不能真正具有自主开发产品的能力，与它是否拥有全面、细致、完整的技术数据库有直接关系。这也是国内企业在产品开发中最缺乏的关键技术。

(5) 可靠性设计方法　可靠性是指产品或零件在规定的条件下、规定的时间内能够持续工作，不致因故障而影响正常运转的能力。可靠性设计也称为概率设计，主要是利用应力强度干涉模型，求出零件的失效概率和可靠度。可靠度是零件可靠性设计的准则，以零件可靠度不低于规定值作为结构安全的判据。可靠度可以表示为

$$R(x) = P(x_q > x_y) = P(x_q - x_y > 0) \tag{1-8}$$

曲轴、连杆等内燃机中工作强度比较大的零件，不允许在实际使用中发生断裂破坏。因此，常采用可靠性分析与设计方法研究零部件的可靠程度。所谓可靠性，可用应力-强度干涉模型进行解释。以曲轴为例，x_{q0}是曲轴的理论设计强度，x_{y0}是曲轴的理论工作应力，如图 1-11 所示，曲轴的安全系数为 $n = x_{q0}/x_{y0} > 1$，理论上不应该发生破坏。而实际工作应力根据千变万化的使用条件为正态分布 [图 1-11 中的曲线 $f_y(x_y)$]；

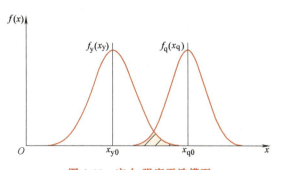

图 1-11　应力-强度干涉模型

x—应力和强度　$f_y(x_y)$—曲轴应力概率密度
$f_q(x_q)$—曲轴设计强度概率密度

而零件强度的分布依材料和加工的差别也是正态分布，因此存在一个应力概率曲线与强度概率曲线相交的区域，如果零件的强度和工作应力都落在这个区域，就会发生破坏。这个区域的大小，就是可靠性中零件发生破坏的概率。这就解释了曲轴在较高的安全系数下还会发生破坏现象的原因。可靠性设计就是要在设计阶段分析零部件发生破坏的概率，即失效数，并

力求使失效数最小。

可靠性设计需要有符合实际的各种概率统计数据，包括所用材料及其热处理等的强度概率分布，这些数据需要不断收集和积累。

思考及复习题

1-1 根据公式 $P_e = 0.785 \dfrac{p_{me} v_m Z D^2}{\tau}$ 可以知道，当设计的活塞平均速度 v_m 增加时，可以增加有效功率。活塞平均速度增加带来的副作用有哪些？具体原因是什么？

1-2 汽油机的主要优点是什么？柴油机的主要优点是什么？

1-3 假如柴油机与汽油机的排量一样，都是非增压或者都是增压机型，那么哪一个的升功率高？为什么？

1-4 柴油机与汽油机的气缸直径、行程都一样，假设 $D = 90mm$、$S = 90mm$，它们是否都可以达到相同的最大设计转速（如 $n = 6000 r/min$）？为什么？

1-5 活塞平均速度提高，可以强化发动机的动力性，请分析其带来的副作用。

1-6 目前使发动机性能大幅度提高的新型结构措施有哪些？为什么？

1-7 内燃机的仿真设计手段主要有哪些？

1-8 某发动机为了提高功率，采用了扩大气缸直径的方法，如果气缸直径扩大得比较多，比如扩大 5mm，则与之相配合还要改变哪些结构的设计？还要进行哪些必要的计算？

1-9 某发动机由于某种原因改变了活塞行程，与之相配合还要进行哪些结构的设计和计算？

1-10 发动机工程数据库在内燃机开发设计中有何重要作用？

1-11 已知某轿车的四缸汽油机采用自然吸气方式，每缸四气门，设计转速是 6000r/min，气缸直径 $D = 86mm$，活塞行程 $S = 90mm$。试确定该发动机的标定功率、最大转矩和最大转矩对应的转速。

第二章

曲柄连杆机构受力分析

> **本章学习目标及要点**
>
> 本章主要介绍往复式内燃机曲柄连杆机构的运动规律,分析作用在内燃机主要零部件上力及其作用效果,作为设计中进行零部件强度、刚度和磨损及工作情况分析的依据。课堂教学以中心曲柄连杆机构为主,偏心曲柄连杆机构建议作为自学内容。通过本章的学习,学生可基本掌握曲柄连杆机构的受力分析过程(动力计算过程)。

第一节 曲柄连杆机构的运动学

这里主要指活塞的运动学。

在往复活塞式内燃机中,曲柄连杆机构是重要的两大机构之一,起到传递力和转化运动的作用:一方面将活塞的往复运动转化为曲轴的旋转运动,另一方面将活塞所受的力转化为曲轴上向外输出的转矩。在往复活塞式内燃机中,基本上采用三种曲柄连杆机构:中心曲柄连杆机构、偏心曲柄连杆机构和关节曲柄连杆机构。

为了方便,研究和分析曲柄连杆机构运动学时基于两个假设:曲轴做匀速运转,角速度 ω 为常数。

一、中心曲柄连杆机构的运动规律

中心曲柄连杆机构的气缸轴线通过曲轴中心线。这种机构的运动特性完全由连杆比 $\lambda = r/l$ 确定,其中 r 为曲柄半径,l 为连杆长度。

中心曲柄连杆机构在内燃机中应用最为广泛,其机构简图如图 2-1 所示。它在运动时,活塞 A 做往复直线运动,曲柄 OB 绕曲轴中心 O 点做旋转运动,连杆 AB 做平面复合运动。这里重点研究活塞的运动规律,因为曲柄的运动状态比较简单,连杆的运动虽然较复杂,但可以把它看成一部分随曲柄

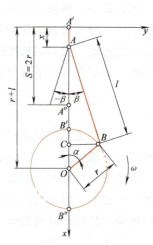

图 2-1 中心曲柄连杆机构简图

销 B 做旋转运动，另一部分随活塞 A 做往复运动。当曲柄转角 $\alpha = 0°$ 时，活塞 A 处于上止点；当 $\alpha = 180°$ 时，活塞 A 处于下止点。β 为连杆的摆角，逆时针为正，顺时针为负。

活塞的位移表示为

$$x = A'A = A'O - AO$$
$$= (r+l) - (l\cos\beta + r\cos\alpha)$$

在 $\triangle AOB$ 中，利用正弦定理，有

$$\frac{l}{\sin\alpha} = \frac{r}{\sin\beta}$$

则

$$\sin\beta = \frac{r}{l}\sin\alpha = \lambda\sin\alpha$$

式中，λ 为连杆比。

因为

$$\cos\beta = (1-\sin^2\beta)^{1/2} = (1-\lambda^2\sin^2\alpha)^{1/2}$$

所以

$$x = (r+l) - [r\cos\alpha + l(1-\lambda^2\sin^2\alpha)^{1/2}] \tag{2-1}$$

一般连杆比 $\lambda = 1/5 \sim 1/3$。

又因为

$$(1-\lambda^2\sin^2\alpha)^{1/2} = 1 - \frac{1}{2}\lambda^2\sin^2\alpha - \frac{1}{8}\lambda^4\sin^4\alpha - \frac{1}{16}\lambda^6\sin^6\alpha \cdots \approx 1 - \frac{1}{2}\lambda^2\sin^2\alpha$$

所以

$$x = r\left[(1-\cos\alpha) + \frac{1}{2}\lambda\sin^2\alpha\right]$$
$$= r\left[(1-\cos\alpha) + \frac{1}{2}\lambda\left(\frac{1}{2} - \frac{1}{2}\cos 2\alpha\right)\right]$$
$$= r\left[(1-\cos\alpha) + \frac{1}{4}\lambda(1-\cos 2\alpha)\right] = x_{\mathrm{I}} + x_{\mathrm{II}} \tag{2-2}$$

对位移求两次导数，得到活塞运动速度 v 和加速度 a

$$v = r\omega\left(\sin\alpha + \frac{\lambda}{2}\sin 2\alpha\right) = v_{\mathrm{I}} + v_{\mathrm{II}} \tag{2-3}$$

$$a = r\omega^2(\cos\alpha + \lambda\cos 2\alpha) = a_{\mathrm{I}} + a_{\mathrm{II}} \tag{2-4}$$

可以看出，活塞的位移、速度和加速度都可以用两个不同变化速度三角函数组成的复谐函数表示，分别称为一阶谐量（x_{I}，v_{I}，a_{I}）和二阶谐量（x_{II}，v_{II}，a_{II}），即活塞的运动是复谐运动。尤其加速度的两个谐量，是引起活塞往复惯性力的根源，也是引起整机振动的根源，以后在进行平衡分析、振动分析时会经常用到。

*二、偏心曲柄连杆机构运动学

偏心曲柄连杆机构在现代发动机中也是很常见的。所谓偏心是指曲轴轴线与气缸中心线不相交，一般偏心距在 20mm 之内。采用偏心曲柄连杆机构的主要目的是减少活塞换向时的拍击和活塞与气缸的正压力，以减少活塞和气缸的磨损。当偏心距不是很大时，不会影响缸内的工作过程。但是当偏心距较大时，则会影响压缩和膨胀行程的工作效果。如果向某一个方向的偏心使压缩时间变短，自然就会使膨胀时间变长，这样有利于发动机热效率的利用。

1. 活塞止点位置

图 2-2 中的 e 为活塞的偏心距，S_e 为活塞最大行程，x_e 为活塞位移，S_1、S_2 分别为活塞

在上止点和下止点时与曲轴中心的距离。其他符号所表示的意义与图 2-1 相同，曲柄转角也和中心曲柄机构一样是从曲柄垂直位置算起的。A'、B' 和 A''、B'' 分别表示活塞和曲柄销的上、下止点位置（即曲柄半径与连杆轴线重合为一直线的位置）。曲柄转角 α_1 与 α_2 的值可从 $\triangle A'EO$ 和 $\triangle A''EO$ 中求出

$$\sin\alpha_1 = \frac{e}{r+l} = \frac{\lambda\xi}{1+\lambda}$$

$$\sin\alpha_2 = -\frac{e}{l-r} = -\frac{\lambda\xi}{1-\lambda}$$
(2-5)

式中，ξ 为偏心率，$\xi = e/r$。

当活塞从上止点到下止点时，曲柄转过的角度是 $(\alpha_2 - \alpha_1) > 180°$；而当活塞从下止点到上止点时，曲柄的转角为 $(360° - \alpha_2 + \alpha_1) < 180°$。这样的偏心布置有利于加大进气行程和膨胀行程，使进气更充分，膨胀更彻底；同时可使压缩行程缩短，更有利于保证压缩过程的绝热效果。

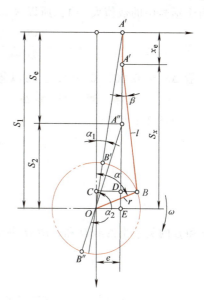

图 2-2 偏心曲柄连杆机构简图

2. 活塞行程

$$S_e = A'E - A''E$$
$$= \sqrt{(l+r)^2 - e^2} - \sqrt{(l-r)^2 - e^2}$$
$$= r\left[\sqrt{\left(\frac{1}{\lambda}+1\right)^2 - \xi^2} - \sqrt{\left(\frac{1}{\lambda}-1\right)^2 - \xi^2}\right]$$
(2-6)

而

$$\left[\left(\frac{1}{\lambda}+1\right)^2 - \xi^2\right]^{1/2} = \left(\frac{1}{\lambda}+1\right)\left[1-\left(\frac{\xi}{\frac{1}{\lambda}+1}\right)^2\right]^{1/2} \approx \left(\frac{1}{\lambda}+1\right)\left[1-\frac{1}{2}\left(\frac{\xi}{\frac{1}{\lambda}+1}\right)^2\right]$$

$$= \left(\frac{1}{\lambda}+1\right) - \frac{\xi^2}{2}\frac{1}{\frac{1}{\lambda}+1}$$

$$\left[\left(\frac{1}{\lambda}-1\right)^2 - \xi^2\right]^{1/2} \approx \left(\frac{1}{\lambda}-1\right) - \frac{\xi^2}{2}\frac{1}{\frac{1}{\lambda}-1}$$

所以

$$S_e = r\left[\left(\frac{1}{\lambda}+1\right) - \frac{\xi^2}{2}\frac{1}{\frac{1}{\lambda}+1} - \left(\frac{1}{\lambda}-1\right) + \frac{\xi^2}{2}\frac{1}{\frac{1}{\lambda}-1}\right]$$

$$= r\left[2 + \frac{\xi^2}{2}\left(\frac{1}{\frac{1}{\lambda}-1} - \frac{1}{\frac{1}{\lambda}+1}\right)\right] = 2r\left[1 + \frac{\lambda^2\xi^2}{2(1-\lambda^2)}\right]$$
(2-7)

由于括号中的数值大于 1，所以 $S_e > S = 2r$

$$\frac{\Delta S_e}{2r} = \frac{S_e - 2r}{2r} = \frac{\lambda^2 \xi^2}{2(1-\lambda^2)} \approx \frac{1}{2}(\lambda\xi)^2 \tag{2-8}$$

一般 $\Delta S_e = (0.001 \sim 0.01)2r$，可以忽略不计。

3. 活塞位移、速度和加速度

由图 2-2 可知

$$x_e = AA' = A'E - DE - AD$$
$$= \sqrt{(l+r)^2 - e^2} - r\cos\alpha - l\cos\beta$$
$$= r\left[\sqrt{\left(\frac{1}{\lambda}+1\right)^2 - \xi^2} - \left(\cos\alpha + \frac{1}{\lambda}\cos\beta\right)\right]$$

α 和 β 的关系由 $\triangle ABD$ 和 $\triangle BCO$ 决定，即

$$l\sin\beta = r\sin\alpha - e$$
$$\sin\beta = \lambda(\sin\alpha - \xi)$$

而

$$\cos\beta = \sqrt{1-\sin^2\beta} = \sqrt{1 - \lambda^2(\sin\alpha - \xi)^2} \approx 1 - \frac{\lambda^2}{2}(\sin\alpha - \xi)^2$$
$$= 1 - \frac{\lambda^2}{2}\sin^2\alpha + \lambda^2\xi\sin\alpha - \frac{\lambda^2}{2}\xi^2$$

由于 $\lambda < 1$，$\xi < 1$，所以 $\frac{\lambda^2}{2}\xi^2$ 很小，可以忽略不计，即

$$\cos\beta \approx 1 - \frac{\lambda^2}{2}\sin^2\alpha + \lambda^2\xi\sin\alpha$$

又

$$\sqrt{\left(\frac{1}{\lambda}+1\right)^2 - \xi^2} \approx \left(\frac{1}{\lambda}+1\right) - \frac{\xi^2}{2}\frac{1}{\frac{1}{\lambda}+1} \approx \frac{1}{\lambda}+1$$

所以

$$x_e = r\left[(1-\cos\alpha) + \frac{\lambda}{4}(1-\cos2\alpha) - \lambda\xi\sin\alpha\right] \tag{2-9}$$

$$v_e = r\omega\left(\sin\alpha + \frac{\lambda}{2}\sin2\alpha - \lambda\xi\cos\alpha\right) \tag{2-10}$$

$$a_e = r\omega^2(\cos\alpha + \lambda\cos2\alpha + \lambda\xi\sin\alpha) \tag{2-11}$$

可见，偏心曲柄连杆机构的运动规律与中心曲柄连杆机构的运动规律差别不大，仅相差一个数值不大的项 $\lambda\xi\sin\alpha$ 或 $\lambda\xi\cos\alpha$。

当为了减小活塞换向拍击而采用活塞偏心布置时，由于偏心距不大，而且气缸中心和曲轴中心也是重合的，所以仍然按照中心曲柄连杆机构计算。

*三、关节曲柄连杆机构运动学

在关节曲柄连杆机构中，主活塞、主连杆的运动规律与一般曲柄连杆机构相同，而副活塞、副连杆的运动规律则与前者有差异，它们的运动较复杂，这里只做简要介绍。

1. 副活塞的位移

图 2-3 所示为应用在 V 型发动机上的关节曲柄连杆机构简图。符号中下角标 f，表示副

连杆机构。

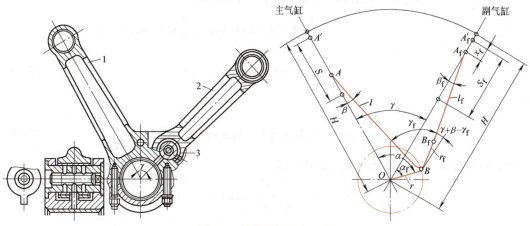

图 2-3 关节曲柄连杆机构
1—主连杆 2—副连杆 3—关节销

设计关节曲柄连杆机构时，总是首先规定副活塞的上止点 A'_f 与主活塞上止点 A' 的高度相等，即 $A'O = r+l$，以使发动机结构匀称。从图 2-3 的几何关系中可以求得副活塞位移与曲柄转角的关系式，即

$$x_f = A'_f O - A_f O$$
$$= r + l - r\cos(\alpha - \gamma) - r_f \cos(\gamma - \gamma_f + \beta) - l_f \cos\beta_f \tag{2-12}$$

在一般情况下，设计时总是使 $\gamma - \gamma_f \approx 0$，于是有

$$x_f = r + l - r\cos(\alpha - \gamma) - r_f \cos\beta - l_f \cos\beta_f \tag{2-13}$$

而

$$\sin\beta_f = \frac{r}{l_f}\sin(\alpha - \gamma) - \frac{r_f}{l_f}\sin\beta$$
$$= \lambda_f \sin(\alpha - \gamma) - \lambda_f \xi \sin\beta$$
$$= \lambda_f \sin(\alpha - \gamma) - \lambda \lambda_f \xi \sin\alpha \tag{2-14}$$

其中

$$\lambda_f = \frac{r}{l_f} < 1, \quad \xi = \frac{r_f}{r} < 1$$

故

$$\cos\beta = \sqrt{1 - \sin^2\beta} = \sqrt{1 - \lambda^2 \sin^2\alpha} \approx 1 - \frac{1}{2}\lambda^2 \sin^2\alpha$$
$$\approx 1 - \frac{1}{2}\lambda^2 \frac{1 - \cos2\alpha}{2} = 1 - \frac{\lambda^2}{4} + \frac{\lambda^2}{4}\cos2\alpha \tag{2-15}$$

$$\cos\beta_f = \sqrt{1 - \sin^2\beta_f} \approx 1 - \frac{1}{2}\sin^2\beta_f$$
$$= 1 - \frac{1}{2}[\lambda_f \sin(\alpha - \gamma) - \lambda \lambda_f \xi \sin\alpha]^2$$
$$\approx 1 - \frac{1}{2}[\lambda_f^2 \sin^2(\alpha - \gamma) - 2\lambda \lambda_f^2 \xi \sin(\alpha - \gamma) \sin\alpha]$$
$$= 1 - \frac{\lambda_f^2}{2}[\sin^2(\alpha - \gamma) - 2\lambda \xi \sin(\alpha - \gamma) \sin\alpha] \tag{2-16}$$

又因
$$\sin(\alpha-\gamma)\sin\alpha = \sin^2\alpha\cos\gamma - \cos\alpha\sin\gamma\sin\alpha$$
$$= \frac{1}{2}(1-\cos2\alpha)\cos\gamma - \frac{1}{2}\sin2\alpha\sin\gamma$$
$$= \frac{1}{2}[\cos\gamma - \cos(2\alpha-\gamma)] \quad (2-17)$$

所以
$$\cos\beta_f = 1 - \frac{\lambda_f^2}{2}\left\{\frac{1}{2}[1-\cos2(\alpha-\gamma)] - \lambda\xi\cos\gamma + \lambda\xi\cos(2\alpha-\gamma)\right\} \quad (2-18)$$

将式（2-15）和式（2-18）代入式（2-13）得
$$x_f = r + l - r\cos(\alpha-\gamma) - r_f\left(1 - \frac{\lambda^2}{4} + \frac{\lambda^2}{4}\cos2\alpha\right) -$$
$$l_f\left\{1 - \frac{\lambda_f^2}{2}\left[\frac{1}{2}[1-\cos2(\alpha-\gamma)]\right] - \lambda\xi\cos\gamma + \lambda\xi\cos(2\alpha-\gamma)\right\}$$
$$= r\left[1 + \frac{1}{\lambda} - \cos(\alpha-\gamma) - \xi + \frac{\xi\lambda^2}{4} - \frac{\xi\lambda^2}{4}\cos2\alpha - \frac{1}{\lambda_f} + \frac{\lambda_f}{4} - \right.$$
$$\left. \frac{\lambda_f}{4}\cos2(\alpha-\gamma) + \frac{1}{\lambda_f}\lambda\xi\cos\gamma - \frac{1}{\lambda_f}\lambda\xi\cos(2\alpha-\gamma)\right]$$
$$= r\left[A - \cos(\alpha-\gamma) - \frac{\xi\lambda^2}{4}\cos2\alpha - \frac{\lambda_f}{4}\cos2(\alpha-\gamma) - \frac{1}{\lambda_f}\lambda\xi\cos(2\alpha-\gamma)\right] \quad (2-19)$$

其中
$$A = 1 + \frac{1}{\lambda} - \left(\frac{1}{\lambda_f} + \xi\right) + \frac{1}{4}(\xi\lambda^2 + \lambda_f) + \frac{1}{\lambda_f}\lambda\xi\cos\gamma$$

再令 $\alpha-\gamma=\alpha_f$，可得
$$x_f = r\left[A - \cos\alpha_f - \frac{1}{4}\xi\lambda^2\cos2(\alpha_f+\gamma) - \frac{\lambda_f}{4}\cos2\alpha_f + \frac{1}{2}\lambda\lambda_f\xi\cos(2\alpha_f+\gamma)\right]$$
$$= r\left[A - \cos\alpha_f - \frac{\xi\lambda^2}{4}(\cos2\alpha_f\cos2\gamma - \sin2\alpha_f\sin2\gamma) - \frac{\lambda_f}{4}\cos2\alpha_f + \right.$$
$$\left. \frac{1}{2}\lambda\lambda_f\xi(\cos2\alpha_f\cos2\gamma - \sin2\alpha_f\sin2\gamma)\right]$$
$$= r\left\{A - \cos\alpha_f - \left[\left(\frac{1}{4}\xi\lambda^2\cos2\gamma - \frac{1}{2}\lambda\lambda_f\xi\cos2\gamma + \frac{\lambda_f}{4}\right)\cos2\alpha_f - \right.\right.$$
$$\left.\left. \left(\frac{1}{4}\xi\lambda^2\sin2\gamma - \frac{1}{2}\lambda\lambda_f\xi\sin2\gamma\right)\sin2\alpha_f\right]\right\} \quad (2-20)$$

令
$$B = \frac{1}{4}\xi\lambda^2\cos2\gamma - \frac{1}{2}\lambda_f\lambda\xi\cos2\gamma + \frac{\lambda_f}{4} = D\cos\theta_2$$
$$C = \frac{1}{4}\xi\lambda^2\sin2\gamma - \frac{1}{2}\lambda\lambda_f\xi\sin2\gamma = D\sin\theta_2$$

其中
$$D = \sqrt{B^2+C^2}, \quad \theta_2 = \arctan\frac{C}{B}$$

则式（2-20）可以写成

$$x_f = r[A - \cos\alpha_f - D\cos(2\alpha_f + \theta_2)] \tag{2-21}$$

量纲一的位移

$$\bar{x}_f = \frac{x_f}{r} = A - \cos\alpha_f - D\cos(2\alpha_f + \theta_2) \tag{2-22}$$

2. 副活塞的速度和加速度

将式（2-20）对时间求导数，即得副活塞的速度 v_f 和加速度 a_f。

$$v_f = \frac{dx_f}{dt} = \frac{dx_f}{d\alpha}\frac{d\alpha}{dt} = r\omega[\sin\alpha_f + 2D\sin(2\alpha_f + \theta_2)] \tag{2-23}$$

量纲一的速度

$$\bar{v}_f = \frac{v_f}{r\omega} = \sin\alpha_f + 2D\sin(2\alpha_f + \theta_2) \tag{2-24}$$

则

$$a_f = \frac{dv_f}{dt} = \frac{dv_f}{d\alpha}\frac{d\alpha}{dt} = r\omega^2[\cos\alpha_f + 4D\cos(2\alpha_f + \theta_2)] \tag{2-25}$$

量纲一的加速度

$$\bar{a}_f = \frac{a_f}{r\omega^2} = \cos\alpha_f + 4D\cos(2\alpha_f + \theta_2) \tag{2-26}$$

主、副活塞的速度与加速度是不一样的，正是这种不一样导致了惯性力平衡的复杂化。

四、活塞运动规律的分析与用途

1. 简谐运动的规律

活塞的运动可以用简谐函数表达，如式（2-2）。因此，可以用矢量圆来表达活塞位移的一阶谐量和二阶谐量，如图2-4所示。其中一阶谐量按照 $\cos\alpha$ 的规律变化，与曲轴同步；二阶谐量按照 $\cos2\alpha$ 的规律变化，比曲轴速度快一倍。

2. 活塞运动规律的用途

1）活塞位移用于示功图 $p\text{-}\varphi$ 与 $p\text{-}V$ 的转换。在进行发动机试验时，可以通过测量气缸内的压力变化得到气缸压力随曲轴转角的变化规律，即 $p\text{-}\varphi$ 示功图。在进行发动机泵气损失计算和燃烧过程分析时，往往要用到 $p\text{-}V$ 示功图，这时需要知道活塞的位移规律才能进行示功图的转换。

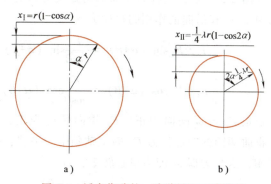

图2-4 活塞位移的一阶谐量和二阶谐量
a）一阶谐量 b）二阶谐量

2）设计活塞时，往往要知道活塞在排气上止点附近时是否与早开的进气门或晚关的排气门发生干涉，这时需要用活塞的位移规律进行气门干涉校验，在此之前还要知道气门的运动规律。在进行曲柄连杆机构的受力分析和活塞摩擦磨损的计算分析时，同样也要用到活塞的位移运动规律。

3）活塞速度用于计算活塞处于不同位置时与气缸套间的磨损程度，一般以最大活塞速度 v_{max} 进行评价。以中心曲柄连杆机构为例，可以通过用活塞速度公式对曲轴转角 α 求导并令导数值等于零的方法得到 v_{max}。活塞平均速度 v_m 是评价发动机强化程度时经常用到的指标，可以通过对速度公式求平均值的方法求得，但这样比较麻烦。实际上，活塞平均速度可以简单地表示为

$$v_m = \frac{2Sn}{60} = \frac{Sn}{30}$$

而活塞最大速度与平均速度的比值为

$$\frac{v_{max}}{v_m} \approx 1.625 \qquad (2\text{-}27)$$

这样就可以很快地估算出活塞的最大运动速度，而且精度满足要求。

4）活塞加速度主要用于计算往复惯性力的大小和变化，因为往复惯性力就是运动质量与加速度的乘积，其方向与加速度相反。在进行发动机平衡性分析和动力计算时都要用到往复惯性力。

第二节　曲柄连杆机构中的作用力

曲柄连杆中的作用力分为气压力（气体作用力）F_g、惯性力（往复惯性力 F_j 和旋转惯性力 F_r）以及合成力 F。下角标 j 表示往复，r 表示旋转。

一、曲柄连杆机构中力的传递和相互关系

合成力表示为 $F = F_j + F_g$，则侧向力 F_N 和连杆力 F_L 为

$$F_N = F\tan\beta, \qquad F_L = \frac{F}{\cos\beta}$$

如图 2-5 所示，连杆力在曲柄销处又分解为垂直于曲柄半径的切向力 F_t 和沿曲柄作用的径向力 F_k。

$$F_t = F_L\sin(\alpha+\beta) = \frac{F}{\cos\beta}\sin(\alpha+\beta)$$

$$F_k = F_L\cos(\alpha+\beta) = \frac{F}{\cos\beta}\cos(\alpha+\beta)$$

规定 F_t 与 ω 同向为正，F_k 指向圆心为正，转矩顺时针为正。将曲柄销处的连杆力 F_L 向主轴颈中心平移，得到 F_L' 和一个力偶 M，这个力偶 M 即为单缸转矩，有

$$M = F_t r = F\frac{\sin(\alpha+\beta)}{\cos\beta}r \qquad (2\text{-}28)$$

要注意此时式中的长度单位为 m。

F_L' 在横轴和纵轴上的投影分别为 F_N' 和 F'，很容易看出

$$F_N' = F_N, \qquad F' = F$$

其中，F_N' 与 F_N 的大小相等，方向相反，且不作用在同一直线上，从而会产生一个逆时针方

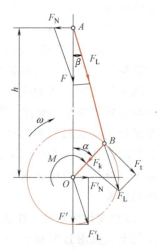

图 2-5　曲柄连杆受力图

向的使发动机翻倒的力偶 M'，称其为翻倒力矩。其公式为

$$M' = -F_N h = -F\tan\beta \frac{\sin[180° - (\alpha+\beta)]}{\sin\beta}r$$

$$= -F\frac{\sin\beta}{\cos\beta}\frac{\sin(\alpha+\beta)}{\sin\beta}r = -F\frac{\sin(\alpha+\beta)}{\cos\beta}r = -M \tag{2-29}$$

上式说明，永远存在一个与输出转矩方向相反、大小相等的翻倒力矩。如果没有支承的作用力保持发动机不发生翻倒，那么这个翻倒力矩将使发动机产生逆时针翻倒或者绕曲轴逆时针旋转的效果。因此，只要发动机向外输出转矩，发动机的支承上就会作用有维持发动机机体平衡的反作用力，转矩的波动就会体现在支承上。这是活塞式发动机以及一切旋转动力装置永远不会消除的振动源。

二、气压力 F_g 的作用效果

气缸内工质的气压力 F_g 是内燃机对外做功的主动力，F_g 随活塞行程（或曲柄转角 α）的变化关系可根据发动机示功图决定。示功图可用试验方法来制取（对已有的发动机），也可以用计算的方法确定（对新设计的发动机）。

由缸内压力 p_g 引起的作用在活塞上的气压力 F_g（N）为

$$F_g = (p_g - p_0) A \times 10^6 \tag{2-30}$$

式中，p_g 为缸内绝对压力（MPa）；p_0 为大气压力（MPa）；A 为活塞顶投影面积（m²）。

图 2-6a 是气压力的作用效果图。作用在主轴承上的力与作用在气缸盖上的气压力 F_g 大小相等，方向相反，在机体内部相互抵消，对外没有自由力产生。对于气压力来讲，只要有转矩输出，就会有由其产生的翻倒力矩作用在机体上，并传至机体支承上。

三、往复惯性力 F_j 的作用效果

往复惯性力的作用效果图如图 2-6b 所示。

1. 机构运动件的质量换算

换算原则：保持当量系统与原机构动力学等效。

曲柄连杆机构的所有零件按照运动性质可以分为三组。

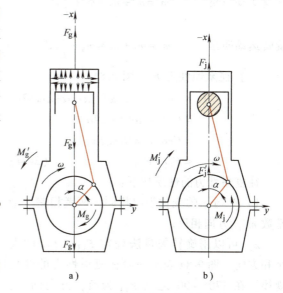

图 2-6 气压力与往复惯性力的作用效果图
a) 气压力作用 b) 往复惯性力作用

（1）活塞组　它包括活塞、活塞环、活塞销和卡环。它的质量用 m' 表示。

（2）曲轴组　它的质量用 m_k 表示，这里讲的曲轴组是指曲轴旋转时产生旋转惯性力的那部分曲轴的质量。它包括以下两部分：

1) 连杆轴颈和与其相重合的曲柄部分，质量用 m_{k1} 表示。
2) 曲柄上连杆轴颈与主轴颈之间的部分，质量用 m_{k2} 表示。其当量质量为

$$m'_{k2} = \frac{\rho}{r} m_{k2}$$

式中，ρ 为质心半径；r 为曲柄半径。

曲轴组的质量为
$$m_k = m_{k1} + m'_{k2} \tag{2-31}$$

当量质量和质心位置可以通过三维制图软件求得。

(3) 连杆组　它的质量用 m'' 表示，可以分为两部分，如图2-7所示。一部分为随活塞组做往复运动的当量质量（连杆集中在小头，简称连杆小头）m_1，另一部分为随曲轴组做旋转运动的当量质量（连杆集中在大头，简称连杆大头）m_2。根据质量守恒和质心守恒原理，有

$$m'' = m_1 + m_2$$
$$m_1 l_1 = m_2 l_2 \tag{2-32}$$

所以
$$m_1 = \frac{l_2}{l} m'', \quad m_2 = \frac{l_1}{l} m'' \tag{2-33}$$

计算的关键是求出质心位置，现在利用三维制图软件可以方便求出；对于已有连杆的实物，可以通过称重法求得。

2. 曲柄连杆机构中的惯性力

惯性力与运动质量有关，该机构中的运动质量有：

往复运动质量 $\quad m_j = m' + m_1 = m' + \dfrac{l_2}{l} m''$

旋转运动质量 $\quad m_r = m_k + m_2 = m_k + \dfrac{l_1}{l} m''$

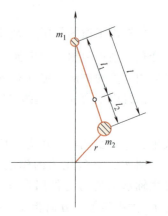

图 2-7　连杆大小头当量质量换算

(1) 往复惯性力 F_j（图2-8）

$$\begin{aligned} F_j &= -m_j a = -m_j r \omega^2 (\cos\alpha + \lambda \cos 2\alpha) \\ &= C(\cos\alpha + \lambda \cos 2\alpha) \\ &= C\cos\alpha + \lambda C \cos 2\alpha \\ &= F_{jI} + F_{jII} \end{aligned} \tag{2-34}$$

往复惯性力的性质如下：

1) F_j 与 a 的变化规律相同，两者相差一个常数 m_j，方向相反。

2) 可以用旋转矢量法确定 F_{jI}、F_{jII} 的大小和方向。图2-8a 表示一阶往复惯性力的变化规律。在 270°～90°之间 F_{jI} 为负，方向向上；在 90°～270°之间 F_{jI} 为正，方向向下。在 360°的范围内，有一个正号区间，一个负号区间。图2-8b 表示二阶往复惯性力的变化规律。因为二阶加速度比一阶加速度变化快一倍，所以在 360°范围内正负号变化两次，有两个正号区间和两个负号区间。

3) 虽然往复惯性力是用旋转矢量法表示

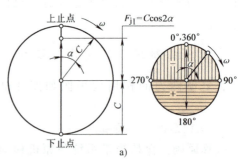

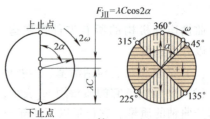

图 2-8　确定 F_{jI} 和 F_{jII} 的旋转矢量法

a) 一阶　b) 二阶

的，但 F_{jI} 和 F_{jII} 始终沿着气缸轴线作用，是在直线上变化的力。

4) 因为往复惯性力总是存在，所以由 F_j 产生的单缸转矩 M_j、翻倒力矩 M_j' 和自由力 F_j' 总是存在。但是在曲轴一转内，M_j 之和、M_j' 之和为零。也就是说，由惯性力产生的单缸转矩只影响输出转矩的均匀性，不影响输出转矩的平均值。但是，由惯性力和气压力产生的翻倒力矩 M' 却实实在在地作用在发动机支承上，在考虑发动机振动以及振动对外界的影响时，都必须将翻倒力矩 M' 考虑在内。

(2) 旋转惯性力 F_r　旋转惯性力是由旋转质量产生的，其公式为

$$F_r = m_r r\omega^2 = (m_k + m_2)r\omega^2 \tag{2-35}$$

旋转惯性力是旋转质量产生的离心力，其大小不变，方向始终沿曲柄半径方向向外。从式 (2-35) 可以清楚地看出，产生旋转惯性力的旋转质量只有两部分：一部分是曲轴上产生离心力的旋转质量，另一部分是连杆大头的当量质量。

四、往复惯性力和气压力作用的差别

1) 气压力 F_g 是做功的动力，产生输出转矩。

2) 气压力 F_g 在机体内部平衡，没有自由力；F_j 没有平衡，有自由力产生，是发动机纵向振动的根源。

3) 对两者的最大值和作用时间进行比较，可以得到：

① $F_{jmax} < F_{gmax}$。

② F_j 总是存在，在一个周期内其正负值相互抵消，做功为零；F_g 呈脉冲性，一个周期内只有一个峰值。

五、曲柄连杆机构中力的计算（动力计算）

为了进行零件强度计算、轴承负荷计算和输出转矩估算，曲柄连杆机构中力的计算是必不可少的，一般都要进行以下基本计算。

(1) 合成力　　　　　　　　　$F = F_j + F_g$

气压力 F_g 一般来自性能试验得到的示功图。示功图上的是缸内压力，要想得到气压力 F_g，还应将测得的缸内压力乘以活塞顶投影面积。对于新设计的发动机，需要通过工作过程模拟计算得到缸内压力和气压力。

(2) 侧向力　　　　　　　　　$F_N = F\tan\beta$

侧向力主要用来计算活塞与缸套的磨损。

(3) 连杆力　　　　　　　　　$F_L = \dfrac{F}{\cos\beta}$

连杆力是计算连杆强度的主要载荷。

(4) 切向力　　　　　　　　　$F_t = F_L \sin(\alpha+\beta)$

切向力主要用来计算单缸转矩、轴承载荷，以及作为曲轴强度计算的边界条件。

(5) 径向力　　　　　　　　　$F_k = F_L \cos(\alpha+\beta)$

径向力用来计算轴颈负荷，同时也是计算曲轴强度的重要边界条件。

(6) 单缸转矩　　　　　　　　$M = F_t r$

(7) 翻倒力矩　　　　　　　　$M' = -M$

动力计算结果如图 2-9 所示。

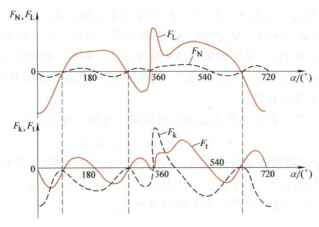

图 2-9 动力计算结果

六、多缸机转矩合成方法（动力计算）

1. 主轴颈所受转矩

求某一主轴颈的转矩，只要把从第一拐起到该主轴颈前一拐的各单缸转矩叠加起来即可。叠加时，第一要注意各缸的工作相位，第二要遵循各缸转矩向后传递的原则。

以四冲程六缸发动机（点火顺序 1-5-3-6-2-4）为例（图 2-10 和图 2-11），为了计算方便，假设每缸转矩都一样，是均匀的，仅仅是工作时刻即相位不同。如果第一缸的转矩为 $M_1(\alpha)$，则第二缸的转矩为 $M_2 = M_1(\alpha+240°)$，相应有 $M_3 = M_1(\alpha+480°)$，…，$M_6 = M_1(\alpha+360°)$。

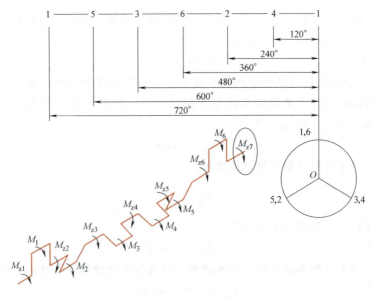

图 2-10 主轴颈转矩和连杆轴颈转矩

第一主轴颈所受转矩　　$M_{z1} = 0$
第二主轴颈所受转矩　　$M_{z2} = M_1(\alpha)$

第三主轴颈所受转矩　　$M_{z3} = M_{z2} + M_1(\alpha + 240°)$
第四主轴颈所受转矩　　$M_{z4} = M_{z3} + M_1(\alpha + 480°)$
第五主轴颈所受转矩　　$M_{z5} = M_{z4} + M_1(\alpha + 120°)$
第六主轴颈所受转矩　　$M_{z6} = M_{z5} + M_1(\alpha + 600°)$
第七主轴颈所受转矩　　$M_{z7} = M_{z6} + M_1(\alpha + 360°) = \sum M$

M_{zi} 称为各主轴颈的积累转矩。最后一个主轴颈的积累转矩就是多缸机的合成转矩，即多缸机的输出转矩。

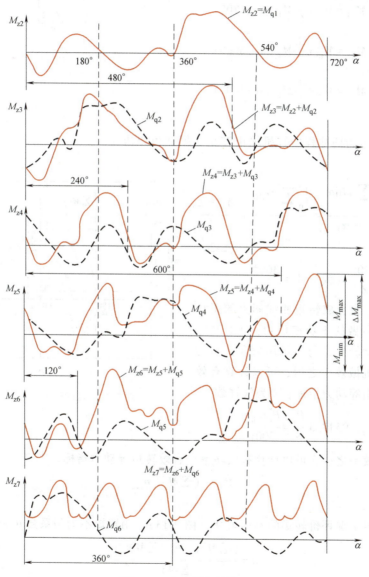

图 2-11　主轴颈积累转矩

2. 各连杆轴颈所受转矩

根据转矩向后传递的原则，如图 2-10 所示，M_{qi} 应该等于前一个主轴颈上的积累转矩 M_{zi} 与由作用在本曲柄销上的切向力所引起的单缸转矩的一半（因为切向力 F_t 由本拐两端的主轴承各承担一半，只有前端支反力对本拐曲柄销有转矩作用，如图 2-12 所示）之和。

$$M_{q1} = \frac{1}{2}F_t r = \frac{1}{2}M_1(\alpha)$$

$$M_{q2} = M_{z2} + \frac{1}{2}M_1(\alpha+240°)$$

$$M_{q3} = M_{z3} + \frac{1}{2}M_1(\alpha+480°)$$

$$M_{q4} = M_{z4} + \frac{1}{2}M_1(\alpha+120°)$$

$$M_{q5} = M_{z5} + \frac{1}{2}M_1(\alpha+600°)$$

$$M_{q6} = M_{z6} + \frac{1}{2}M_1(\alpha+360°)$$

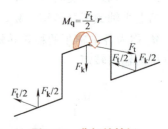

图 2-12　曲柄销转矩

3. 平均转矩

图 2-13 所示为四冲程四缸机输出转矩，据此可以求出转矩平均值。

$$\left(\sum M\right)_m = \frac{\int_{\alpha_1}^{\alpha_2} \sum M d\alpha}{\alpha_2 - \alpha_1} = \frac{\int_0^A \sum M d\alpha}{A} = \frac{A_2 - A_1}{A} \tag{2-36}$$

$$A = \frac{720°}{Z} \quad 或 \quad A = \frac{360°}{Z}$$

式中，A_2 和 A_1 为合成转矩曲线图上的正负面积，即表示所做的正功和负功；$\left(\sum M\right)_m$ 为发动机的指示转矩，与指示压力和指示功率对应，考虑机械效率之后，可以计算有效功率、有效转矩等动力指标；Z 为气缸数。

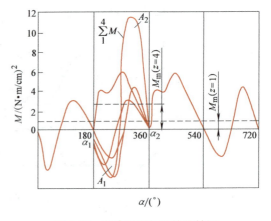

图 2-13　四冲程四缸机输出转矩

其中　　$\left(\sum M\right)_m = 9549.3 \frac{P_i}{n} = \frac{P_i z V_h n}{300\tau}$

考虑机械效率之后，可以计算有效功率、有效转矩等动力指标。

$$M_e = \left(\sum M\right)_m \eta_m$$

4. 输出转矩的均匀性

一般以标定工况评价转矩的不均匀性（图 2-13），用转矩不均匀系数 μ 表示，即

$$\mu = \frac{\left(\sum M\right)_{max} - \left(\sum M\right)_{min}}{\left(\sum M\right)_m} \tag{2-37}$$

往复惯性力对转矩的影响只体现在式（2-37）的分子上，对分母没有影响。对同一台内燃机而言，转矩不均匀性随着工况的不同而改变。转矩不均匀会使发动机产生抖动，从而给发动机的悬架设计带来困难，严重时会影响整车的舒适性。提高转矩均匀性，即降低转矩不均匀系数的措施如下。

（1）增加气缸数 气缸数目增加后，发动机在一个工作循环内做功的次数增加，会使均匀性得到明显改善。图 2-11 所示的最后一个主轴颈的积累转矩 M_{z7} 就是六缸机的输出转矩曲线，对比图 2-13 所示的四缸机输出曲线可知：六缸机的输出转矩在 720°范围内有六个波峰，各波峰的形状和大小很均匀，波峰与波谷的差别不大，而且波谷都在零线上方；而四缸机的输出转矩在 720°范围内只有四个波峰，波谷在零线以下，是负值。很明显，六缸机的转矩均匀性优于四缸机。

（2）点火要均匀 点火均匀即点火间隔均匀，其影响在发动机的振动和输出转矩上体现明显，所以在进行发动机总体设计时一定要首先考虑。对于 V 型气缸排列的发动机，如果因为气缸夹角的原因导致点火不均匀，有时可以采用错拐曲轴来使点火间隔均匀。

（3）按质量公差带分组 在多缸机中，如果每缸运动件的质量相差比较大，会造成各缸的往复惯性力有比较大的差别，从而使各缸转矩峰值的不均匀程度加大，也会造成转矩的不均匀。因此在装配多缸机时，要对活塞按照质量公差带进行分组，尽量消除由运动件惯性力造成的转矩不均匀。

（4）增加飞轮惯量 飞轮的主要功能是减小转矩输出的不均匀性，但考虑到其他因素，飞轮不能太大（见第六章）。

七、单缸发动机对支承的作用力

如图 2-14 所示，以简单支承为例，单缸发动机的支承力表示为

$$F_{Q1} = \frac{W}{2} + \frac{F_j'}{2} + \frac{M'}{b}$$
$$F_{Q2} = \frac{W}{2} + \frac{F_j'}{2} - \frac{M'}{b}$$
(2-38)

式中，W 为发动机自重；b 为发动机横向支承距离；F_j' 为未平衡的自由力。

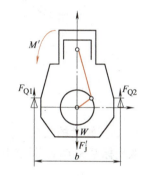

图 2-14 求支承作用力示意图

八、曲轴轴颈和轴承的负荷

为了分析曲轴各主轴承副的工作条件，如表面挤压应力、磨损，必须知道轴承负荷的大小、方向和作用点在一个工作循环中的变化规律。

1. 连杆轴颈的负荷 F_q

F_q 是连杆力 F_L 与由连杆大头质量 m_2 产生的离心力 F_{rL} 的合力

$$F_q = F_L + F_{rL} \tag{2-39}$$

取坐标系 $x_q O_1 y_q$ 固定于连杆轴颈上（图 2-15a），有

$$F_{qx} = F_{rL} - F_k$$
$$F_{qy} = F_t$$
(2-40)

合力 F_q 的大小和方向角 α_q 为

$$F_q = \sqrt{F_{qx}^2 + F_{qy}^2} = \sqrt{(F_{rL}-F_k)^2 + F_t^2}$$
$$\alpha_q = \arctan\left|\frac{F_{qy}}{F_{qx}}\right|$$
(2-41)

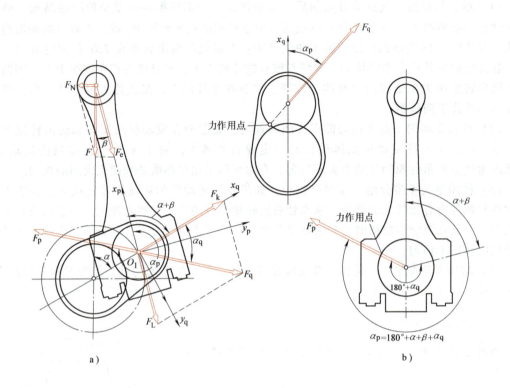

图 2-15 连杆轴承和曲柄销的负荷

2. 连杆轴承的负荷 F_p

取坐标系 $x_p O_1 y_p$ 固定于连杆上,根据 F_p 与 F_q 互为反作用力的关系,有

$$F_p = F_q$$
$$\alpha_p = \alpha_q + \alpha + \beta + 180° \tag{2-42}$$

图 2-16 所示为四冲程汽油机曲柄销和连杆轴承极坐标负荷图,图中的数值为角度(°)。

3. 主轴颈的负荷

多支承曲轴主轴颈负荷不能精确确定,因此假设:

1) 任何时刻主轴颈上的负荷只取决于此轴颈左右相邻曲拐上的作用力。
2) 将静不定多跨曲轴按单跨梁计算。
3) 各曲拐不平衡力和曲柄销上的力平均传给相邻的两个主轴颈。

$$F_z = -[0.5F_{qi} + 0.5F_{rki} + 0.5F_{q(i+1)} + 0.5F_{rk(i+1)}]$$
$$\alpha_z = \arctan\left|\frac{F_{zy}}{F_{zx}}\right| \tag{2-43}$$

式中,F_z 为主轴颈所受负荷;F_{zx}、F_{zy} 为 F_z 在 x、y 方向上的分力;α_z 为负荷的方向;F_{qi}、$F_{q(i+1)}$ 和 F_{rki}、$F_{rk(i+1)}$ 分别为第 i 个主轴颈前后两个曲拐传递过来的曲柄销上的力和曲拐不平衡质量离心力。

4. 主轴承负荷

主轴承的负荷与主轴颈的负荷大小相等,方向相反。但是由于所取坐标系不同,所以主

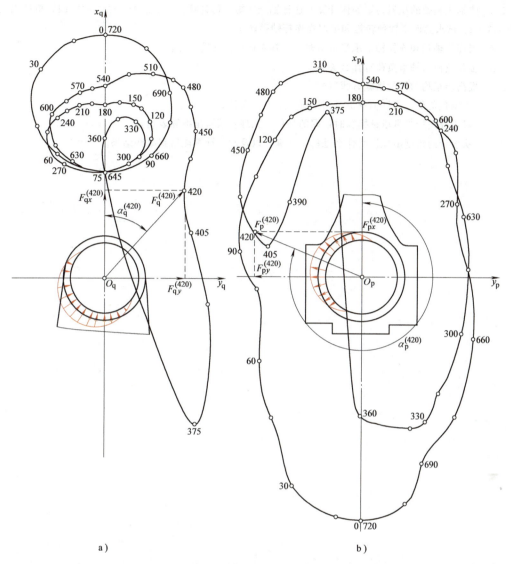

图 2-16　四冲程汽油机曲柄销和连杆轴承极坐标负荷图
a) 曲柄销负荷　b) 连杆轴承负荷

轴承负荷表示为

$$F_c = F_z, \quad \alpha_c = \alpha_z + \alpha + 180°$$

思考及复习题

2-1　写出中心曲柄连杆机构活塞的运动规律表达式，并说出位移、速度和加速度的用途。

2-2　什么叫自由力？

2-3　气压力 F_g 和往复惯性力 F_j 的对外表现是什么？有什么不同？

2-4　推导单缸发动机连杆力、侧向力、曲柄切向力和径向力的表达式，并证明翻倒力矩与输出力矩大小相等，方向相反。

2-5　曲柄的当量质量应换算到哪个位置？用三维模型时怎样换算？

2-6 曲轴主轴颈的积累转矩如何计算？连杆轴颈转矩如何计算？如果已知一个四冲程四缸机的点火顺序为 1-3-4-2，试求第四主轴颈转矩和第四拐连杆轴颈转矩。

2-7 当连杆轴颈和连杆轴承承受负荷时，坐标系应固定在哪个零件上？

2-8 轴颈负荷与轴承负荷有什么关系？

2-9 提高转矩均匀性的措施有哪些？

2-10 主轴颈负荷与连杆轴颈负荷相比哪一个大？为什么？

2-11 对连杆进行当量质量换算时依据的是什么原理？请写出换算表达式。

2-12 从设计的角度出发说明什么是动力计算，以及动力计算能得到哪些结果。

第三章

内燃机的平衡

> **本章学习目标及要点**
>
> 本章是内燃机平顺性设计、振动与噪声性能分析的核心部分。要求掌握内燃机平衡分析方法及各种排列内燃机的平衡特性,改善平衡性的各种结构措施。本章以往复活塞结构的离心惯性力及力矩、往复惯性力及力矩为分析对象,其中的平衡分析总结表格和V型错拐曲轴平衡分析可以作为自学内容。

第一节 平衡的基本概念

一、平衡的定义

内燃机在稳定工况运转时,如果传给支承的作用力的大小和方向均不随时间而变化,就称此内燃机是平衡的。实际上这种情况在内燃机(往复活塞式)中并不存在。

二、内燃机振动的原因

往复式内燃机由于工作过程的周期性和机件运动的周期性,其运转中产生的旋转惯性力(或称离心力)和往复惯性力都是周期性变化的。如果这些力在机内不能互相抵消,传给支承的力也会不断变化;再者,输出转矩的波动也会造成支反力的变化。这些就是往复式内燃机不平衡的原因,也是其本质缺点之一。

总而言之,往复式内燃机不平衡的原因可归结为:
1) 工作过程的周期性:发动机转矩是周期性变化的。
2) 机件运动的周期性:旋转惯性力、往复惯性力是周期性变化的。

三、不平衡的危害

1) 引起车辆的振动,影响乘坐的舒适性和驾驶的平顺性,加速驾驶员疲劳,影响行车安全。

2）固定式内燃机的振动会缩短基础或建筑物的寿命。

3）产生振动噪声，消耗能量，降低机器的总效率。

4）引起紧固连接件的松动或过载，引起相关仪器和设备的异常损坏，降低机组的耐久性。

四、研究平衡的目的及采用的分析方法

1. 研究平衡的目的

研究平衡的目的，一是通过内燃机平衡性的分析，为分析和选型提供依据；二是寻求改善平衡性的措施。这些措施一般包括：

1）采用适当的气缸数、气缸排列和曲拐布置，使内燃机尽可能达到静平衡和动平衡。

2）用自身结构解决平衡问题时，应确定如何布置适当的平衡块。

3）采用适当的平衡机构。

2. 研究平衡时采用的分析方法

分析内燃机的平衡问题，实质上是对由各缸往复惯性力和各拐旋转惯性力构成的空间力系进行简化，如果简化结果主矢量、主力矩均为零，则发动机运动质量是平衡的，反之就不平衡，这时求出不平衡量随时间（曲柄转角）的变化规律即可。因此，进行平衡分析可用以下两种方法。

（1）解析法　任取一个坐标系，求各力和力矩在该坐标系中的投影之和。若 $\sum F = 0$，$\sum M = 0$，则该力系是平衡的，反之不平衡。

（2）图解法　作出力和力矩多边形，如果多边形封闭，则力系是平衡的，反之不平衡。虽然往复惯性力 F_j 大小随时间变化，但因 F_{jI} 和 F_{jII} 及阶数更高的四阶、六阶等惯性力都可用旋转矢量向坐标轴投影来表示，而旋转惯性力 F_r 就是大小不变的旋转矢量，故图解法应用起来比较方便和直观。如果最后结果用公式表达和由计算得出，其精度并不差，这样的图解法称为图解解析法。

下面进行平衡分析时，假定各缸运动质量、运动件主要有关尺寸等均相同，所得的结果表示发动机的理论平衡情况。实际上不可避免会有制造误差，因此为了保证高速内燃机的实际平衡接近理论情况，对于曲柄连杆机构主要运动件的质量和尺寸均有严格的要求。必要时可在制造装配过程中进行分组选配，尽可能保证各活塞组的质量相等，各连杆组质量相等和重心位置相同，曲轴动平衡，曲拐夹角均匀，曲柄半径和连杆长度相等。

五、外平衡分析和内平衡分析

（1）外平衡分析　它是指考察发动机不平衡的力和力矩系统对外界（支承）的影响，其判断依据为内燃机在最大不平衡力及其力矩作用下的最大位移与气缸直径之比。当此值超过一定值时，应采取专门的平衡措施。

（2）内平衡分析　它是指对已平衡的内燃机进行曲轴和机体内部所受负荷（弯矩和剪力）的分析和计算。如果内部负荷过大，也应采取适当措施（如加平衡块）加以消除，以减小内应力和轴承负荷。

第二节　旋转惯性力的平衡分析

曲柄连杆机构的旋转惯性力由曲轴组旋转质量 m_k 和随曲轴一同旋转的连杆大头质量 m_2 共同产生。具体表示为

旋转质量　　　　　　　　　　$m_r = m_k + m_2$

旋转惯性力　　　　　　　　　$F_r = m_r r \omega^2$

一、静平衡和动平衡的概念

内燃机的旋转质量系统（由各拐的旋转质量 m_r 组成）不但要求静平衡，而且要求动平衡。所谓静平衡就是质量系统旋转时离心力的合力等于零，即系统的质心（重心）位于旋转轴线上（图 3-1b）。因为质心是否偏离轴线可以静态检验，所以这种平衡称为静平衡。但当旋转质量不在同一平面内时，静平衡不足以保证运转平稳，图 3-1b 所示的静平衡系统在旋转时会产生 $M_r = m_r r \omega^2 a$ 的合力矩，从而给支承造成 $F_R = m_r r \omega^2 \dfrac{a}{b}$ 的附加动负荷。只有当系统旋转时不但旋转惯性力合力 $F_r = 0$，而且合力矩 $M_r = 0$，才完全平衡，这样的平衡称为动平衡（图 3-1c）。

(1) 静平衡　　$\sum F_r = 0$，质心在旋转轴上。

(2) 动平衡　　$\sum F_r = 0$，$\sum M_r = 0$。

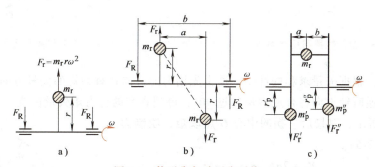

图 3-1　静平衡与动平衡系统

a) 静不平衡　b) 静平衡　c) 动平衡

二、旋转惯性力平衡分析

旋转惯性力是指绕曲轴中心做旋转运动的运动质量产生的离心力。

1. 单拐曲轴

当离心力的合力 $\sum F_r = F_r \neq 0$ 时，为静不平衡。为达到静平衡，必须有

$$2 m_p r_p \omega^2 = 2 F_{rp} = F_r$$

如图 3-2 所示，为达到动平衡，必须有

$$F_{rp} b = \dfrac{b}{2} F_r$$

所以有

$$m_p r_p \omega^2 = \dfrac{1}{2} m_r r \omega^2 \tag{3-1}$$

质径积为

$$m_p r_p = \frac{1}{2} m_r r$$

质径积是进行平衡分析时必须得到的结果，在设计和布置平衡块时就要严格保证平衡块绕曲轴中心旋转的质心半径与质量的乘积满足上式。当旋转空间受到限制时，可适当增加平衡块的质量来保证乘积不变；当旋转空间足够时，可以适当增加质心半径，以达到减小平衡块质量的目的。

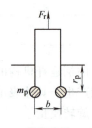

图 3-2 单拐曲轴 F_r 分析

2. 三拐曲轴（点火顺序 1-3-2），四冲程（或二冲程）

点火间隔角：四冲程时为 $A = \frac{720°}{3} = 240°$，二冲程时为 $A = \frac{360°}{3} = 120°$

绘制曲柄侧视图及轴测图（图 3-3）；用图解法绘出力的矢量图，如图 3-4 所示。

$$\sum F_r = 0 \quad (\text{静平衡})$$

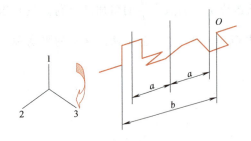

图 3-3 曲柄侧视图及轴测图

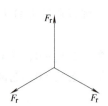

图 3-4 三缸机离心力矢量图

为了方便，根据矢量求和的性质，通常先用力的方向代替力矩的矢量方向，合成后再按照右手定则向逆时针方向将合成力矩转过 90°，得到真实的合力矩矢量位置。

如图 3-3 所示，对最后一拐的中心 O 点取矩，绘制力矩矢量图（图 3-5）。

$$M_1 = 2aF_r$$
$$M_2 = aF_r$$
$$\sum M_r = M_1 \cos 30° = \sqrt{3} F_r a \neq 0$$

由于没有达到动平衡，因此需要采取平衡措施。

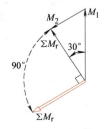

图 3-5 三缸机离心力矩矢量图

（1）整体平衡法（图 3-6） 在曲轴的第一个曲柄和第六个曲柄上各加一平衡块，则

$$\sum M_p = \sum M_r$$
$$m_p r_p \omega^2 b = \sqrt{3} a m_r r \omega^2$$

质径积

$$m_p r_p = \frac{a}{b} \sqrt{3} m_r r \tag{3-2}$$

（2）完全平衡法 每个曲拐加两块平衡块，共计六块平衡块，与单拐平衡一样，其质径积为

$$m_p r_p = \frac{1}{2} m_r r \qquad (3-3)$$

完全平衡法能够完全平衡掉三拐曲轴的离心力和离心力矩,而且轴承的负荷、曲轴的内弯矩也比较小,但是整根曲轴的质量比较大,转动惯量也比较大。

(3) 完全平衡法的修正法 为了不过多增加曲轴的质量,一些有六块平衡块的三拐曲轴采用减小第三、第四平衡块的质量,偏心布置第一、第二和第五、第六平衡块的方法来达到减小曲轴质量的目的。如图 3-7b 所示,根据第三、第四平衡块减小的质量,在保证平衡块离心力平衡和能够抵消原曲拐不平衡力矩的前提下,确定第一、第二和第五、第六平衡块的大小和偏心角 β。第三、第四平衡块质量减小得越多,第一、第二和第五、第六平衡块的偏心角 β 越大。

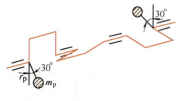

图 3-6 三缸机整体平衡方案

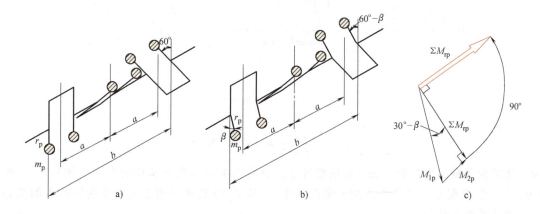

图 3-7 完全平衡法及其修正方法

因为每对平衡块的作用中心都通过曲拐中心,则按照图 3-7b 所示平衡块布置的方向,可以看成又一个由三个离心力组成的平衡力系。向第三缸中心取矩,可以得到如图 3-7c 所示的力矩矢量图。图中 $\Sigma M_{rp} = \Sigma M_r$,$\Sigma M_r$ 是前面三拐曲轴离心力矩平衡分析的结果。很显然,对于这个例子,第一、第二和第五、第六平衡块的偏心角 β 最大为 30°。

3. 四拐曲轴

(1) 四拐空间曲轴离心力分析 四拐空间曲轴多数用在二冲程四缸机上,这是出于点火均匀的考虑。点火顺序多为 1-3-4-2,相邻两缸之间的点火间隔为 90°。四拐侧视图和轴测图如图 3-8a 所示。分析图 3-8b、图 3-8c、图 3-8d 可以看出,四拐空间曲轴的离心惯性力合力为零,离心合力矩不为零。其中,图 3-8c 是按照实际力矩方向合成的结果;图 3-8d 是按照离心力的方向合成力矩,然后再根据右手定则逆时针旋转 90°得到的结果,这两种方法的结果是一样的。

图 3-9 所示是四拐空间曲轴的平衡分析和采取整体平衡法的方案。此空间曲轴有不平衡的离心力矩 $M_r = \sqrt{10} a m_r r \omega^2$,整体平衡的平衡块质径积(图 3-9a)为

$$m_p r_p = \frac{a}{b} \sqrt{10} m_r r \qquad (3-4)$$

图 3-9b 所示是为了避免图 3-9a 中平衡块过大的缺点,采用四块平衡块的方案。此时

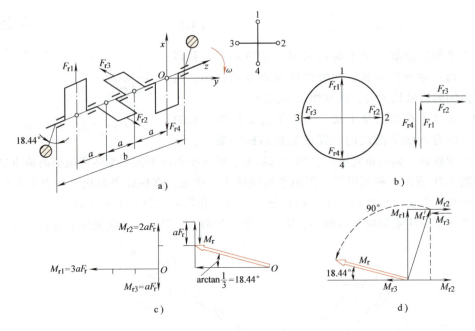

图 3-8 四拐空间曲轴平衡分析

$$m_p r_p = \frac{\sqrt{10}\,a}{2 \times 3a} m_r r = 0.53 m_r r \tag{3-5}$$

为了既减少曲轴的内弯矩,又不使曲轴过重,也可以采取六块平衡块的方案(图3-9c),图3-9d 为这个平衡方案的离心力矩矢量图。用 F_{ri} 和 F_{pi} 分别表示离心力和平衡块产生的离心力,则其平衡条件为

$$(F_{p1}a_{p1} + F_{p2}a_{p2})\cos\alpha + F_{p3}a_{p3}\sin\beta = F_{r1}a_{r1}$$
$$(F_{p1}a_{p1} + F_{p2}a_{p2})\sin\alpha + F_{p3}a_{p3}\cos\beta = F_{r2}a_{r2} \tag{3-6}$$

图 3-9e 为第一和第二主轴颈离心负荷矢量图。由图可知,采用综合平衡方案时,两主轴承要分别承受附加的离心负荷 $F_R^{0,1}$ 和 $F_R^{1,2}$。这些力的大小应该通过轴承计算加以检验,看最小油膜厚度是否过小。最后,正确布置的平衡块应保证主轴承残留离心力位于同一平面内,方向相反,且对 O 点力矩的代数和为零。不然,各主轴承的反作用力会造成不平衡离心力矩。

(2)四拐平面曲轴离心力分析 四拐平面曲轴用于四冲程发动机,假设点火顺序为 1-3-4-2,其点火间隔角为

$$A = \frac{720°}{4} = 180°$$

此时 1、4 拐向上,2、3 拐向下,其离心惯性力的合力为零,离心惯性力矩也是零,可见平面四拐曲轴的离心力平衡性很好。但由分析可知,曲轴本身承受最大达 $F_r a$ 的内弯矩(图 3-10),而且中间主轴承承受较大的离心负荷。因此为了减轻曲轴的内弯矩和轴承负荷,还是要在曲轴上合理布置平衡块。常见的有如图 3-11 所示的四块平衡块方案。

4. 五拐曲轴

以四冲程五缸机为例,设点火顺序为 1-2-4-5-3,点火间隔角为

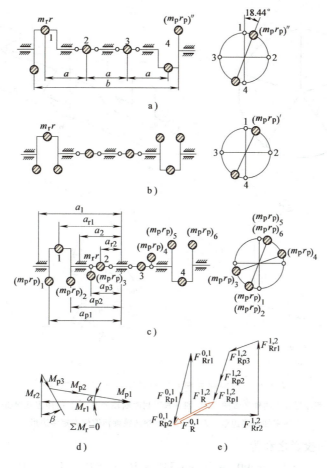

图3-9 四拐空间曲轴平衡块布置

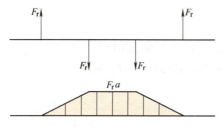

图3-10 离心力作用下曲轴的内弯矩示意图

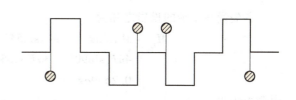

图3-11 平面曲轴四块平衡块方案

$$A = \frac{720°}{5} = 144°$$

曲拐布置图和轴测图如图 3-12a 和图 3-12b 所示。

从图 3-12c 可以看出,离心力的合力为零,是静平衡的。按照右手定则对第五缸中心取矩,从力矩多边形可以看出,旋转惯性力矩不平衡,但是其值比较小。由于各矢量角度不是特殊角,因此很难用作图法直接求出大小和方向角度,这时要用到矢量投影求和的代数方法。

假设缸心距为 a,对第五缸中心取矩,由图 3-12d 得:

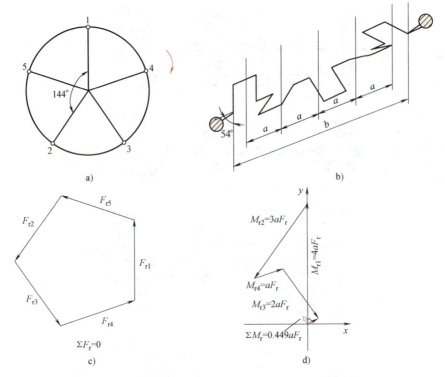

图 3-12 四冲程五拐曲轴旋转惯性力及力矩分析

a) 四冲程五拐曲轴布置图 b) 四冲程五拐曲轴轴测图 c) 四冲程五拐曲轴旋转惯性力多边形 d) 四冲程五拐曲轴旋转惯性力矩多边形

各矢量在 x 轴的投影之和为

$$M_{rx} = M_{r1}\cos90° - M_{r2}\cos54° + M_{r3}\cos54° + M_{r4}\cos18°$$
$$= 4aF_r\cos90° - 3aF_r\cos54° + 2aF_r\cos54° + aF_r\cos18°$$
$$= 0.3633aF_r$$

各矢量在 y 轴的投影之和为

$$M_{ry} = M_{r1}\sin90° - M_{r2}\sin54° - M_{r3}\sin54° + M_{r4}\sin18°$$
$$= 4aF_r\sin90° - 3aF_r\sin54° - 2aF_r\sin54° + aF_r\sin18°$$
$$= 0.2639aF_r$$

则合力矩为

$$M_r = \sqrt{M_{rx}^2 + M_{ry}^2} = 0.449aF_r$$

合力矩的方向与 y 轴的夹角为

$$\alpha'_r = \arctan\frac{M_{rx}}{M_{ry}} = \frac{0.3633}{0.2639} = 54°$$

将合力矩逆时针旋转90°,可得到合力矩矢量的实际方向,其与 y 轴的实际夹角为

$$\alpha = -90° + 54° = -36°$$

则合力矩在第二象限。此时虽然旋转惯性力矩不平衡,但其值很小,可以在平衡块上简单处理。在曲轴上采取整体平衡法时,平衡块的质径积为

$$m_p r_p \omega^2 b = 0.449aF_r = 0.449am_r r\omega^2$$

$$m_p r_p = 0.449 \frac{a}{b} m_r r$$

布置位置如图 3-12b 所示，前端平衡块的质心与第一缸轴线的夹角为 54°。

如果是二冲程五缸机，其点火间隔角为

$$A = \frac{360°}{5} = 72°$$

曲拐布置如图 3-13a 所示，曲拐轴测图如图 3-13b 所示。

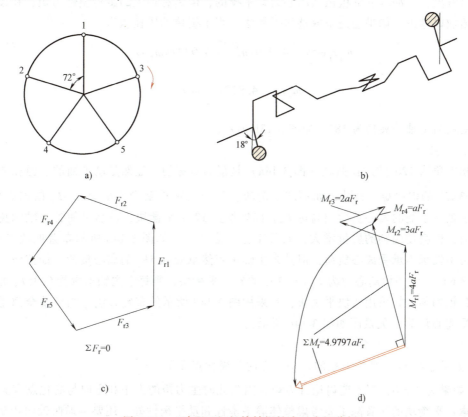

图 3-13 二冲程五缸机旋转惯性力及力矩分析
a) 二冲程五拐曲轴布置图　b) 二冲程五拐曲轴轴测图
c) 二冲程五拐曲轴旋转惯性力多边形　d) 二冲程五拐曲轴旋转惯性力矩多边形

通过分析可以看出，离心力的合力为零，也是静平衡的。按照右手定则对第五缸中心取矩，求合力矩的大小及方向。

各矢量在 x 轴的投影之和为

$$\begin{aligned} M_{rx} &= M_{r1}\cos 90° - M_{r2}\cos 18° + M_{r3}\cos 18° - M_{r4}\cos 54° \\ &= 4aF_r\cos 90° - 3aF_r\cos 18° + 2aF_r\cos 18° - aF_r\cos 54° \\ &= -1.5388 aF_r \end{aligned}$$

各矢量在 y 轴的投影之和为

$$\begin{aligned} M_{ry} &= M_{r1}\sin 90° + M_{r2}\sin 18° + M_{r3}\sin 18° - M_{r4}\sin 54° \\ &= 4aF_r\sin 90° + 3aF_r\sin 18° + 2aF_r\sin 18° - aF_r\sin 54° \\ &= 4.7361 aF_r \end{aligned}$$

则合力矩为

$$M_r = \sqrt{M_{rx}^2 + M_{ry}^2} = 4.9797aF_r$$

合力矩的方向与 y 轴的夹角为

$$\alpha'_r = \arctan\frac{M_{rx}}{M_{ry}} = \frac{-1.5388}{4.7361} = -18°$$

则合力矩与 y 轴的实际夹角为 $\alpha = -90° - 18° = -108°$

可以看出，二冲程五缸机虽然离心力是平衡的，但是有很大的旋转惯性力矩，在设计曲轴时必须加以考虑。如果还是采取整体平衡法，则平衡块的质径积为

$$m_p r_p \omega^2 b = 4.9797aF_r = 4.9797am_r r\omega^2$$

$$m_p r_p = 4.9797\frac{a}{b}m_r r$$

平衡块与 y 轴的夹角为 $18°$，如图 3-13b 所示。

5. 六拐曲轴

曲拐夹角为 $120°$ 的六拐曲轴（图 3-14a）是镜面对称的，显然是动平衡的。但在曲轴本身内有 $\sqrt{3}aF_r$ 的内弯矩。另外，如不加平衡块，每一主轴承至少要承受 $0.5F_r$ 的离心负荷，而中央主轴承承受的离心负荷则高达 F_r。如果设置 12 个平衡块，虽然可使各主轴承免受离心力负荷，但会使曲轴的质量增大，而且工艺性会变差。如图 3-14b 所示布置四块平衡块，可使中央主轴承不承受离心负荷，但其余主轴承依然承受 $0.5F_r$ 的离心负荷。如按照三拐曲轴（图 3-6）布置四块离心力为 $F_p = 0.7F_r$ 的较大平衡块，则每个主轴承承受 $0.35F_r$ 的离心负荷，且较均匀。如果用八块平衡块，且采用图 3-14d 所示的布置方法，则可使全部主轴承都不承受离心负荷（矢量图如图 3-14e 所示）。

6. 关于力矩的简化点

1) 如果 $\sum F_r = 0$，则主力矩的大小、方向与简化点无关。

2) 如果 $\sum F_r \neq 0$，则不能讨论合力矩，因为此时主力矩的大小和方向与简化点有关。

注意：平衡块的布置除了要考虑整体静平衡性和动平衡性外，还要考虑曲轴内弯矩和轴承所承受的离心负荷。因此，实际发动机的平衡块布置方案都是多块对称布置，很少采用只加两块平衡块的整体平衡法。

第三节　单列式内燃机往复惯性力的平衡分析

在讨论往复惯性力的平衡时，一般认为旋转惯性力已用平衡块解决了。对往复惯性力的讨论也只限于一阶和二阶。下面先讨论作为往复惯性力平衡分析基础的单缸机的平衡。

几个基本概念：

1) $F_j = F_{jI} + F_{jII} = C\cos\alpha + \lambda C\cos2\alpha$。即往复惯性力由一阶和二阶往复惯性力组成。

2) 往复惯性力始终沿气缸轴线作用，其大小和方向按简谐规律变化，力矩总是作用在由气缸中心线与曲轴中心线组成的平面内，按右手定则，力矩的矢量方向与该平面垂直。

3) F_{jI} 和 F_{jII} 都是不平衡的自由力，如果不采取平衡措施，就会传到支承上，引起纵向振动。

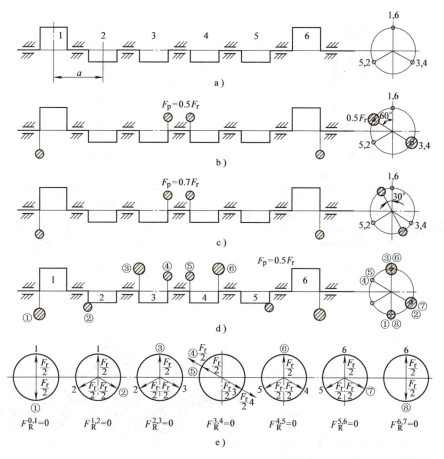

图 3-14 曲拐夹角为 120°的六拐曲轴及平衡块布置

一、单缸机往复惯性力的平衡分析

如果 $F_{jI} = C\cos\alpha$ 和 $F_{jII} = \lambda C\cos 2\alpha$ 都没有平衡，则需要采取平衡措施。

1. 双轴平衡法

对于往复惯性力来说，单在曲轴上加平衡块是不能平衡的。因为一个往复力不能用一个旋转力来平衡，而只能用另一个大小相等、方向相反的往复力来平衡。但 F_{jI} 和 F_{jII} 均可用旋转矢量表示，所以可以用一对反向或同向旋转的旋转力来平衡。图 3-15 所示为单缸机双轴平衡机构。在布置机构时要注意：

1）机构要关于气缸中心对称，避免由于偏心造成附加力矩。
2）初相位要相同。
3）变化要同步（$\omega_I = \omega$，$\omega_{II} = 2\omega$）。如果限于空间布置关系，每一平衡轴带两个平衡块。对于一阶惯性力，用两根平衡轴、四个平衡块，其平衡关系为

$$4m_{p1}r_{p1}\omega^2\cos\alpha = C\cos\alpha = m_j r\omega^2\cos\alpha$$

所以

$$m_{p1}r_{p1} = \frac{1}{4}m_j r \tag{3-7}$$

对于二阶惯性力，有

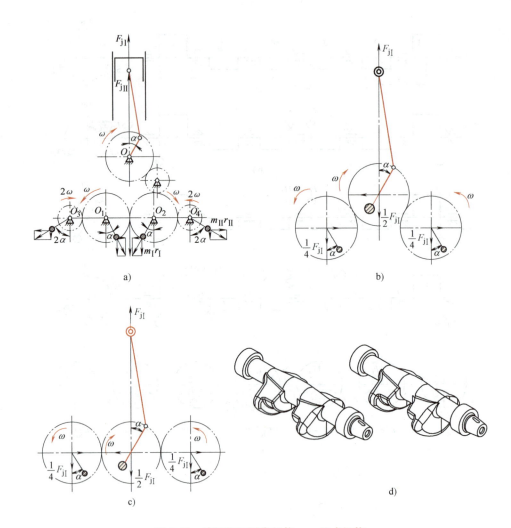

图 3-15 单缸机双平衡机构——兰式机构
a) 单缸机双平衡反向平衡机构 b)、c) 单缸机双轴同向平衡机构
d) 单缸机双轴机构平衡轴形状

$$4m_{p2}r_{p2}(2\omega)^2\cos2\alpha = \lambda C\cos2\alpha$$

所以
$$m_{p2}r_{p2} = \frac{\lambda}{16}m_j r \tag{3-8}$$

上述机构也称为双轴平衡机构,这种机构虽能保证一阶惯性力、二阶惯性力完全平衡,但在结构上是相当复杂的。因为在大多数情况下,采用单缸机主要着眼于结构简单。所以只在个别情况下,如单缸试验机或少数大缸径单缸机中才采用这种机构,而且只限于平衡一阶惯性力,一般不考虑二阶惯性力的平衡问题。

近年来由于摩托车的转速很高,在摩托车单缸机上,往复惯性力引起的振动问题显得尤为突出,因此,在一些单缸摩托车的发动机上也采用了双轴平衡机构来平衡一阶往复惯性力。

2. 过量平衡法（$0<\varepsilon<1$）

为了使结构简单,实际中往往在平衡旋转惯性力的平衡块 m_p 上多加一部分平衡质量

εm_j,使其产生过量的离心力 εC ($0<\varepsilon<1$)。ε 称为过量平衡率,它使一阶往复惯性力得到部分平衡,一般 $\varepsilon=0.3\sim0.5$。离心力 εC 与一阶往复惯性力 F_{jI} 的合力 F_R 在 x、y 轴上的投影为

$$F_{Rx} = C\cos\alpha - \varepsilon C\cos\alpha$$
$$F_{Ry} = -\varepsilon C\sin\alpha \tag{3-9}$$

从以上两式中消去 α,得

$$\left(\frac{F_{Rx}}{1-\varepsilon}\right)^2 + \left(\frac{F_{Ry}}{\varepsilon}\right)^2 = C^2 \tag{3-10}$$

这是一个椭圆方程(图 3-16b),即合力矢量的端点轨迹是按照椭圆规律变化的。当过量平衡率 $\varepsilon=0.5$ 时,合力矢量变成一个常数 $F_R=C/2$ 的圆,其变化与曲柄半径转向相反。

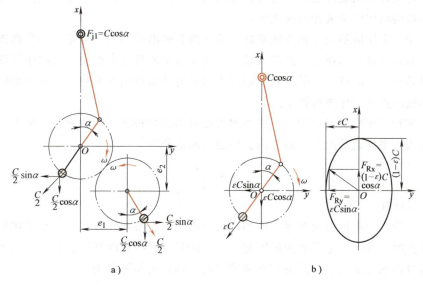

图 3-16 单轴平衡机构和过量平衡法简图
a)单轴平衡机构 b)过量平衡法

过量平衡法实质上是一阶惯性力的转移法,即把一阶惯性力的一部分转移到与气缸轴线垂直的平面内。至于转移数量的大小,根据垂直与水平两个方向的刚度或吸振能力而定。一般总是希望将较大的惯性力放在发动机刚度较大的方向或吸振能力较好的方向。ε 的大小可以根据试验确定,也可事先根据整机安装位置及结构进行动力计算确定,然后进行试验确定。随着内燃机转速的提高,对于小功率发动机,ε 目前有取较小值($\varepsilon=0.15\sim0.2$)的趋势。

过量平衡法中的"过量"是针对已经得到平衡的离心力而言的,因为是在已经平衡了离心力的平衡块上多加了一部分平衡质量来平衡往复惯性力。又因为只平衡了部分惯性力,所以也称为部分平衡法。当 $\varepsilon=0.5$ 时,称为半平衡法。

3. 单轴平衡法

如图 3-16a 所示,为了简化机构和减少整机质量,一些单缸发动机采用一根平衡轴,与过量平衡法配合使用,可以平衡掉全部或部分一阶往复惯性力,但是会产生一个附加的不平衡力矩。

单轴机构产生的不平衡力矩为

$$M = e_1\left(C\cos\alpha \frac{C}{2}\cos\alpha\right) - \frac{1}{2}e_2 C\sin\alpha = \frac{C}{2}(e_1\cos\alpha - e_2\sin\alpha) \tag{3-11}$$

由于 M 随着曲轴转角变化，因而在设计时要求 e_1、e_2 尽可能小，才能保证 M 尽可能小。由于附加的 M 不能消除，所以采用单轴平衡机构的平衡效果总是不能令人十分满意。

二、单列式多缸机往复惯性力平衡分析

1. 多缸机的曲拐排列与点火顺序

点火顺序与曲拐排列有密切关系。一方面，一定的曲拐排列形式规定了各曲拐到达上止点的顺序，因此决定了可能的点火顺序；另一方面，一定的曲拐排列又具有一定的平衡特性。所以，在设计发动机曲轴时，往往首先根据平衡性能良好的要求来确定曲拐排列，然后考虑点火间隔的均匀性来选择点火顺序。

一般来说，为使曲轴的平衡性能良好，所有曲拐应沿圆周均匀分布。如曲拐排列已经确定了，剩下的问题就是选择最佳的点火顺序。从动力学的角度来说，点火顺序同发动机的轴承负荷及扭转振动性能有一定的关系，但对发动机的平衡性则无影响。下面分别就二冲程及四冲程发动机的点火顺序进行讨论。

（1）二冲程发动机的点火顺序　二冲程发动机的曲拐每转一转就完成一个工作循环，所有气缸的点火应平均地分配在一转之内，即点火间隔角为

$$A = \frac{360°}{Z}$$

式中，Z 为气缸数。

（2）四冲程发动机的点火顺序　四冲程发动机的曲拐每两转才完成一个工作循环，当曲拐到达上止点时，并不一定是点火的时刻，而可能是进气行程的开始。为了使点火间隔尽量均匀，所有气缸的点火应该平均分配在两转之内，即点火间隔角为

$$A = \frac{720°}{Z}$$

2. 单列式两缸机（点火顺序 1-2-1）

如果两个曲拐呈 180°布置，点火间隔角为 180°—540°—180°，为不均匀点火，则曲拐布置如图 3-17 所示。

（1）解析法　一阶惯性力为

$$F_{jI1} = C\cos\alpha, \quad F_{jI2} = C\cos(\alpha + 180°) = -C\cos\alpha$$

合力为

$$F_{RjI} = C\cos\alpha - C\cos\alpha = 0$$

二阶惯性力为

$$F_{jII1} = \lambda C\cos2\alpha,$$
$$F_{jII2} = \lambda C\cos2(\alpha + 180°) = \lambda C\cos2\alpha$$

表示此时第二缸的二阶往复惯性力与第一缸的相位差为零，所以，一拐和二拐曲柄重合（图 3-17d）。合力为

$$F_{RjII} = 2\lambda C\cos2\alpha$$

一阶合力矩

$$M_{jI} = aF_{jI1} = aC\cos\alpha$$

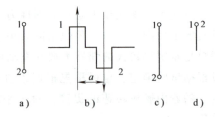

图 3-17　单列式两缸机的曲拐布置

a）曲柄侧视图　b）曲轴布置图
c）一阶曲柄图　d）二阶曲柄图

当 $\alpha = 0$ 时，有
$$M_{jI\,max} = aC$$
也就是当第一缸处于上止点时，有最大的一阶往复惯性力矩。

对于二阶合力矩，因为 $F_{RjII} \neq 0$，所以不讨论 M_{jII}。因为此时 M_{jII} 的值与取矩点有关。

可以看出，这种曲拐布置的两缸机的平衡性并不好，一阶往复惯性力矩没有平衡，二阶惯性力也没有平衡。

(2) 图解法（图 3-18） 分别在一阶曲柄图和二阶曲柄图的基础上绘出相应的惯性力，再按照曲拐布置图根据右手定则向第二缸中心取矩，绘出一阶惯性力矩的合力矩，得到与解析法一样的结果。

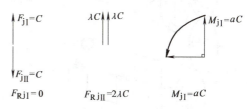

图 3-18 两缸机往复惯性力图解法

二阶惯性力较小，可以不考虑。对往复惯性力矩采取的平衡措施为：

1) 整体平衡法（设 b 为第一曲柄与第四曲柄之间的距离）。
$$m_p r_p \omega^2 b = \varepsilon a m_j r \omega^2, \quad 0 < \varepsilon < 1$$
$$m_p r_p = \varepsilon \frac{a}{b} m_j r \tag{3-12}$$

一般 $\varepsilon = 0.5$。

2) 双轴平衡法（图 3-19）。每个平衡轴的平衡块都是反向布置的，产生一个与两缸机一阶往复不平衡力矩相反的力矩。其质径积为
$$2 m_p r_p b \omega^2 = a m_j r \omega^2$$
$$m_p r_p = \frac{a}{2b} m_j r \tag{3-13}$$

高速两缸机近年来也有布置成 360°曲拐夹角的，如大排量摩托车，这时一定要采用平衡机构。平衡机构有两种，一种是双轴平衡机构，即两根平衡轴的平衡块布置在同一侧，与活塞方向相反，可以平衡掉一阶往复惯性力。从理论上讲，双轴平衡机构只能平衡一阶往复惯性力，对于二阶和二阶以上的往复惯性力则无能为力。但是实际上在采用双轴平衡机构后，整机的平衡性已经相当好了。另一种是平衡活塞机构（图 3-20），它是在曲轴上的两个曲拐之间，以相反的方向布置另一个曲拐，在该曲拐上用连杆连接另一个平衡活塞。此活塞只有运动而没有燃烧室，其运动方向与工作活塞相反，产生与两个工作活塞的惯性力工作频率相同、方向完全相反的惯性力，借此达到平衡的目的。这种机构能够平衡掉工作活塞的任意阶往复惯性力，但是所占空间大一些。

3. **单列式三缸机**（点火顺序 1-3-2，且假设缸心距为 a）

单列式三缸机无论是二冲程或四冲程均可以采用同一种结构的曲轴，但点火间隔二冲程为 120°，四冲程为 240°。下面用图解法来分析四冲程三缸机往复惯性力的平衡问题。

采用图解法时，点火间隔角为
$$A = \frac{720°}{3} = 240°$$

1) 绘制曲柄图和轴测图（图 3-21）。

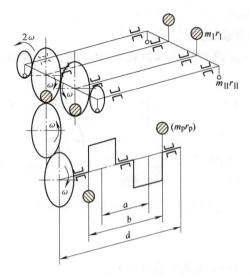

图 3-19 一阶往复惯性力矩双轴平衡机构

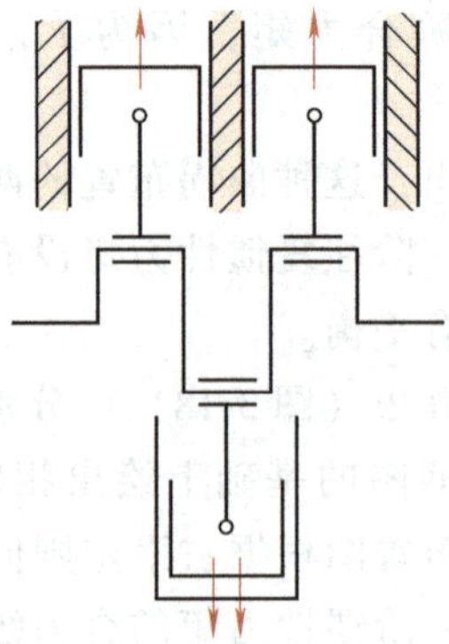

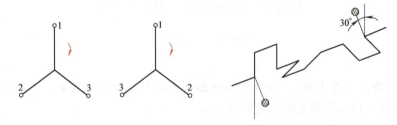

图 3-20 平衡活塞机构示意图

图 3-21 三拐曲轴一、二阶曲柄图和轴测图

绘制二阶曲柄图的依据是

$$F_{jII1} = \lambda C\cos 2\alpha$$
$$F_{jII2} = \lambda C\cos 2(\alpha + 240°) = \lambda C\cos(2\alpha + 120°)$$
$$F_{jII3} = \lambda C\cos 2(\alpha + 480°) = \lambda C\cos(2\alpha + 240°)$$

2）绘制惯性力矢量图（图 3-22）。

得到 $F_{RjI} = 0$ $F_{RjII} = 0$

3）向第三缸中心取矩，绘制力矩图（图 3-23）。

$$M_{jI} = \sqrt{3}\,aC$$

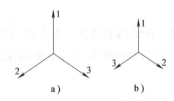

图 3-22 三拐曲轴往复惯性力矢量图
a) 一阶惯性力　b) 二阶惯性力

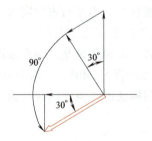

图 3-23 三缸往复惯性力矩图

在水平轴投影后，$M_{jIx} = \sqrt{3}aC\cos30°$，$M_{jImax} = \sqrt{3}aC$ 出现在第一缸上止点后 30°。

4）用整体平衡法求平衡块质径积。

$$m_p r_p \omega^2 b = \varepsilon\sqrt{3}am_j r\omega^2 = 0.5\sqrt{3}am_j r\omega^2$$

$$m_p r_p = \frac{\sqrt{3}}{2}\frac{a}{b}m_j r \tag{3-14}$$

质径积求出后，调整 m_p 和 r_p，按照实际曲轴箱的内部空间进行布置，如图 3-21 所示。

整体平衡法虽然结构简单，但平衡效果不太好。因为整体布置的两个平衡块所产生的是离心力，而这两个方向相反的离心力产生的实际上是离心力矩。虽然其矢量方向与离心惯性力矩的幅值矢量（$\sqrt{3}aC$）方向相反，但实际上仅利用了这个离心力矩在水平轴方向的投影来平衡不平衡的往复惯性力矩，而离心力矩在竖直轴方向又产生了一个不平衡的力矩。为了避免这个不平衡的分力矩过大，在求平衡块质径积时需要加上一个平衡系数 ε，一般情况下 $\varepsilon = 0.5$。也就是说，这种方法不能达到完全平衡一阶往复惯性力矩的目的，要想达到完全平衡，需要采用平衡机构。

5）平衡三缸机往复惯性力矩的双轴平衡机构。

点火顺序为 1-3-2 的四冲程三缸机的一阶往复惯性力矩出现在第一缸上止点后 30°，因此在布置平衡轴时，为了保证位置准确，应先将曲轴顺时针转过 30°，使一阶往复惯性力矩达到最大值。这时将两个平衡轴的平衡块布置成如图 3-24 所示的形式，前端的两个平衡块垂直向下，后端的两个平衡块垂直向上，这时平衡轴产生的平衡力矩也是最大值。平衡块的质径积为

$$2m_p r_p \omega^2 b = \sqrt{3}am_j r\omega^2$$

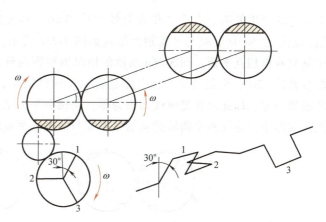

图 3-24 四冲程三缸机一阶往复惯性力矩双轴平衡机构

$$m_p r_p = \frac{\sqrt{3}}{2}\frac{a}{b}m_j r \tag{3-15}$$

可以看出，虽然式（3-15）与式（3-14）完全相同，但是平衡效果却不同。整体平衡法仅平衡掉了一阶往复惯性力矩的 1/2，而双轴机构则将一阶往复惯性力矩完全平衡掉了。

6）平衡三缸机往复惯性力矩的单轴平衡法。

图 3-24 所示的双轴机构虽然能够平衡掉一阶往复惯性力矩，但是其结构比较复杂。对于三缸机的一阶往复惯性力矩，采用单轴平衡机构，配合曲轴上的平衡块布置，也可将其完全平衡掉。具体方法为：先假设旋转惯性力矩已经采用整体平衡法或完全平衡法解决了，同时假定在曲轴上按照整体平衡法另外布置了平衡一阶往复惯性力矩的平衡块，而且取平衡系数 $\varepsilon = 0.5$，然后在曲轴旁布置一根平衡轴，其转向与曲轴相反，如图 3-25 所示。质径积为

$$m_p r_p = \frac{\sqrt{3}}{2}\frac{a}{b}m_j r$$

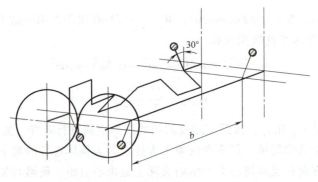

图 3-25 三缸机一阶往复惯性力矩单轴平衡

曲轴和平衡轴的位置如图 3-26 所示，平衡轴不是一定要与曲轴布置在同一水平面上，而是可以根据实际情况灵活布置，其效果不变。如图 3-26a 所示，当第一缸处于上止点时，曲轴上平衡块产生的离心力矩的水平投影分量与平衡轴离心力矩的水平投影分量之和同此时水平轴上的一阶往复力矩相平衡，两个离心力矩在竖直轴上的投影正负相抵。当曲轴转过 30°时，其与平衡轴的位置如图 3-26b 所示，此时一阶往复惯性力矩为最大值 $\sqrt{3}\,aC$，而两轴上平衡块产生的离心力矩之和也为最大值 $\sqrt{3}\,aC$，其方向与一阶往复惯性力矩的方向相反。当曲轴转过 60°时，其与平衡轴的位置如图 3-26c 所示，一阶往复惯性力矩被平衡掉了，两个轴自身也相互平衡。图 3-26d 所示的情况也很容易分析出来是平衡的。图 3-26e 所示为当曲轴转过 120°，也就是第一缸上止点后 120°时的情形，一阶往复惯性力矩幅值在水平轴上的投影为零，即此时往复惯性力矩为零，曲轴和平衡轴上的平衡块产生的离心力矩也互相抵消。实际中，应注意平衡轴的初始角度要与曲轴上平衡块的实际质心角度一致。

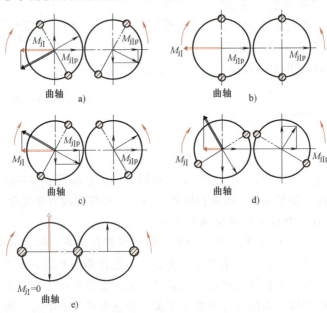

图 3-26 三缸机单轴平衡机构平衡效果分析

a) 第一缸处于上止点 b) 第一缸上止点后 30° c) 第一缸上止点后 60°
d) 第一缸上止点后 90° e) 第一缸上止点后 120°

观察图 3-25 可以发现，单平衡轴与曲轴的平衡块恰好构成一个双轴机构。由此可见，三缸机采用单轴平衡机构达到了结构简单、平衡性能好的要求。

有些三缸机虽然采用了单轴平衡机构，但是并没有在曲轴上增加平衡块。从分析结果来看，虽然这种方式能够平衡掉一半左右的往复惯性力，但是还会产生与往复惯性力矩垂直的另一个作用面上的不平衡力矩。

4. 单列四冲程四缸机（点火顺序 1-3-4-2）

点火间隔角为
$$A = \frac{720°}{4} = 180°$$

1）绘制曲柄图和轴测图（图 3-27），假设缸心距为 a。

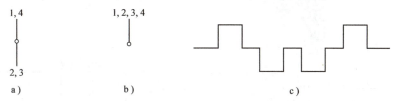

图 3-27　四冲程四缸曲轴布置图

a）一阶曲柄图　b）二阶曲柄图　c）轴测图

2）惯性力分析。根据一阶曲柄图和二阶曲柄图绘制力的矢量图，绘制如图 3-28 所示的四拐平面曲轴往复惯性力矩图。

由于二阶惯性力不平衡，所以不能分析二阶力矩，因为此时随着取矩点的不同，合力矩的结果是不一样的。

不平衡的二阶惯性力是四冲程四缸机的主要振动来源。因为活塞质量与缸径的平方

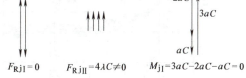

图 3-28　四拐平面曲轴往复惯性力矩图

成正比，所以当气缸直径超过 100mm 时，往复惯性力会很大，不宜采用四冲程四缸机。

当所采用四缸机的缸径较大时，应该加装双轴机构来平衡二阶往复惯性力，现在市场上已经有许多车用四冲程四缸机采用这种方法取得了比较好的效果。奥迪轿车的四缸四冲程发动机就是采用双轴平衡机构平衡二阶往复惯性力的结构，具体的平衡轴布置如图 3-29a 所示。该发动机在采用双轴平衡机构后，其低频振动和总噪声级都得到了明显的改善，如图 3-29b、c 所示。此双轴机构采用了平衡轴位于曲轴上方、气缸体两侧的布置方式，这主要是为了降低发动机的高度。另外，两个平衡轴由于高度不同而产生的附加力矩还可以平衡一部分由二阶惯性力造成的翻倒力矩。许多四冲程四缸机采用在曲轴下方布置平衡轴的方案，如图 3-30 所示。图 3-31 所示为平衡二阶往复惯性力的双轴机构总成，它将双轴机构集成在一个小箱体内，这样有利于专业化生产且整体拆装方便。

5. 单列二冲程四缸机（点火顺序 1-3-4-2）

点火间隔角为
$$A = \frac{360°}{4} = 90°$$

1）绘制曲柄图和轴测图（图 3-32）。

2）惯性力分析。很明显，一阶和二阶往复惯性力之和都等于零，即 $F_{RjI} = 0$，$F_{RjII} = 0$，为静平衡。

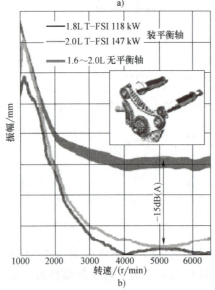

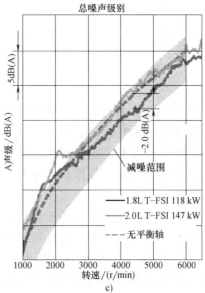

图 3-29　奥迪四缸发动机采用的双轴机构及其减振和降噪效果

a）平衡轴布置　b）低频振动　c）总噪声级别

图 3-30　在曲轴下方布置平衡轴　　　　图 3-31　平衡二阶往复惯性力的双轴机构总成

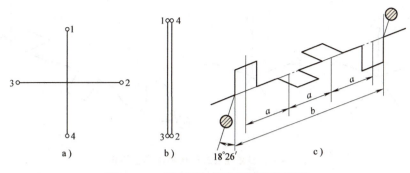

图 3-32 二冲程四缸机曲柄图和轴测图
a) 一阶曲柄图 b) 二阶曲柄图 c) 空间曲拐轴测图

3）惯性力矩分析。根据右手定则向第四拐中心取矩，如图 3-33 所示，得到在水平轴上的投影 $M_{jIx} = \sqrt{10}\,aC\cos18°26'$。

可以看出，在第一缸曲拐处于上止点前 18°26′时，该机有最大一阶往复惯性力矩，即

$$M_{jI\,max} = \sqrt{10}\,aC \quad (3\text{-}16)$$

二冲程四缸机是空间曲轴，一阶往复惯性力、二阶往复惯性力和二阶往复惯性力矩都已经平衡了。只有一阶往复惯性力矩与旋转惯性力矩没有平衡，不平衡力矩的数学形式是一样的，方向也一样，可以在设计平衡块时一起考虑。空间曲轴二冲程四缸机的这一特性在V型八缸机中得到了广泛应用，使平衡问题得到了很大简化。

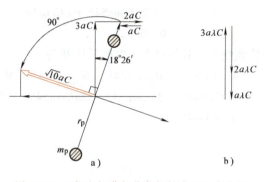

图 3-33 四拐空间曲拐往复惯性力矩平衡分析
a) 一阶惯性力矩 $M_{jI} = \sqrt{10}\,aC$
b) 二阶惯性力矩 $M_{jII} = 0$

4）平衡措施。采用整体平衡法，有

$$\begin{aligned} m_p r_p \omega^2 b &= \varepsilon \sqrt{10}\,a m_j r \omega^2 \\ m_p r_p &= \varepsilon \frac{a\sqrt{10}}{b} m_j r \end{aligned} \quad (3\text{-}17)$$

6. 单列四冲程五缸机（点火顺序 1-2-4-5-3）

点火间隔角为

$$A = \frac{720°}{5} = 144°$$

1）绘制曲柄图和轴测图（图 3-34）。

2）惯性力分析（图 3-35）。

可以看出，一阶惯性力和二阶惯性力的合力都是零，是平衡的。

3）惯性力矩分析（图 3-36）。

一阶惯性力矩各矢量在 x 轴的投影和为

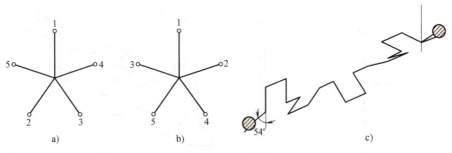

图 3-34 四冲程五缸机曲柄图和轴测图

a）一阶曲柄图　b）二阶曲柄图　c）轴测图

$$M_{jIx} = M_{jI1}\cos 90° - M_{jI2}\cos 54°$$
$$\qquad + M_{jI3}\cos 54° + M_{jI4}\cos 18°$$
$$= 4aC\cos 90° - 3aC\cos 54°$$
$$\qquad + 2aC\cos 54° + aC\cos 18°$$
$$= 0.3633aC$$

一阶惯性力矩各矢量在 y 轴的投影和为

$$M_{jIy} = M_{jI1}\sin 90° - M_{jI2}\sin 54° - M_{jI3}\sin 54° + M_{jI4}\sin 18°$$
$$= 4aC\sin 90° - 3aC\sin 54° - 2aC\sin 54° + aC\sin 18°$$
$$= 0.2639aC$$

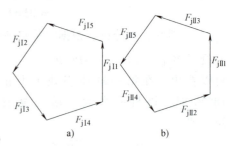

图 3-35 四冲程五缸机惯性力分析

a）一阶惯性力多边形　b）二阶惯性力多边形

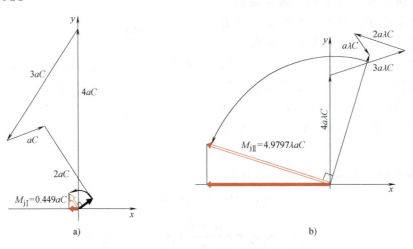

图 3-36 四冲程五缸机往复惯性力矩分析

a）一阶往复惯性力矩多边形　b）二阶往复惯性力矩多边形

合力矩为

$$M_{jI} = \sqrt{M_{jIx}^2 + M_{jIy}^2} = 0.449aC \tag{3-18}$$

一阶合力矩的方向与 y 轴的夹角为

$$\alpha'_r = \arctan\frac{M_{jIx}}{M_{jIy}} = \frac{0.3633}{0.2637} = 54° \tag{3-19}$$

$$\alpha = -90° + 54° = -36°$$

将各矢量向 x 轴和 y 轴投影，然后求和。求得一阶往复惯性力矩的合力矩矢量幅值为

0.449aC,当第一缸处于上止点时,其与水平轴的夹角为54°,在第二象限。向水平轴投影,得到此时的实际一阶往复惯性力矩为

$$M_{jI} = 0.449aC\cos54° = 0.2639aC \tag{3-20}$$

同时可以判断出,一阶往复惯性力的最大值(0.449aC)出现在第一缸上止点前54°。一阶往复惯性力矩可以通过双轴平衡机构平衡掉,因为其数值比较小,所以采用过量平衡法(图3-34)平衡块质量不会增加很多。

同理,按图3-36b求出二阶往复惯性力矩的合力矩幅值为4.9797λaC,当第一缸处于上止点时,其与水平轴的夹角为18°,在第二象限,也就是最大值出现在第一缸上止点前18°。向水平轴投影,得到此时的实际二阶往复惯性力矩为

$$M_{jII} = 4.9797\lambda aC\cos18° = 4.736\lambda aC \tag{3-21}$$

即使考虑了连杆比λ($\lambda \approx 1/3$),二阶往复惯性力矩的值也比较大,大于一阶往复惯性力矩的幅值。因此,缸径较大时应该采用双轴机构进行平衡。

7. 单列二冲程五缸机(点火顺序 1-2-4-5-3)

点火间隔角为

$$A = \frac{360°}{5} = 72°$$

1)绘制曲柄图和轴测图(图3-37)。

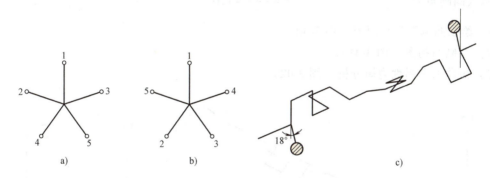

图3-37 单列二冲程五缸机曲柄图和轴测图
a)一阶曲柄图 b)二阶曲柄图 c)轴测图

2)往复惯性力分析(图3-38)。

3)往复惯性力矩分析(图3-39)。

通过分析可以看出,单列二冲程五缸机的各阶往复惯性力平衡;一阶往复惯性力矩不平衡,其最大值为4.9797aC,出现在第一缸上止点后18°,可以通过整体平衡法平衡(图3-37),最好采用双轴平衡机构平衡。此时,最大值在水平轴的投影值为4.736aC。二阶往复惯性力矩也不平衡,但是其值很小,可以不予考虑。

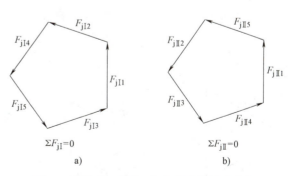

图3-38 单列二冲程五缸机往复惯性力分析
a)一阶惯性力多边形 b)二阶惯性力多边形

单列五缸机不论是二冲程还是四冲程,其往复惯性力矩都不平衡,这是它现在应用较少

的原因之一。但是五缸机也有优点，它的五个曲拐分布在五个方向上，没有两个缸的往复惯性力同时达到最大值的问题。这样，任何时刻作用在支承上的力都不像四冲程四缸机和六缸机那样大。

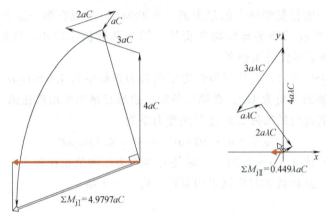

图 3-39　单列二冲程五缸机往复惯性力矩分析

8. 单列四冲程六缸机（点火顺序 1-5-3-6-2-4）

点火间隔角为

$$A = \frac{720°}{6} = 120°$$

1）绘制曲柄图和轴测图（图 3-40）。

2）绘制曲拐图（图 3-41）。

3）惯性力和惯性力矩分析（图 3-42）。

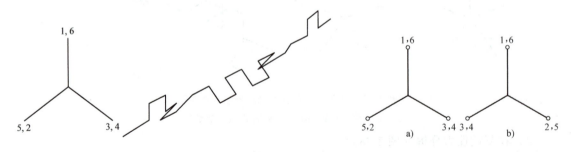

图 3-40　四冲程六缸机曲拐图和轴测图

图 3-41　四冲程六缸机曲拐图

a）一阶曲拐图　b）二阶曲拐图

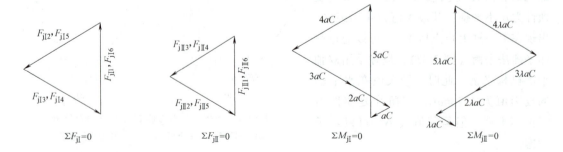

图 3-42　四冲程六缸机惯性力和惯性力矩分析

实际上，六拐曲轴相当于两个三拐曲轴对称布置，则

$$M_{jI} = 0, \quad M_{jII} = 0$$

结论：六缸以上具有镜面对称曲轴的发动机平衡性极好。

实际中，在自身已经达到静平衡和动平衡性的曲轴上添加平衡块，其目的是减轻轴承负荷和减小曲轴的内弯矩。

第四节　双列式内燃机往复惯性力的分析

在多缸发动机中，为了减小发动机的长度，使结构紧凑，经常采用多列式结构，其中双列式内燃机的应用日益广泛。对于双列式发动机，当两列气缸轴线夹角 γ 为 180°时称为对置式，当 $0<\gamma<180°$ 时称为 V 型。V 型内燃机的往复惯性力及其力矩的平衡程度不仅取决于曲轴的曲柄排列方案，还取决于两列气缸排列的相对位置关系（即气缸轴线夹角 γ）。

分析双列式内燃机往复惯性力及其力矩的平衡情况时，可根据不同情况，用如下两种方法处理：

1) 当每列气缸的平衡情况容易判断时，可把整台 n 缸双列式发动机看成由两台 $n/2$ 缸单列式发动机组成，先分别分析它们的平衡情况，再用矢量和求最后结果，特别是对每列已经平衡了的量，对整机也是平衡的。

2) 当每对气缸的平衡情况容易判断时，可把整台 n 缸双列式发动机看成由 $n/2$ 台双列两缸发动机组成，先利用双列式两缸发动机已知的平衡性，然后求最后结果。

分析双列式发动机的平衡性与单列式发动机一样，可以采用解析法或图解法，下面举几个典型例子进行分析。

一、V 型两缸机平衡性分析

V 型两缸机的气缸轴线夹角为 γ，分为左右两列。

1. 离心惯性力的分析

离心质量　　$m_r = m_k + 2m_2$

因为是单拐，其平衡方法与单拐曲轴平衡法一样，所以平衡块的质径积为

$$m_p r_p = \frac{1}{2} m_r r$$

2. 一阶往复惯性力的平衡分析

V 型两缸机的点火间隔角按照冲程数划分只有两种：

二冲程　　$\gamma \sim (360°-\gamma)$；

四冲程　　$(360°+\gamma) \sim (360°-\gamma)$。

（1）一阶往复惯性力　如图 3-43 所示，以气缸轴线夹角平分线为始点，左右两列气缸的一阶往复惯性力分别为

$$F_{jIL} = C\cos\left(\alpha + \frac{\gamma}{2}\right)$$

$$F_{jIR} = C\cos\left(\alpha - \frac{\gamma}{2}\right)$$

(3-22)

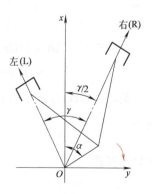

图 3-43　V 型两缸机示意图

向 x 轴和 y 轴投影,再求和,得

$$F_{\mathrm{RjI}x} = F_{\mathrm{jIL}x} + F_{\mathrm{jIR}x} = 2C\cos\alpha\cos^2\frac{\gamma}{2} = C(1+\cos\gamma)\cos\alpha \tag{3-23}$$

$$F_{\mathrm{RjI}y} = F_{\mathrm{jIL}y} + F_{\mathrm{jIR}y} = 2C\sin\alpha\sin^2\frac{\gamma}{2} = C(1-\cos\gamma)\sin\alpha \tag{3-24}$$

(2) 合力

$$F_{\mathrm{RjI}} = \sqrt{F_{\mathrm{RjI}x}^2 + F_{\mathrm{RjI}y}^2}$$
$$= C\sqrt{(1+\cos\gamma)^2\cos^2\alpha + (1-\cos\gamma)^2\sin^2\alpha} \tag{3-25}$$

(3) 合力的方向

$$\phi_{\mathrm{I}} = \arctan\frac{F_{\mathrm{RjI}y}}{F_{\mathrm{RjI}x}}$$
$$= \arctan\frac{(1-\cos\gamma)\sin\alpha}{(1+\cos\gamma)\cos\alpha} = \arctan\left(\tan^2\frac{\gamma}{2}\tan\alpha\right) \tag{3-26}$$

分析 $F_{\mathrm{RjI}x}$ 和 $F_{\mathrm{RjI}y}$ 的表达式可知,F_{RjI} 的端点轨迹是一个椭圆(图3-44)。

当 $\gamma<90°$ 时,$C(1+\cos\gamma)$ 为长半轴;

当 $\gamma>90°$ 时,$C(1-\cos\gamma)$ 为长半轴;

当 $\gamma=90°$ 时,$F_{\mathrm{RjI}x}=C$,其端点轨迹是一个圆,即 F_{RjI} 是常量。

因此,当 $\gamma=90°$ 时,$\phi_{\mathrm{I}}=\arctan(\tan\alpha)=\alpha$,$F_{\mathrm{RjI}x}$ 的方向与曲柄方向相同,一阶往复惯性力变成了大小不变、方向始终与曲柄重合的旋转惯性力。

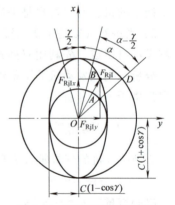

图 3-44 V 型两缸机的平衡

(4) 平衡措施 以 $\gamma<90°$ 为例(图3-44),有

$$\vec{F}_{\mathrm{RjI}} = \vec{OB} = \vec{OA} + \vec{AB} = \vec{OD} + \vec{DB} \tag{3-27}$$

其中,$OA=C(1-\cos\gamma)$,$OD=C(1+\cos\gamma)$,平衡时应取分力较小的分解方案,即

$$\vec{F}_{\mathrm{RjI}} = \vec{OA} + \vec{AB} \tag{3-28}$$

$$OA = C(1-\cos\gamma)$$
$$AB = (OD-OA)\cos\alpha = [C(1+\cos\gamma) - C(1-\cos\gamma)]\cos\alpha$$
$$= 2C\cos\gamma\cos\alpha$$

旋转矢量 $\vec{OA}$ 直接用曲柄上的两个平衡块平衡

因为

$$2m_{\mathrm{rp}}r_{\mathrm{p}}\omega^2 = m_{\mathrm{j}}r\omega^2(1-\cos\gamma)$$

所以质径积

$$m_{\mathrm{rp}}r_{\mathrm{p}} = \frac{1}{2}m_{\mathrm{j}}r(1-\cos\gamma)$$

往复矢量 $\vec{AB}$ 用兰氏机构平衡,与单缸机的平衡方式一样,如图3-45所示。每根平衡轴

上有两个平衡块，求得每个平衡块的质径积为

$$4m_{1j}r'_p\omega^2 = 2m_j r\omega^2 \cos\gamma$$

$$m_{1j}r'_p = \frac{1}{2}m_j r\cos\gamma \tag{3-29}$$

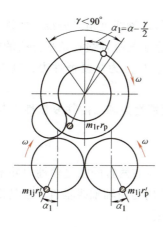
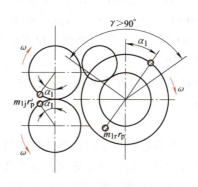

图 3-45　V 型两缸机一阶往复惯性力的平衡方法

当 $\gamma = 90°$ 时，$F_{RjI} = C$，$\phi_I = \alpha$。

与单缸机旋转惯性力的平衡方法一样，总质径积为

$$m_p r_p = \frac{1}{2}r(m_k + 2m_2 + m_j) \tag{3-30}$$

3. 二阶惯性力的平衡分析

同样以气缸轴线夹角的平分线为起始点，左右两列气缸的二阶惯性力表示为

$$\begin{cases} F_{jIIL} = \lambda C\cos 2\left(\alpha + \dfrac{\gamma}{2}\right) \\ F_{jIIR} = \lambda C\cos 2\left(\alpha - \dfrac{\gamma}{2}\right) \end{cases} \tag{3-31}$$

在坐标轴上的投影为

$$F_{RjIIx} = 2\lambda C\cos\frac{\gamma}{2}\cos\gamma\cos 2\alpha$$

$$F_{RjIIy} = 2\lambda C\sin\frac{\gamma}{2}\sin\gamma\sin 2\alpha \tag{3-32}$$

也是椭圆，合力为

$$F_{RjII} = \sqrt{F_{RjIIx}^2 + F_{RjIIy}^2} = 2\lambda C\sqrt{\cos^2\frac{\gamma}{2}\cos^2\gamma\cos^2 2\alpha + \sin^2\frac{\gamma}{2}\sin^2\gamma\sin^2 2\alpha} \tag{3-33}$$

合力方向为

$$\phi_{II} = \arctan\left(\tan\frac{\gamma}{2}\tan\gamma\tan 2\alpha\right) \tag{3-34}$$

当 $\gamma = 90°$ 时，有

$$F_{RjII} = \sqrt{2}\lambda C\sin 2\alpha \tag{3-35}$$

$\phi_{\mathrm{II}} = 90°$

$F_{\mathrm{Rj\,II}}$ 变为了水平方向的往复惯性力,可以用兰氏机构平衡。

结论:

1) V 型两缸机的一阶往复惯性力不论 γ 如何,都可以用一个平衡块和一个双轴机构平衡。

2) 当 $\gamma<90°$ 时, $F_{\mathrm{Rj\,I}}$ 的矢量端点轨迹为长轴在气缸轴线夹角平分线上的椭圆。

3) 当 $\gamma>90°$ 时, $F_{\mathrm{Rj\,I}}$ 的矢量端点轨迹为长轴垂直于气缸轴线夹角平分线的椭圆。

4) 当 $\gamma=90°$ 时, $F_{\mathrm{Rj\,I}}$ 为一个圆,相当于离心力; $F_{\mathrm{Rj\,II}}$ 为往复惯性力,其方向垂直于气缸轴线夹角平分线。

表 3-1 和表 3-2 中列出了 V 型两缸机的一阶往复惯性力和二阶往复惯性力与气缸轴线夹角之间的关系。

4. 左右两缸偏移引起的力矩

实际上,V 型两缸机在采用并列连杆的情况下,左右两缸的往复惯性力并不在一个平面内,会产生附加力矩,按照右手定则,该力矩矢量方向与曲轴轴线垂直。但是由于左右两缸的缸心距一般很小,因此一般不用考虑这个附加力矩。

* 表 3-1 V 型两缸机一阶往复惯性力与气缸夹角 γ 之间的关系

气缸轴线夹角 $\gamma/(°)$	正转矢量 A_{I} 反转矢量 B_{I}	旋转分矢量 $F_{\mathrm{Rj\,I\,r}}$ 往复分矢量 $F_{\mathrm{Rj\,I\,j}}$	正、反转矢量的相位	矢量椭圆主轴	合成矢量的端点轨迹
0	$A_{\mathrm{I}}=Ce^{i\alpha}$ $B_{\mathrm{I}}=Ce^{-i\alpha}$	$F_{\mathrm{Rj\,I\,r}}=0$ $F_{\mathrm{Rj\,I\,j}}=2C\cos\alpha$		$F_{\mathrm{Rj\,I\,x}}=2C$ $F_{\mathrm{Rj\,I\,y}}=0$	
45	$A_{\mathrm{I}}=Ce^{i(\alpha-\frac{\pi}{8})}$ $B_{\mathrm{I}}=\frac{\sqrt{2}}{2}Ce^{-i(\alpha-\frac{\pi}{8})}$	$F_{\mathrm{Rj\,I\,r}}=0.293$ $F_{\mathrm{Rj\,I\,j}}=1.414C\cos\left(\alpha-\frac{\pi}{8}\right)$		$F_{\mathrm{Rj\,I\,x}}=1.707C$ $F_{\mathrm{Rj\,I\,y}}=0.293C$	
60	$A_{\mathrm{I}}=Ce^{i(\alpha-\frac{\pi}{6})}$ $B_{\mathrm{I}}=\frac{C}{2}e^{-i(\alpha-\frac{\pi}{6})}$	$F_{\mathrm{Rj\,I\,r}}=0.5$ $F_{\mathrm{Rj\,I\,j}}=C\cos\left(\alpha-\frac{\pi}{6}\right)$		$F_{\mathrm{Rj\,I\,x}}=1.5C$ $F_{\mathrm{Rj\,I\,y}}=0.5C$	
90	$A_{\mathrm{I}}=Ce^{i(\alpha-\frac{\pi}{4})}$ $B_{\mathrm{I}}=0$	$F_{\mathrm{Rj\,I\,r}}=1$ $F_{\mathrm{Rj\,I\,j}}=0$		$F_{\mathrm{Rj\,I\,x}}=C$ $F_{\mathrm{Rj\,I\,y}}=C$	

第三章　内燃机的平衡

（续）

气缸轴线夹角 $\gamma/(°)$	正转矢量 A_I 反转矢量 B_I	旋转分矢量 F_{RjIr} 往复分矢量 F_{RjIj}	正、反转矢量的相位	矢量椭圆主轴	合成矢量的端点轨迹
120	$A_I = Ce^{i(\alpha-\frac{\pi}{3})}$ $B_I = -\frac{C}{2}e^{-i(\alpha-\frac{\pi}{3})}$	$F_{RjIr} = 0.5$ $F_{RjIj} = C\sin\left(\alpha-\frac{\pi}{3}\right)$		$F_{RjIx} = 0.5C$ $F_{RjIy} = 1.5C$	
150	$A_I = Ce^{i(\alpha-\frac{5\pi}{12})}$ $B_I = -\frac{\sqrt{3}}{2}Ce^{-i(\alpha-\frac{5\pi}{12})}$	$F_{RjIr} = 0.314$ $F_{RjIj} = 1.732C\sin\left(\alpha-\frac{5\pi}{12}\right)$		$F_{RjIx} = 0.134C$ $F_{RjIy} = 1.866C$	
180	$A_I = Ce^{i(\alpha-\frac{\pi}{2})}$ $B_I = -Ce^{-i(\alpha-\frac{\pi}{2})}$	$F_{RjIr} = 0$ $F_{RjIj} = 2C\sin\left(\alpha-\frac{\pi}{2}\right)$		$F_{RjIx} = 0$ $F_{RjIy} = 2C$	

* 表 3-2　V 型两缸机二阶往复惯性力与气缸夹角 γ 之间的关系

气缸轴线夹角 $\gamma/(°)$	正转矢量 A_{II} 反转矢量 B_{II}	旋转分矢量 F_{RjIIr} 往复分矢量 F_{RjIIj}	正、反转矢量的相位	矢量椭圆主轴	合成矢量的端点轨迹
0	$A_{II} = \lambda Ce^{i(2\alpha)}$ $B_{II} = \lambda Ce^{-i(2\alpha)}$	$F_{RjIIr} = 0$ $F_{RjIIj} = 2\lambda C\cos 2\alpha$		$F_{RjIIx} = 2\lambda C$ $F_{RjIIy} = 0$	
45	$A_{II} = 0.92\lambda Ce^{i(2\alpha-\frac{\pi}{4})}$ $B_{II} = 0.383\lambda Ce^{-i(2\alpha-\frac{\pi}{4})}$	$F_{RjIIr} = 0.54\lambda C$ $F_{RjIIj} = 0.736\lambda C\cos\left(2\alpha-\frac{\pi}{4}\right)$		$F_{RjIIx} = 1.305\lambda C$ $F_{RjIIy} = 0.541\lambda C$	
60	$A_{II} = \frac{\sqrt{3}}{2}\lambda Ce^{i(2\alpha-\frac{\pi}{3})}$ $B_{II} = 0$	$F_{RjIIr} = 0.866\lambda C$ $F_{RjIIj} = 0$		$F_{RjIIx} = \frac{\sqrt{3}}{2}\lambda C$ $F_{RjIIy} = \frac{\sqrt{3}}{2}\lambda C$	

（续）

气缸轴线夹角 $\gamma/(°)$	正转矢量 A_{II} 反转矢量 B_{II}	旋转分矢量 F_{RjIIr} 往复分矢量 F_{RjIIj}	正、反转矢量的相位	矢量椭圆主轴	合成矢量的端点轨迹
90	$A_{II} = \frac{\sqrt{2}}{2}\lambda Ce^{i(2\alpha-\frac{\pi}{2})}$ $B_{II} = -\frac{\sqrt{2}}{2}\lambda Ce^{-i(2\alpha-\frac{\pi}{2})}$	$F_{RjIIr} = 0$ $F_{RjIIj} = -1.414\lambda C\sin\left(2\alpha-\frac{\pi}{2}\right)$		$F_{RjIIx} = 0$ $F_{RjIIy} = \sqrt{2}\lambda C$	
120	$A_{II} = \frac{\lambda}{2}Ce^{i(2\alpha-\frac{2\pi}{3})}$ $B_{II} = -\lambda Ce^{-i(2\alpha-\frac{2\pi}{3})}$	$F_{RjIIr} = 0.5\lambda C$ $F_{RjIIj} = \lambda C\sin\left(2\alpha-\frac{2\pi}{3}\right)$		$F_{RjIIx} = \frac{1}{2}\lambda C$ $F_{RjIIy} = \frac{3}{2}\lambda C$	
150	$A_{II} = 0.259\lambda Ce^{i(2\alpha-\frac{5\pi}{6})}$ $B_{II} = -0.707\lambda Ce^{-i(2\alpha-\frac{5\pi}{6})}$	$F_{RjIIr} = 0.45\lambda C$ $F_{RjIIj} = 0.52\lambda C\sin\left(2\alpha-\frac{5\pi}{6}\right)$		$F_{RjIIx} = 0.45\lambda C$ $F_{RjIIy} = 0.966\lambda C$	
180	$A_{II} = 0$ $B_{II} = 0$	$F_{RjIIr} = 0$ $F_{RjIIj} = 0$		$F_{RjIIx} = 0$ $F_{RjIIy} = 0$	

二、V型多缸机平衡性分析

V型发动机左右两列气缸间的点火轮换方式有交替式和填补式两种。

（1）交替式 左右两列轮流点火，通常每列气缸的点火顺序是相同的，间隔也是均匀的。如采用平面曲轴的四冲程V型八缸机，气缸轴线夹角为 γ，其每列气缸的点火顺序为1-3-4-2，若采用交替式点火，则其整机的点火顺序为：

理想点火间隔角 $A = \dfrac{720°}{8} = 90°$

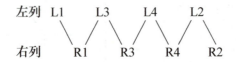

（2）填补式　填补式点火顺序的特点：对于每列气缸而言，其点火间隔是不均匀的，而且左右气缸的点火顺序也不相同。如果气缸轴线夹角选择合适，经过彼此相互填补配合，则能够得到一种点火间隔均匀的点火顺序。例如，采用空间曲轴的气缸轴线夹角为 90° 的 V 型八缸机（V8），其整机点火顺序可以是：

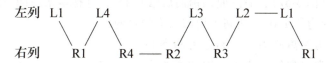

（3）确定 V 型多缸机点火顺序的简易办法　在底板上画出两列气缸的轴线，在透明板上画出曲拐侧视图，让气缸轴线交点与曲拐旋转中心重合，顺时针转动透明板，记下各缸点火时曲轴的转角。

下面举例说明 V 型多缸机平衡性的分析方法。

1. 四冲程 V 型八缸机（$\gamma = 90°$）

V 型八缸机采用空间曲轴的较多。

（1）分析一阶往复惯性力及其力矩　先将 V 型八缸机看成四台 V 型两缸机，当 $\gamma = 90°$ 时，每台 V 型两缸机的 $F_{RjI} = C$，$\phi_I = \alpha$。

四台 V 型两缸机的 F_{RjI} 构成一个离心力系，按照与二冲程四缸机一样的分析方法，有

$$\sum F_{RjI} = 0$$
$$M_{jI} = \sqrt{10}\,aC, \quad \phi_I = 18°26' \tag{3-36}$$

因为由各曲拐原离心力构成的离心力矩为 $M_r = \sqrt{10}\,aC$，$\phi_I = 18°26'$，a 为气缸中心距，所以在采用整体平衡法时有

$$m_p r_p \omega^2 b = M_{jI} + M_r = \sqrt{10}\,a(m_j + m_k + 2m_2)r\omega^2 \tag{3-37}$$

$$m_p r_p = \sqrt{10}\,\frac{a}{b}(m_j + m_k + 2m_2)r \tag{3-38}$$

（2）分析二阶往复惯性力及其力矩　先将 V 型八缸机看成两台空间曲轴四缸机。因为直列空间曲轴四缸机的二阶往复惯性力及其力矩都等于零，所以两台四缸机的二阶往复惯性力合力与合力矩也都为零，即 V 型八缸机的二阶往复惯性力和力矩都为零。

2. 四冲程 V 型六缸机（$\gamma = 60°$）

曲拐为 120° 夹角均匀布置，此时的点火顺序如图 3-46 所示。

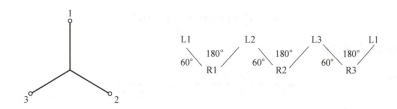

图 3-46　四冲程 V 型六缸机（$\gamma = 60°$）的曲拐布置及点火顺序

点火间隔角为 60°—180° 交替出现，可见点火是不均匀的。只有当气缸轴线夹角为 120°

时，四冲程V型六缸机的点火才是均匀的。当气缸轴线夹角为90°时，点火间隔角为90°—150°交替出现，为了使点火间隔均匀，许多V型六缸发动机采用了错拐曲轴。使用普通曲轴时，同一排上左右两缸的连杆大头套在同一个曲柄销上，而错拐曲轴则将这个曲柄销分为两段，且使它们错开一个角度。例如，气缸轴线夹角为90°的四冲程V型六缸机，其左缸曲柄销向前错开15°（图3-47），右缸曲柄销向后错开15°，这样本来在同一曲拐上的左右气缸的点火间隔由90°变为了120°，达到了均匀点火的目的。

(1) 分析离心力和离心力矩　离心力和离心力矩的平衡与是否为双列气缸无关，因此离心力和离心力矩的分析结果与单列式三缸机的分析结果是一样的。即

离心力的合力　$\sum F_r = 0$

离心力矩

$$\sum M_r = \sqrt{3}\,a(m_k + 2m_2)r\omega^2 \tag{3-39}$$

(2) 分析一阶往复惯性力及其力矩　先将V型六缸机看成三台V型两缸机。根据前面关于V型两缸机的分析结果，当 $\gamma = 60°$ 时，一阶往复惯性力的矢量端点轨迹为长轴在气缸轴线夹角平分线上的椭圆，且可以分解成一个旋转矢量和一个往复矢量。旋转矢量的方向与曲柄方向相同，表达式为

$$OA = C(1 - \cos\gamma)$$

往复矢量的方向与气缸轴线夹角平分线的方向相同，表达式为

$$AB = 2C\cos\gamma\cos\alpha$$

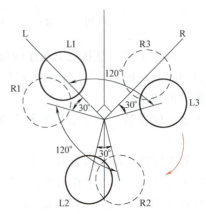

图 3-47　$\gamma = 90°$ 时的错拐曲轴布置示意图

L—左列气缸轴线　R—右列气缸轴线　L1—左列第一缸曲柄销　R1—右列第一缸曲柄销　L2—左列第二缸曲柄销　R2—右列第二缸曲柄销　L3—左列第三缸曲柄销　R3—右列第三缸曲柄销

说明：点火间隔角120°，均匀。

每台V型两缸机的旋转矢量与离心力重合，可以放在一起考虑。

第二拐的往复矢量为 $2C\cos\gamma\cos(\alpha+120°)$，第三拐的往复矢量为 $2C\cos\gamma\cos(\alpha-120°)$，各拐的往复矢量也与是否为双列气缸无关。因此，可以按照单列式三拐曲轴的分析方法，进行整机的平衡性分析。

离心力的合力仍然为零，离心合力矩为

$$\sum M_r = \sqrt{3}\,a[m_k + 2m_2 + m_j(1-\cos\gamma)]r\omega^2$$

$$= \sqrt{3}\,a\left(m_k + 2m_2 + \frac{1}{2}m_j\right)r\omega^2 \tag{3-40}$$

整体平衡措施的质径积为

$$m_p r_p = \frac{\sqrt{3}\,a}{b}\left(m_k + 2m_2 + \frac{1}{2}m_j\right)r \tag{3-41}$$

一阶往复惯性力的合力为

$$\sum F_{jI} = 2C\cos\gamma[\cos\alpha + \cos(\alpha+120°) + \cos(\alpha-120°)] = 0$$

一阶往复惯性力合力矩为

$$\sum M_{jI} = 2aC\cos\gamma[2\cos\alpha + \cos(\alpha + 120°)]$$
$$= 2\sqrt{3}aC\cos\gamma\cos(\alpha + 30°)$$
$$= \sqrt{3}aC\cos(\alpha + 30°) \tag{3-42}$$

由公式可知，这是一个往复变化的力矩，作用于由气缸轴线夹角平分线与曲轴组成的平面内，矢量方向垂直于此平面。它在第一拐处于气缸轴线夹角平分线前30°（即 $\alpha = -30°$）时达到最大值，也就是当左列第一缸处于上止点时，一阶往复惯性力矩达到最大值。若想平衡这个力矩，可以采用如图3-23所示的双轴机构或如图3-24所示的单轴机构。双轴机构的质径积为

$$m_p r_p = \frac{\sqrt{3}a}{2b}m_j r \tag{3-43}$$

单列式发动机的平衡特性见表3-3，V型发动机的平衡特性及点火顺序分别见表3-4和表3-5。

* 表3-3 单列式发动机的平衡特性

气缸数	曲柄排列	惯性力			惯性力矩			备注
		k_r	k_{jI}	k_{jII}	k_{Mr}	k_{MI}	k_{MII}	
1	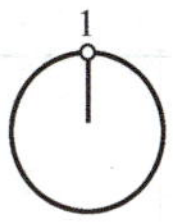	1	1	1	0	0	0	四冲程 二冲程
2	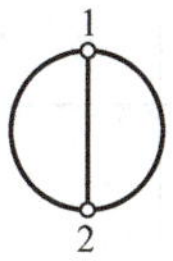	0	0	2 0°	1 0°	1 0°	0	四冲程 二冲程
3	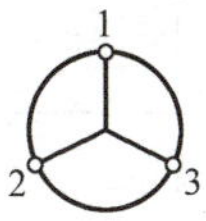	0	0	0	$\sqrt{8}$ −30°	$\sqrt{8}$ −30°	$\sqrt{8}$ 30°	四冲程 二冲程
4	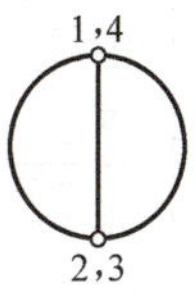	0	0	4 0°	0	0	0	四冲程
	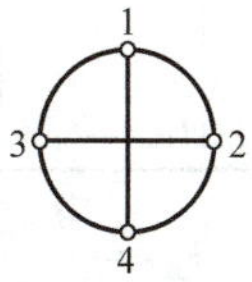	0	0	0	$\sqrt{10}$ 18.4°	$\sqrt{10}$ 18.4°	0	二冲程

（续）

气缸数	曲柄排列	惯性力			惯性力矩			备注
		k_r	k_{jI}	k_{jII}	k_{Mr}	k_{MI}	k_{MII}	
5		0	0	0	0.449 54°	0.449 54°	4.98 18°	四冲程 二冲程
6		0	0	0	0	0	0	四冲程
6		0	0	0	0	0	$2\sqrt{3}$ 30°	二冲程
8		0	0	0	0	0	0	四冲程
8		0	0	0	0.448 67.5	0.448 67.5	0	二冲程
10		0	0	0	0	0	0	四冲程
12		0	0	0	0	0	0	四冲程

注：表中 $k_r = \dfrac{\sum F_r}{m_r r \omega^2}$，$k_{jI} = \dfrac{F_{RjI}}{m_j r \omega^2}$，$k_{jII} = \dfrac{F_{RjII}}{\lambda m_j r \omega^2}$，$k_{Mr} = \dfrac{\sum M_r}{m_r r \omega^2 a}$，$k_{MI} = \dfrac{M_{jI\,max}}{m_j r \omega^2 a}$，$k_{MII} = \dfrac{M_{jII\,max}}{\lambda m_j r \omega^2 a}$。

*表 3-4 V型发动机的平衡特性

气缸数	曲柄排列	气缸轴线夹角 γ/(°)	离心力 k_r	一阶惯性力 旋转分量 k_{Ir}	一阶惯性力 往复分量 k_{Ij}	二阶惯性力 旋转分量 k_{IIr}	二阶惯性力 往复分量 k_{IIj}	离心力矩 k_{Mr}	一阶惯性力矩 旋转分量 k_{MIr}	一阶惯性力矩 往复分量 k_{MIj}	二阶惯性力矩 旋转分量 k_{MIIr}	二阶惯性力矩 往复分量 k_{MIIj}	备注
2		60	1	0.5	1	0.866	0	0	0	0	0	0	四冲程
		90	1	1	0	0	1.414	0	0	0	0	0	二、四冲程
		180	1	0	2	1.732	0	0	0	0	0	0	二冲程
4		60	0	0	0	1.732	0	1	0.5	1	0	0	二冲程
		90	0	0	0	0	2.828	1	1	0	0	0	二冲程
		180	0	0	0	1.732	0	0	0	2	0	0	四冲程
4		60	2	1	2	0	2.828	0	0	0	0	0	四冲程
		90	2	2	0	1.732	0	0	0	0	0	0	四冲程
		180	2	2	4	0	0	0	0	0	0	0	四冲程
6		45	0	0	0	0	0	1.732	0.508	2.449	0.977	1.327	二冲程
		60	0	0	0	0	0	1.732	0.866	1.732	1.5	0	二冲程
		90	0	0	0	0	0	1.732	1.732	0	0	2.449	二、四冲程
		120	0	0	0	0	0	0	0.866	1.732	0.866	1.732	四冲程
8		45	0	0	0	2.164	3.064	0	0	0	0	0	四冲程
		60	0	0	0	3.464	0	0	0	0	0	0	四冲程
		90	0	0	0	0	5.656	0	0	0	0	0	四冲程

（续）

气缸数	曲柄排列	气缸轴线夹角 $\gamma/(°)$	离心力 k_r	一阶惯性力 旋转分量 k_{Ir}	一阶惯性力 往复分量 k_{Ij}	二阶惯性力 旋转分量 k_{IIr}	二阶惯性力 往复分量 k_{IIj}	离心力矩 k_{Mr}	一阶惯性力矩 旋转分量 k_{MIr}	一阶惯性力矩 往复分量 k_{MIj}	二阶惯性力矩 旋转分量 k_{MIIr}	二阶惯性力矩 往复分量 k_{MIIj}	备注
8	(曲柄图)	45	0	0	0	0	0	3.162	0.927	4.471	0	0	二冲程
		60	0	0	0	0	0	3.162	1.581	3.162	0	0	二冲程
		90	0	0	0	0	0	3.162	3.162	0	0	0	四冲程
		180	0	0	0	0	0	1.414	0	2.828	0	0	四冲程
10	(曲柄图)	45	0	0	0	0	0	0.449	0.132	0.414	2.494	3.815	二冲程
		60	0	0	0	0	0	0.449	0.225	0.449	1.314	0	四冲程
		90	0	0	0	0	0	0.449	0.449	0	0	7.042	四冲程
12	(曲柄图)	45	0	0	0	0	0	0	0	0	0	0	
		60	0	0	0	0	0	0	0	0	0	0	
		90	0	0	0	0	0	0	0	0	0	0	四冲程
		180	0	0	0	0	0	0	0	0	0	0	
16	(曲柄图)	45	0	0	0	0	0	0	0	0	0	0	四冲程
		60	0	0	0	0	0	0	0	0	0	0	
		90	0	0	0	0	0	0	0	0	0	0	

注：表中 $k_{Ir} = \dfrac{F_{RjIr}}{m_j r\omega^2}$，$k_{Ij} = \dfrac{F_{RjIj}}{m_j r\omega^2}$，$k_{IIr} = \dfrac{F_{RjIIr}}{\lambda m_j r\omega^2}$，$k_{IIj} = \dfrac{F_{RjIIj}}{\lambda m_j r\omega^2}$，$k_{MIr} = \dfrac{\sum M_{jIr}}{m_j r\omega^2 a}$，$k_{MIj} = \dfrac{\sum M_{jIj}}{m_j r\omega^2 a}$，$k_{MIIr} = \dfrac{\sum M_{jIIr}}{\lambda m_j r\omega^2 a}$，$k_{MIIj} = \dfrac{\sum M_{jIIj}}{\lambda m_j r\omega^2 a}$。

第三章 内燃机的平衡

表 3-5 V 型发动机的点火顺序

序号	曲柄布置图	气缸数	气缸轴线夹角 γ/(°)	冲程数	点火顺序	点火间隔/(°)
1		2	90	2		90,270
				4		450,270
			180	2		180,270
				4		180(均匀)
2		4	90	4	L1 90° L2 90° L1 270° 270° R1 R2	90,270
			180	4	L1 L2 R1 R2	180(均匀)
3		4	60	2	L1 L2 R1 R2	60,120
				4	L1 180° L2 L1 240° 120° R1 180° R2	180,240,180,120
			90	4	L1 180° L2 L1 270° 90° R1 180° R2	180,270,180,90
				2	L1 L2 R1 R2	90(均匀)
			180	2	L1 L2 R1 R2	180(均匀)
4		6	60	2	L1 L2 L3 R1 R2 R3	60(均匀)
			90	4		90,30
						90,150
			120	4	L1 L3 L2 R1 R3 R2	120(均匀)
			60			60,180
			180	2	L1 L2 L3 R3 R1 R2	90(两缸同时点火)

(续)

序号	曲柄布置图	气缸数	气缸轴线夹角 γ /(°)	冲程数	点火顺序	点火间隔/(°)
5	(曲柄图: 1上, 2右, 3左, 4下)	8	45	2	L1 L3 L4 L2 / R1 R3 R4 R2	45(均匀)
			60			60,30
			60	4	L1 L3 L2 L4 / R3 R2 R1 R4 (90°,60°,120°,60°,90°,60°)	90,60,120,60
			90		L1 L3 L4 L2 / R1 R4 R2 R3	90(均匀)
			90	2	L1 L3 L4 L2 / L2 L1 L3 L4 (0°)	90(两缸同时点火)
6	(曲柄图: 1上, 4右, 3左, 2下)	8	45	2	L1 L3 L2 L4 / R1 R3 R2 R4	45(均匀)
			60			60,30
			60	4	L1 L3 L4 L2 / R3 R4 R1 R2 (90°,120°,60°,60°,90°,60°)	60,120
			90		L1 L4 L3 L2 / R1 R3 R4 R2	90(均匀)
			90	2	L1 L3 L2 L4 / R4 R1 R3 R2	
7	(曲柄图: 1,4上; 2,3下)	8	60	4	L1 L3 L2 L4 / R4 R2 R1 R3	60,120
			90			90(均匀)
			180		L1 L3 L4 L2 / R3 R4 R2 R1 (0°)	180(两缸同时点火)
8	(曲柄图: 5缸星形 1,2,3,4,5)	10	90	2	L1 L2 L4 L5 L3 / R3 R1 R2 R4 R5	18,54
				4	L1 L4 L3 L2 L5 / R1 R4 R3 R2 R5	90,54

(续)

序号	曲柄布置图	气缸数	气缸轴线夹角γ/(°)	冲程数	点火顺序	点火间隔/(°)
9		10	90	2	L1 L5 L2 L3 L4 / R4 R1 R5 R2 R3	18,54
			90	4	L1 L2 L4 L5 L3 / R1 R2 R4 R5 R3	90,54
			180	2	L1 L5 L2 L3 L4 / R3 R4 R1 R5 R2	36(均匀)
			180	4	L1 L2 L4 L5 L3 / R4 R5 R3 R2 R1	108,36
10		12	60	4	L1 L5 L3 L6 L2 L4 / R6 R2 R4 R1 R5 R3	60(均匀)
			90		L1 L5 L3 L6 L2 L4 / R6 R2 R4 R1 R5 R3	90,30
			180		L1 L5 L3 L6 L2 L4 / R3 R6 R2 R4 R1 R5	60(均匀)
11		12	90	2	L1 L5 L3 L6 L3 L4 / R4 R1 R5 R3 R6 R2	30(均匀)
12		12	90	2	L1 L5 L3 L2 L4 L6 / R6 R1 R5 R3 R2 R4	30(均匀)
			180		L1 L5 L3 L2 L4 L6 / R4 R2 R6 R1 R5 R3	60(两缸同时点火)
13		16	45	4	L1 L6 L2 L7 L8 L3 L7 L4 / R8 R3 R7 R4 R1 R6 R2 R5	45(均匀)
			90		L1 L6 L2 L7 L8 L3 L7 L4 / R5 R8 R6 R7 R4 R1 R3 R2	90(均匀)
14		16	67.5	2	L1 L8 L2 L6 L4 L5 L3 L7 / R7 R1 R8 R2 R6 R4 R5 R3	22.5(均匀)
			90		L1 L8 L2 L6 L4 L5 L3 L7 / R3 R7 R1 R8 R2 R6 R4 R5	45(两缸同时点火)

*三、V 型多缸机错拐曲轴系统平衡性分析

V 型多缸机为了使点火均匀而采用错拐曲轴结构后,其平衡问题与非错拐结构也有所不同。这里重点分析四冲程 V 型六缸机(V6)错拐曲轴结构的平衡性,然后给出其他常用气缸夹角错拐曲轴结构的平衡性结果。

1. 四冲程 V 型六缸机错拐曲轴系统的平衡分析

对于四冲程 V 型六缸机来说,其理想点火间隔角 $A=720°/6=120°$,曲轴曲拐分布与直列三缸机相同,各拐相互间隔 120°曲轴转角。在气缸夹角为 120°时,可以实现各缸均匀点火,此时曲轴无需采用错拐形式。在其他气缸夹角情况下,如 γ 为 60°或 90°时,则需要采用错拐结构以保证点火均匀。

由于发动机的平衡性与其点火顺序无关,V 型六缸机错拐曲轴的布置形式如图 3-48 所示。

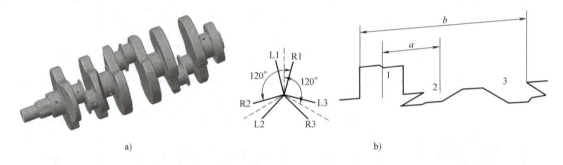

图 3-48 V 型六缸机错拐曲轴的布置形式
a) 错拐曲轴三维图 b) 曲拐布置图

因为错拐曲柄销是对称结构,不影响旋转质量的质心,所以根据前面对 V 型六缸机的平衡分析可知:

离心力的合力 $\qquad \sum F_r = 0$

离心力矩 $\qquad \sum M_r = \sqrt{3}\,a(m_k + 2m_1)r\omega^2$

式中各符号的意义与前面一样。

也就是说,对于错拐曲轴来说,无论气缸夹角是多少,V 型六缸机的旋转惯性力都是平衡的,旋转惯性力矩都是不平衡的,其性质与单列式三拐曲轴一样。因此,其平衡措施也与单列式三拐曲轴一样,这里不再赘述。

(1) 一阶往复惯性力及力矩分析 先分析采用错拐曲轴的 V 型两缸机,如图 3-49 所示。

图中曲轴转角 α 由纵坐标轴 y 为起始点,β 为错拐角度,α_1 为左缸曲柄销相对于左缸轴线的曲轴转角,α_2 为右缸曲柄销相对于右缸轴线的曲轴转角。当气缸夹角 γ 小于理想点火间隔角 A,即 $\gamma<A$ 时,$\beta>0$;而当 $\gamma>A$ 时,$\beta<0$。此结构的目的就是保证错拐角度与气缸

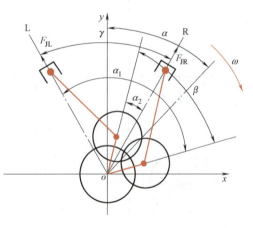

图 3-49 采用错拐曲轴的 V 型两缸机示意图

夹角之和等于点火间隔角，即 $\gamma+\beta=A$。

无论曲轴是否采用错拐，都认为左、右两缸活塞运动规律相同，可遵照中心曲柄连杆机构活塞运动规律进行计算，其往复惯性力可表示为

$$F_j = C\cos\alpha + \lambda C\cos 2\alpha \tag{3-44}$$

因 $\beta+\gamma=A$。由图 3-49 可得 α_1、α_2 的表达式为

$$\begin{cases} \alpha_1 = \alpha + \dfrac{\beta+\gamma}{2} = \alpha + \dfrac{A}{2} \\ \alpha_2 = \alpha - \dfrac{\beta+\gamma}{2} = \alpha - \dfrac{A}{2} \end{cases} \tag{3-45}$$

上述关于左右曲柄销转角的表达式对于采用错拐曲轴技术的 V 型发动机是通用的，不同机型只需代入相应的理想点火间隔角 A 即可。

图 3-48 所示的 V 型六缸机一共有三个曲拐，点火间隔角 $A=120°$，则左右气缸对应的曲轴转角表达式为

$$\begin{cases} \alpha_1 = \alpha + \dfrac{A}{2} = \alpha + 60° \\ \alpha_2 = \alpha - \dfrac{A}{2} = \alpha - 60° \end{cases} \tag{3-46}$$

在获得左右两气缸曲柄销各自对应的曲轴转角后，就可以进行往复惯性力及力矩的平衡分析了。

1) 一阶往复惯性力 F_{jI}。首先将 V 型六缸机看作两台直列三缸机的合成。已知直列三缸机 $F_{jI}=0$，则合成 V 型六缸机的一阶往复惯性力合力仍为 0，说明 V 型六缸机的一阶往复惯性力平衡，即

$$\sum F_{jI} = 0$$

由于合力为零，就可以分析往复惯性力矩了。

2) 一阶往复惯性力矩 M_{jI}。把 V 型六缸机看作三台 V 型两缸机的合成，由图 3-49 可知，每台 V 型两缸机的一阶往复惯性力为

$$\begin{cases} F_{jIL} = C\cos\alpha_1 \\ F_{jIR} = C\cos\alpha_2 \end{cases} \tag{3-47}$$

将其分别在 x 轴和 y 轴上投影得

$$\begin{cases} F_{jIx} = F_{jIR}\sin\dfrac{\gamma}{2} - F_{jIL}\sin\dfrac{\gamma}{2} = C\sin\dfrac{\gamma}{2}(\cos\alpha_2 - \cos\alpha_1) \\ F_{jIy} = F_{jIR}\cos\dfrac{\gamma}{2} + F_{jIL}\cos\dfrac{\gamma}{2} = C\cos\dfrac{\gamma}{2}(\cos\alpha_2 + \cos\alpha_1) \end{cases} \tag{3-48}$$

代入 α_1、α_2 表达式可得

$$\begin{cases} F_{jIx} = C\sin\dfrac{\gamma}{2}[\cos(\alpha-60°) - \cos(\alpha+60°)] = \sqrt{3}\,C\sin\dfrac{\gamma}{2}\sin\alpha \\ F_{jIy} = C\cos\dfrac{\gamma}{2}[\cos(\alpha-60°) + \cos(\alpha+60°)] = C\cos\dfrac{\gamma}{2}\cos\alpha \end{cases} \tag{3-49}$$

则错拐 V2 发动机一阶往复惯性力的合力可表示为

$$\left(\frac{F_{jIx}}{\sqrt{3}C\sin\frac{\gamma}{2}}\right)^2 + \left(\frac{F_{jIy}}{C\cos\frac{\gamma}{2}}\right)^2 = 1 \tag{3-50}$$

合力与 y 轴的夹角为

$$\phi_I = \arctan\frac{F_{jIx}}{F_{jIy}} = \arctan\left(\sqrt{3}\tan\frac{\gamma}{2}\tan\alpha\right) \tag{3-51}$$

分析 V 型两缸机一阶往复惯性力 F_{jIx}、F_{jIy} 表达式可知，F_{jI} 的轨迹为一个椭圆：

当 $\gamma<60°$ 时，椭圆长半轴在 y 轴上。

当 $\gamma=60°$ 时，$F_{jI}=\frac{\sqrt{3}}{2}C$，端点轨迹变为圆，即 F_{jI} 为定值。因此有 $\phi_I = \arctan\frac{F_{jIx}}{F_{jIy}} = \arctan\left(\sqrt{3}\tan\frac{\gamma}{2}\tan\alpha\right) = \alpha$

F_{jI} 的方向沿曲柄中心线向外，变化速度与曲轴相同，相当于一个离心力。

当 $\gamma>60°$ 时，椭圆长半轴在 x 轴上。

图 3-50 所示为 V 型两缸机 $\gamma<60°$ 时 F_{jI} 的变化轨迹。

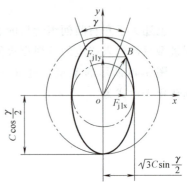

图 3-50 错拐 V 型两缸机一阶往复惯性力变化规律

对 V 型六缸机曲轴第三曲拐中心取矩，第二缸相对于第一缸相位差为 120°，根据右手定则可得

$$\begin{cases} M_{jIx} = -F_{jIy}L = -(F_{jIy_1}2a + F_{jIy_2}a) \\ \quad = -Ca\cos\frac{\gamma}{2}[2\cos\alpha + \cos(\alpha-120°)] = -\sqrt{3}Ca\cos\frac{\gamma}{2}\sin(\alpha+60°) \\ M_{jIy} = -F_{jIx}L = -(F_{jIx_1}2a + F_{jIx_2}a) \\ \quad = -Ca\sin\frac{\gamma}{2}[2\sin\alpha + \sin(\alpha-120°)] = -3Ca\sin\frac{\gamma}{2}\cos(\alpha+60°) \end{cases}$$

合力矩的表达式为

$$\left(\frac{M_{jIx}}{\sqrt{3}Ca\cos\frac{\gamma}{2}}\right)^2 + \left(\frac{M_{jIx}}{3Ca\sin\frac{\gamma}{2}}\right)^2 = 1 \tag{3-52}$$

合力矩与 y 轴的夹角为

$$\phi = \arctan\frac{M_{jIx}}{M_{jIy}} = \arctan\left[\frac{\sqrt{3}}{3}\cot\frac{\gamma}{2}\tan(\alpha+60°)\right] \tag{3-53}$$

分析 V 型六缸机 M_{jIx}、M_{jIy} 表达式可知，M_{jI} 的端点轨迹为椭圆：

当 $\gamma<60°$ 时，椭圆长半轴在 x 轴上；

当 $\gamma=60°$ 时，M_{jI} 轨迹变为圆，此时 $\phi=\alpha+60°$；

当 $\gamma>60°$ 时，椭圆长半轴在 y 轴上。

综上所述，V 型六缸机一阶往复惯性力矩的端点轨迹随着气缸夹角 γ 的增大，椭圆长半轴逐渐由 x 轴过渡到 y 轴。图 3-51 所示为 M_{jI} 端点轨迹示意图。

（2）二阶往复惯性力及力矩

1）二阶往复惯性力 F_{jII}。把 V 型六缸机看作两台直列三缸发动机的合成。已知直列三缸机二阶往复惯性力的合力为零，则合成 V 型六缸机后二阶往复惯性合力也为零，说明 V 型六缸机二阶往复惯性力平衡，即

$$\sum F_{jII} = 0$$

2）二阶往复惯性力矩 M_{jII}。把 V 型六缸机看作三台 V2 发动机的合成。对于每台 V 型两缸机，由图 3-49 可得

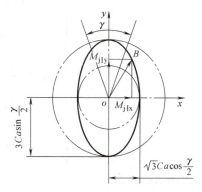

图 3-51　错拐 V 型六缸机一阶往复惯性力矩的变化规律

$$\begin{cases} F_{jIIL} = \lambda C \cos 2\alpha_1 \\ F_{jIIR} = \lambda C \cos 2\alpha_2 \end{cases}$$

将其分别在 x 轴和 y 轴上投影得

$$\begin{cases} F_{jIIx} = F_{jIIR}\sin\dfrac{\gamma}{2} - F_{jIIL}\sin\dfrac{\gamma}{2} \\ \qquad = \lambda C \sin\dfrac{\gamma}{2}[\cos 2(\alpha+60°) - \cos 2(\alpha-60°)] = -\sqrt{3}\lambda C \sin\dfrac{\gamma}{2}\sin 2\alpha \\ F_{jIIy} = F_{jIIR}\cos\dfrac{\gamma}{2} + F_{jIIL}\cos\dfrac{\gamma}{2} \\ \qquad = \lambda C \cos\dfrac{\gamma}{2}[\cos 2(\alpha+60°) + \cos 2(\alpha-60°)] = -\lambda C \cos\dfrac{\gamma}{2}\cos 2\alpha \end{cases}$$

合力表达式为

$$\left(\dfrac{F_{jIIx}}{\sqrt{3}\lambda C \sin\dfrac{\gamma}{2}}\right)^2 + \left(\dfrac{F_{jIIy}}{\lambda C \cos\dfrac{\gamma}{2}}\right)^2 = 1 \qquad (3\text{-}54)$$

合力方向与 y 轴的夹角为

$$\phi = \dfrac{F_{jIIx}}{F_{jIIy}} = \arctan\left(\sqrt{3}\tan\dfrac{\gamma}{2}\tan 2\alpha\right) \qquad (3\text{-}55)$$

由 F_{jIIx}、F_{jIIy} 的表达式可知，V 型两缸机二阶往复惯性力端点轨迹为椭圆：

当 $\gamma < 60°$ 时，椭圆长半轴在 y 轴上；

当 $\gamma = 60°$ 时，F_{jII} 轨迹变为圆，此时 $\phi = 2\alpha$；

当 $\gamma > 60°$ 时，椭圆长半轴在 x 轴上。

综上所述，V 型两缸机二阶往复惯性力的端点轨迹为椭圆，并且随着气缸夹角 γ 的增大，椭圆长半轴逐渐由 y 轴过渡到 x 轴。图 3-52 所示为 F_{jII} 端点轨迹示意图。

对曲轴第三拐中心取矩，且根据右手定则得

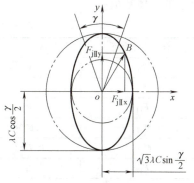

图 3-52　错拐 V 型两缸机二阶往复惯性力变化规律

$$\begin{cases} M_{j\text{II}x} = -F_{j\text{II}y}L = -(F_{j\text{II}y_1}2a + F_{j\text{II}y_2}a) \\ \qquad = \lambda Ca\cos\dfrac{\gamma}{2}[2\cos2\alpha + \cos2(\alpha-120°)] \\ \qquad = -\sqrt{3}\lambda Ca\cos\dfrac{\gamma}{2}\sin(2\alpha-60°) \\ M_{j\text{II}y} = -F_{j\text{II}x}L = -(F_{j\text{II}x_1}2a + F_{j\text{II}x_2}a) \\ \qquad = \sqrt{3}\lambda Ca\sin\dfrac{\gamma}{2}[2\sin2\alpha + \sin2(\alpha-120°)] \\ \qquad = 3\lambda Ca\sin\dfrac{\gamma}{2}\cos(2\alpha-60°) \end{cases}$$

合力矩表达式为

$$\left(\frac{M_{j\text{II}x}}{-\sqrt{3}\lambda Ca\cos\dfrac{\gamma}{2}}\right)^2 + \left(\frac{M_{j\text{II}y}}{3\lambda Ca\sin\dfrac{\gamma}{2}}\right)^2 = 1 \qquad (3\text{-}56)$$

合力方向与 y 轴的夹角为

$$\phi = \frac{M_{j\text{II}x}}{M_{j\text{II}y}} = \arctan\left[-\frac{\sqrt{3}}{3}\cot\frac{\gamma}{2}\tan(2\alpha-60°)\right] \qquad (3\text{-}57)$$

分析 $M_{j\text{II}x}$、$M_{j\text{II}y}$ 的表达式可知，V 型六缸机二阶往复惯性力矩端点轨迹为椭圆：

当 $\gamma<60°$ 时，椭圆长半轴在 x 轴上；

当 $\gamma=60°$ 时，$M_{j\text{II}}$ 轨迹变为圆，此时 $\phi=60°-2\alpha$；

当 $\gamma>60°$ 时，椭圆长半轴在 y 轴上。

综上所述，V 型六缸机二阶往复惯性力矩的端点轨迹为椭圆，并且随着气缸夹角 γ 的增大，椭圆长半轴逐渐由 x 轴过渡到 y 轴。图 3-53 所示为错拐 V6 发动机 $M_{j\text{II}}$ 端点轨迹示意图。

(3) 其他气缸夹角的平衡分析结果 以上计算结果为 V 型六缸机平衡性分析的一般表达式，现列表（表 3-6）说明气缸夹角分别为 30°、60°、90°、150° 四种情况下的具体数值。

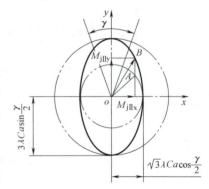

图 3-53 错拐 V 型六缸机二阶往复惯性力矩变化规律

表 3-6 四种气缸夹角情况下各惯性力及力矩的具体数值

合力及合力矩	$\gamma=30°$	$\gamma=60°$	$\gamma=90°$	$\gamma=150°$
F_r	0	0	0	0
M_r	$\sqrt{3}F_r a$			
$F_{j\text{I}}$	0	0	0	0
$M_{j\text{I}x}$	$-1.673Ca$	$-1.5Ca$	$-1.225Ca$	$-0.448Ca$
$M_{j\text{I}y}$	$-0.776Ca$	$-1.5Ca$	$-2.121Ca$	$-2.898Ca$
$F_{j\text{II}}$	0	0	0	0
$M_{j\text{II}x}$	$-1.673\lambda Ca$	$-1.5\lambda Ca$	$-1.225\lambda Ca$	$-0.448\lambda Ca$
$M_{j\text{II}y}$	$0.776\lambda Ca$	$1.5\lambda Ca$	$2.121\lambda Ca$	$2.898\lambda Ca$

表中 M_{jI}、M_{jII} 的数值分别表示 x 轴和 y 轴上的分量幅值大小。下面以 $\gamma=90°$ 为例说明 x 和 y 的意义：

M_{jI} 表示为
$$\left(\frac{M_{jIx}}{-1.225Ca}\right)^2+\left(\frac{M_{jIy}}{-2.121Ca}\right)^2=1$$

M_{jII} 表示为
$$\left(\frac{M_{jIIx}}{-1.225\lambda Ca}\right)^2+\left(\frac{M_{jIIy}}{2.121\lambda Ca}\right)^2=1$$

结论： 由表中数据可以看出，V 型六缸机的旋转惯性力、一阶往复惯性力和二阶往复惯性力均平衡，而旋转惯性力矩、一阶往复惯性力矩和二阶往复惯性力矩均不平衡。

1) V 型六缸机旋转惯性力矩的值与气缸夹角无关，均为定值 $\sqrt{3}F_r a$，表明其值随曲轴转角变化轨迹为一个圆。

2) V 型六缸机的一阶往复惯性力矩受气缸夹角影响，除 $\gamma=60°$ 时合力矩值随曲轴转角变化为一个圆外，其他气缸夹角时合力矩值变化轨迹为椭圆。

3) V 型六缸机的二阶往复惯性力矩也受气缸夹角影响，除 $\gamma=60°$ 时合力矩值随 2 倍曲轴转角变化为一个圆外，其他气缸夹角时合力矩值变化轨迹为椭圆。

2. V 型八缸四冲程发动机错拐曲轴系统的平衡分析

V 型八缸（V8）机理想点火角为 $A=720°/8=90°$。当气缸夹角 $\gamma=90°$ 时，曲轴不需采用错拐形式，所以下面仅对 30°、60°、120°、150° 四种气缸夹角时发动机平衡性给出分析结果。

V 型八缸机曲轴曲拐布置形式有两种：平面曲轴和空间曲轴，如图 3-54 和图 3-55 所示。

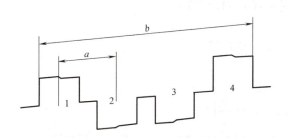

图 3-54　采用错拐平面曲轴的 V 型八缸机

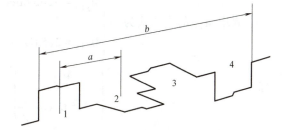

图 3-55　采用错拐空间曲轴的 V 型八缸机

（1）平面曲轴　参照 V 型六缸机平衡分析过程，将平面曲轴 V 型八缸机各气缸夹角时的平衡情况列于表 3-7 中。

表 3-7　平面曲轴 V 型八缸机各惯性力及力矩值

合力及合力矩	$\gamma=30°$	$\gamma=60°$	$\gamma=120°$	$\gamma=150°$
F_r	0	0	0	0
M_r	0	0	0	0
F_{jI}	0	0	0	0
M_{jI}	0	0	0	0
F_{jII}	$-2.071\lambda C$	$-4\lambda C$	$-6.928\lambda C$	$-7.727\lambda C$

表中 F_{jII} 的表达式为

$$F_{jⅡx} = -8\lambda C \sin\frac{\gamma}{2}\sin 2\alpha$$

结论：由表 3-7 中数值可知，平面曲轴 V 型八缸机的旋转惯性力及力矩、一阶往复惯性力及力矩均平衡，只有二阶往复惯性力不平衡。同时由于 $\sum F_{jⅡ} \neq 0$，无法分析二阶往复惯性力矩。

根据计算结果，只在水平 x 轴方向上存在二阶往复惯性力，其值随 2 倍曲轴转角变化轨迹为正弦函数形式，最大值受气缸夹角的影响。

（2）空间曲轴　参照 V 型六缸机平衡分析过程，将空间曲轴 V 型八缸机各气缸夹角时的平衡情况列于表 3-8 中。

表 3-8　空间曲轴 V 型八缸机各惯性力及力矩值

合力及合力矩	$\gamma = 30°$	$\gamma = 60°$	$\gamma = 120°$	$\gamma = 150°$
F_r	0	0	0	0
M_r	$\sqrt{10}F_r a$			
$F_{jⅠ}$	0	0	0	0
$M_{jⅠx}$	$-4.320Ca$	$-3.873Ca$	$-2.236Ca$	$-1.157Ca$
$M_{jⅠy}$	$1.157Ca$	$2.236Ca$	$3.873Ca$	$4.320Ca$
$F_{jⅡ}$	0	0	0	0
$M_{jⅡ}$	0	0	0	0

表中 $M_{jⅠ}$ 的表达式为
$$\begin{cases} M_{jⅠx} = -2\sqrt{5}Ca\cos\frac{\gamma}{2}\sin(\alpha - 71.57°) \\ M_{jⅠy} = 2\sqrt{5}Ca\sin\frac{\gamma}{2}\cos(\alpha - 71.57°) \end{cases}$$

即
$$\left(\frac{M_{jⅠx}}{-2\sqrt{5}Ca\cos\frac{\gamma}{2}}\right)^2 + \left(\frac{M_{jⅠy}}{2\sqrt{5}Ca\sin\frac{\gamma}{2}}\right)^2 = 1$$

结论：由表 3-8 中数据可知，空间曲轴 V 型八缸机的旋转惯性力、一阶往复惯性力、二阶往复惯性力及力矩均平衡，而旋转惯性力矩、一阶往复惯性力矩不平衡。

1) V 型八缸机旋转惯性力矩的值不受气缸夹角影响，其值随曲轴转角变化轨迹为一个圆。

2) V 型八缸机一阶往复惯性力矩的值受气缸夹角影响，其值随曲轴转角按椭圆规律变化：

当 $\gamma < 90°$ 时，椭圆长半轴在 x 轴方向；

当 $\gamma = 90°$ 时，可以自然达到点均匀，故不需要采用错拐；

当 $\gamma > 90°$ 时，椭圆长半轴在 y 轴方向。

综上所述，随气缸夹角 γ 的增大，椭圆长半轴由 x 轴方向逐渐过渡到 y 轴方向。图 3-56 所示为 V 型八缸机一阶往复惯性力矩端点轨迹示意图。

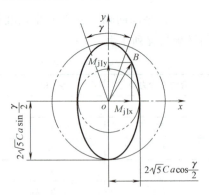

图 3-56　错拐 V 型八缸机一阶往复惯性力矩端点轨迹

3. 四冲程 V 型十缸发动机错拐曲轴系统的平衡分析

V 型十缸机（V10）理想点火间隔角：$A = 720°/10 = 72°$，在气缸夹角为 72° 时可以实现各缸均匀点火。这里将给出 30°、60°、90°、120°、150° 五种气缸夹角时的发动机平衡性能。

V 型十缸机曲轴曲拐布置形式与直列发动机相同，如图 3-57 所示。

参照 V6 发动机平衡性分析过程，现将 V 型十缸机各气缸夹角时的平衡情况列于表 3-9 中。

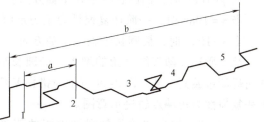

图 3-57　错拐 V 型十缸机曲轴布置形式

表 3-9　V 型十缸机各惯性力及力矩值

合力及合力矩	$\gamma = 30°$	$\gamma = 60°$	$\gamma = 90°$	$\gamma = 120°$	$\gamma = 150°$
F_r	0	0	0	0	0
M_r	\multicolumn{5}{c}{$4.980F_r a$}
F_{jI}	0	0	0	0	0
M_{jIx}	$-7.783Ca$	$-6.978Ca$	$-5.698Ca$	$-4.029Ca$	$-2.086Ca$
M_{jIy}	$-1.156Ca$	$-2.928Ca$	$-4.141Ca$	$-5.071Ca$	$-5.656Ca$
F_{jII}	0	0	0	0	0
M_{jII}	$0.268\lambda Ca$	$0.240\lambda Ca$	$0.196\lambda Ca$	$0.139\lambda Ca$	$0.072\lambda Ca$
	$0.221\lambda Ca$	$0.427\lambda Ca$	$0.604\lambda Ca$	$0.740\lambda Ca$	$0.825\lambda Ca$

M_{jI} 的表达式为

$$\begin{cases} M_{jIx} = -8.058Ca\cos\dfrac{\gamma}{2}\sin(\alpha+71.99°) \\ M_{jIy} = -5.856Ca\sin\dfrac{\gamma}{2}\cos(\alpha+71.99°) \end{cases}$$

即

$$\left(\dfrac{M_{jIx}}{-8.058Ca\cos\dfrac{\gamma}{2}}\right)^2 + \left(\dfrac{M_{jIy}}{-5.856Ca\sin\dfrac{\gamma}{2}}\right)^2 = 1$$

M_{jII} 的表达式为

$$\begin{cases} M_{jIIx} = -0.277\lambda Ca\cos\dfrac{\gamma}{2}\sin(2\alpha-36.05°) \\ M_{jIIy} = 0.854\lambda Ca\sin\dfrac{\gamma}{2}\cos(2\alpha-36.05°) \end{cases}$$

即

$$\left(\dfrac{M_{jIIx}}{-0.277\lambda Ca\cos\dfrac{\gamma}{2}}\right)^2 + \left(\dfrac{M_{jIIy}}{0.854\lambda Ca\sin\dfrac{\gamma}{2}}\right)^2 = 1$$

结论：由表 3-9 中数据可知，V 型十缸机的旋转惯性力、一阶往复惯性力、二阶往复惯性力均平衡。而旋转惯性力矩、一阶往复惯性力矩、二阶往复惯性力矩均是不平衡的。

1) V 型十缸机旋转惯性力矩的值不受气缸夹角的影响，其值随曲轴转角变化轨迹为一个圆。

2) V型十缸机一阶往复惯性力矩的值受气缸夹角的影响,其值随曲轴转角变化轨迹为椭圆:

当 $\gamma < 108°$ 时,椭圆长半轴在 x 轴方向;

当 $\gamma = 108°$ 时,一阶往复惯性力矩为定值,其端点轨迹变化为圆;

当 $\gamma > 108°$ 时,椭圆长半轴在 y 轴方向。

综上所述,随气缸夹角的增大,椭圆长半轴从 x 轴方向逐渐过渡到 y 轴。图3-58所示为错拐V型十缸机一阶往复惯性力矩端点轨迹示意图。

3) V型十缸机二阶往复惯性力矩的值受气缸夹角的影响,其值随2倍曲轴转角变化轨迹为椭圆:

当 $\gamma < 36°$ 时,椭圆长半轴在 x 轴方向上;

当 $\gamma = 36°$ 时,力矩为定值,此时其端点变化轨迹为圆;

当 $\gamma > 36°$ 时,椭圆长半轴在 y 轴方向上。

综上所述,随气缸夹角的增大,椭圆长半轴从 x 轴逐渐过渡到 y 轴。图3-59所示为错拐V型十缸机二阶往复惯性力矩端点轨迹示意图。

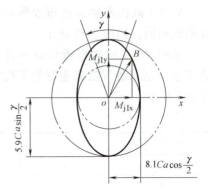

图3-58 错拐V型十缸机一阶往复力矩端点轨迹

4. 四冲程V型十二缸机(V12)错拐曲轴系统的平衡分析

V型十二缸机的理想点火间隔角:$A = 720°/12 = 60°$。当 $\gamma = 60°$ 时,曲轴无需采用错拐形式。因此,本节仅对30°、90°、120°、150°四种气缸夹角时发动机平衡性进行分析。

V型十二缸机曲轴有两种曲拐布置形式:一种是曲拐均布,另一种是曲拐镜像对称,如图3-60所示。

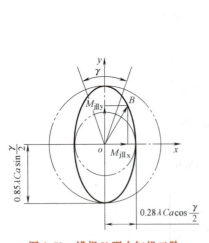

图3-59 错拐V型十缸机二阶往复惯性力矩端点轨迹

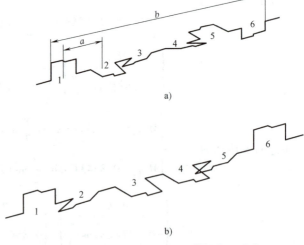

图3-60 错拐V型十二缸机曲拐布置形式
a) 曲拐均布 b) 曲拐镜像对称

(1) 曲拐均布 参照V型六缸机平衡性分析过程,现将曲轴曲拐均布型V型十二缸机各气缸夹角时发动机的平衡情况列于表3-10中。

表 3-10　曲拐均布型 V 型十二缸机的各惯性力及力矩值

合力及合力矩	$\gamma=30°$	$\gamma=90°$	$\gamma=120°$	$\gamma=150°$
F_r	0	0	0	0
M_r	$3.464F_r a$			
F_{jI}	0	0	0	0
M_{jI}	5.796Ca	4.243Ca	3Ca	1.553Ca
	0.897Ca	2.449Ca	3Ca	3.346Ca
F_{jII}	0	0	0	0
M_{jII}	0	0	0	0

表中 M_{jI} 的表达式为
$$\begin{cases} M_{jIx}=6Ca\cos\dfrac{\gamma}{2}\sin(\alpha-60°) \\ M_{jIy}=2\sqrt{3}Ca\sin\dfrac{\gamma}{2}\cos(\alpha-60°) \end{cases}$$

即
$$\left(\dfrac{M_{jIx}}{6Ca\cos\dfrac{\gamma}{2}}\right)^2+\left(\dfrac{M_{jIy}}{2\sqrt{3}Ca\sin\dfrac{\gamma}{2}}\right)^2=1$$

结论：由表 3-10 中数据可知，曲拐均布型 V 型十二缸机的旋转惯性力、一阶往复惯性力、二阶往复惯性力及力矩均平衡，而旋转惯性力矩和一阶往复惯性力矩不平衡。

1) V 型十二缸机旋转惯性力矩的值与气缸夹角变化无关，其值随曲轴转角变化轨迹为一个圆。

2) V 型十二缸机一阶往复惯性力矩的值受气缸夹角的影响，其端点变化轨迹为椭圆：

当 $\gamma<120°$ 时，椭圆长半轴在 x 轴方向上；

当 $\gamma=120°$ 时，一阶往复惯性力矩为定值，其端点轨迹为圆；

当 $\gamma<120°$ 时，椭圆长半轴在 y 轴方向上。

综上所述，随气缸夹角 γ 的增大，椭圆长轴由 x 轴方向逐渐过渡到 y 轴。曲拐均布 V12 发动机一阶往复惯性力矩端点轨迹示意图如图 3-61 所示。

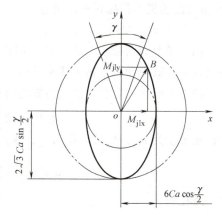

图 3-61　曲拐均布 V 型十二缸机一阶往复惯性力矩端点轨迹

（2）曲拐镜像对称　参照 V 型六缸机平衡性分析过程，现将曲拐镜像对称型 V 型十二缸机各气缸夹角时的发动机平衡情况列于表 3-11 中。

表 3-11　曲拐镜像对称型 V 型十二缸机的各惯性力及力矩值

合力及合力矩	$\gamma=30°$	$\gamma=90°$	$\gamma=120°$	$\gamma=150°$
F_r	0	0	0	0
M_r	0	0	0	0
F_{jI}	0	0	0	0
M_{jI}	0	0	0	0

合力及合力矩	$\gamma=30°$	$\gamma=90°$	$\gamma=120°$	$\gamma=150°$
$F_{j\mathrm{II}}$	0	0	0	0
$M_{j\mathrm{II}}$	0	0	0	0

结论：曲拐镜像对称型 V 型十二缸机完全平衡，且不受气缸夹角的影响。

四、错拐曲轴系统的平衡策略

1. 旋转惯性力和力矩的平衡方法

对多缸发动机来说，旋转惯性力的合力是否为零取决于曲轴上各曲拐的布置形式。一般情况下，在曲轴设计之初就会考虑旋转惯性力平衡的问题，所以通常多缸发动机的旋转惯性力都是自平衡的，这与是否采用错拐结构无关。曲轴上的平衡重布置与前面讲的多拐曲轴平衡重一样。如果有不平衡的离心力矩，平衡措施也与前面讲的方法一样，可以采用整体平衡法或完全平衡法进行平衡，这里不再赘述。

2. 往复惯性力和力矩的平衡方法

从前面的分析可知，除错拐 V 型六缸机的二阶往复惯性力合力不为零以外，其余多缸错拐发动机的一阶和二阶往复惯性力合力都为零，即这些发动机的往复惯性力都是平衡的，不需要采取平衡措施。

对于不平衡的往复惯性力矩，可以根据其端点轨迹的形状采取相应的平衡措施。下面以 V6 错拐发动机为例探讨平衡措施。

3. V 型六缸机错拐曲轴系统平衡方法

（1）旋转惯性部分　由于旋转惯性部分与发动机气缸排列方式无关，故 V 型六缸机可按照直列三缸发动机平衡方式来分析，如图 3-62 所示。

按前文所述，V 型六缸机的旋转惯性力平衡，旋转惯性力矩不平衡，其值为

$$\sum M_r = \sqrt{3}\, F_r a = \sqrt{3}\, a(m_k + 2m_2) r\omega^2$$

平衡重质量为 m_p，旋转半径为 r_p，采用整体平衡法

$$m_p r_p \omega^2 b = \sum M_r = \sqrt{3}\, a(m_k + 2m_2) r\omega^2$$

求得质径积为

$$m_p r_p = \frac{\sqrt{3}\, a}{b}(m_k + 2m_2) r$$

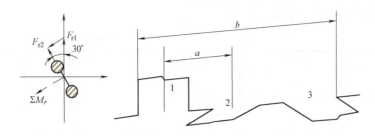

图 3-62　V 型六缸机旋转惯性力矩平衡图解

旋转惯性力矩完全可以通过六块平衡重的全平衡方式或者两块平衡块的整体平衡方式加以平衡，也可以采用不均匀布置平衡块的方式加以平衡，这取决于对重量、结构等的整体考虑，与单列三拐曲轴的平衡方法完全一样。

（2）往复惯性力及力矩　根据前文计算结果，错拐V型六缸机不平衡往复惯性力及力矩的变化规律为圆或椭圆，这里仅针对 $\gamma=60°$ 和 $\gamma=90°$ 两种形式介绍平衡方法。

1）$\gamma=60°$。

① 一阶往复惯性力矩。根据前文，其公式为

$$\begin{cases} M_{jIx} = -\dfrac{3}{2}Ca\sin(\alpha+60°) \\ M_{jIy} = -\dfrac{3}{2}Ca\cos(\alpha+60°) \end{cases}$$

即

$$\left(\dfrac{M_{jIx}}{-\dfrac{3}{2}Ca}\right)^2 + \left(\dfrac{M_{jIy}}{-\dfrac{3}{2}Ca}\right)^2 = 1$$

与 y 轴夹角为

$$\phi = \arctan\dfrac{M_{jIx}}{M_{jIy}} = \alpha+60°$$

M_{jI} 的变化轨迹为一个圆，采用单轴平衡法加以平衡，如图 3-63 所示。图中当第一拐中心位于 y 轴方向时，合力矩比它超前 60° 曲轴转角，此时采用一根旋转角速度与曲轴相同的平衡轴产生一个大小相等、方向相反的离心力矩来抵消 M_{jI}。平衡轴的初始位置如图所示，安放位置无明确要求，根据具体空间布局安放即可。

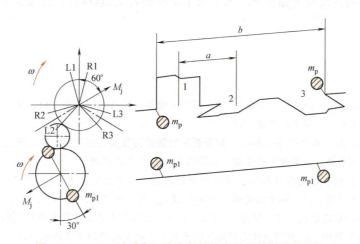

图 3-63　$\gamma=60°$ 时平衡一阶往复惯性力矩的单轴平衡机构

采用单平衡轴可以抵消全部惯性力矩，平衡重质径积为

$$m_{p1}r_{p1}\omega^2 b = \dfrac{3}{2}am_j r\omega^2$$

即

$$m_{p1}r_{p1} = \dfrac{3a}{2b}m_j r$$

② 二阶往复惯性力矩。二阶往复惯性力矩的变化轨迹也是一个圆，同样采用单轴平衡

法加以平衡。只要注意平衡轴的初始安装位置以及旋转角速度为 2ω 即可。

2) $\gamma = 90°$。

一阶往复惯性力矩 M_{jI} 的表达式为

$$\begin{cases} M_{jIx} = -1.225Ca\sin(\alpha + 60°) \\ M_{jIy} = -2.121Ca\sin(\alpha + 60°) \end{cases}$$

即

$$\left(\frac{M_{jIx}}{-1.225Ca}\right)^2 + \left(\frac{M_{jIy}}{-2.121Ca}\right)^2 = 1$$

图 3-64 所示为一阶往复惯性力矩端点轨迹示意图。从图中可以看出，此不平衡一阶往复惯性力矩可以分解为旋转矢量 $\overrightarrow{OA}$ 和往复矢量 $\overrightarrow{AB}$ 两部分，即

$$\overrightarrow{OB} = \overrightarrow{OA} + \overrightarrow{AB}$$

对于旋转矢量部分 $\overrightarrow{OA}$，可以在曲轴前后两端布置一正一反两块平衡重，使其产生一个与 $\overrightarrow{OA}$ 大小相等、方向相反的旋转力矩，以平衡掉 $\overrightarrow{OA}$。对于往复矢量部分，需要一个单平衡轴配合曲轴上布置的平衡块加以平衡。虽然此方案可以实现，但是在实际产品中，往往因为其结构复杂而很少采用。

$$\alpha' = \alpha + 60°$$

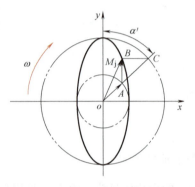

图 3-64 $\gamma = 90°$ 时错拐 V 型六缸机一阶往复力矩端点轨迹

事实上，采用在曲轴上加平衡块的方法平衡掉旋转矢量 $\overrightarrow{OA}$ 后，往复矢量 $\overrightarrow{AB}$ 的绝对值就不大了。

思考及复习题

3-1 四冲程四缸机，点火顺序 1-3-4-2，试分析旋转惯性力及其力矩，第一阶、第二阶往复惯性力及其力矩是否平衡。如不平衡，请采取平衡措施。

3-2 二冲程四缸机，点火顺序 1-3-4-2，试分析旋转惯性力及其力矩，第一阶、第二阶往复惯性力及其力矩是否平衡。如不平衡，请采取平衡措施，并指出 $M_{jI\max}$ 的出现时刻。

3-3 四冲程三缸机，点火顺序 1-3-2，试分析旋转惯性力及其力矩，第一阶、第二阶往复惯性力及其力矩是否平衡。如不平衡，请采取平衡措施，并指出 $M_{jI\max}$ 的出现时刻。

3-4 为一个四冲程四缸机（点火顺序 1-3-4-2）设计一套用于平衡二阶往复惯性力的双轴平衡机构。

3-5 四冲程六缸机的惯性力和惯性力矩都已经平衡了，此发动机的支承还承受什么力的作用？

3-6 四冲程 V 型两缸机，左右两缸轴线夹角为 γ，试分析一阶往复惯性力和二阶往复惯性力，并分析当 γ 为 90°时，往复惯性力的特点。

3-7 试分析二冲程三缸机的离心力及其力矩的平衡性，以及往复惯性力及其力矩的平衡性。如果一阶往复惯性力矩不平衡，请分别设计一套双轴机构和一套单轴机构平衡一阶往复惯性力矩，并作图表示。

3-8 四冲程 V 型六缸机，左右气缸轴线夹角为 120°，试分析离心惯性力和往复惯性力是否平衡。如不平衡，请设计平衡机构。

3-9 为什么设计平衡块时都以质径积为设计参数？

3-10 单缸机采用双轴平衡机构时，平衡机构的布置有哪几种形式？请画出布置图并分析其原理。

 第三章 内燃机的平衡

3-11 四冲程四缸机的哪种惯性力没有得到平衡？这个惯性力在什么情况下比较大，必须在设计时加以考虑？

3-12 多拐曲轴无论是否平衡，一般都要布置多块平衡块，原因是什么？

3-13 往复惯性力是沿着气缸轴线变化的力，为什么用旋转矢量表示？请用矢量圆说明其几何意义。

3-14 采用错拐曲轴结构的目的是什么？哪些V型多缸机可以采用错拐曲轴满足均匀点火的要求？曲柄销的错开角度对曲轴强度有什么影响？

第四章

曲轴系统的扭转振动

> **本章学习目标及要点**
>
> 通过本章的学习，了解内燃机产生扭转振动的原因、扭转振动的基本概念和性质、扭振振动的分析测试方法以及减少扭转振动的基本途径。

第一节　扭转振动的基本概念

在内燃机的使用实践中人们早就发现，当内燃机达到某一转速时，其运转会变得很不均匀，伴随着机械敲击和抖动，性能也变差了。如果这样长期运转下去，曲轴就可能断裂。如果转速提高或降低一些，均能使敲击和抖动减轻甚至消失。由此可见，这些现象不是由发动机的不平衡性引起的，否则抖动应随转速的提高而剧增，因为不平衡惯性力与转速的平方成正比。大量理论和试验研究证明，这种现象主要是由于曲轴发生了大幅度扭转振动而引起的；由于轴系扭转刚度不足，在随时间周期变化的单拐转矩作用下，各曲拐间会产生相当大的周期性相对扭转，气缸数越多，曲轴越长，这种现象越严重，这就是曲轴的扭转振动。

当轴系达到某一转速时，施加在曲轴上的周期变化的转矩会与曲轴本身振动频率之间产生"合拍"现象，这就是所谓的共振。发生共振时，曲轴扭转变形的幅度将大大超过正常值，轻则产生很大的噪声，使磨损剧增，重则会使曲轴断裂。因此，在设计内燃机时必须对轴系的扭振特性进行计算分析，以确定其临界转速、振形、振幅、扭转应力，以及是否需要采取减振措施。

1. 扭转振动的定义

扭转振动是使曲轴各轴段间发生周期性相互扭转的振动，简称扭振。

2. 扭振的现象

1）发动机在某一转速下发生剧烈抖动、噪声、磨损、油耗增加，功率下降，严重时发生曲轴扭断。

2）发动机偏离该转速时，上述现象消失。

3. 扭振发生的原因

1）曲轴系统由具有一定弹性和惯性的材料组成，其本身具有一定的固有频率。

2) 系统上作用有大小和方向呈周期性变化的干扰力矩。
3) 当干扰力矩的变化频率与系统固有频率合拍时，系统产生共振。

4. 研究扭振的目的

通过计算找出临界转速、振幅、扭振应力，决定是否采取减振措施，或避开临界转速。

5. 扭振当量系统的组成

根据动力学等效原则，将当量转动惯量布置在实际轴有集中质量的地方；当量轴段的刚度与实际轴段的刚度等效，但没有质量。

第二节 内燃机当量扭振系统的组成与简化

内燃机曲轴扭振系统是曲轴和与曲轴一起运动的有关机件（如活塞、连杆、飞轮、齿轮、带轮、传动轴、风扇、螺旋桨、发电机转子、凸轮轴等）的总称。这些都是连续的体系，有复杂的几何形状，而且有些零件并不是做简单的旋转运动（如活塞、连杆）。在传统的计算方法中，为了便于研究，在保证一定计算精度的前提下，往往要把复杂的系统简化：将非旋转运动简化为旋转运动，将连续分布体系简化为由集中质量和扭转弹性直轴段组成的离散体系。为此，需要换算各机件的转动惯量和扭转刚度，以组成动力学等效离散化多自由度扭振系统。其转化原则是要保证转化前后的系统动力学等效，这样才可以保证两者的固有频率和固有振形基本相同。动力学等效是指固有振动（或自由振动）中两系统的位能和动能对应相等，为此需要将对应轴段简化为只有惯量而无弹性的集中旋转质量（圆盘）和只有刚度而无惯量的轴。

简单来说，当量扭振系统的组成就是根据动力学等效原则，将当量转动惯量布置在实际轴上有集中质量的地方（如曲拐、飞轮等）；当量轴段刚度与实际轴段刚度等效，但没有质量。这一换算过程实际上就是确定各轴段的弹性参数和惯性参数，并组成便于计算的简化系统的过程。

虽然现在已经广泛应用三维实体设计软件，所有零部件绕任意轴的转动惯量、质心、惯性矩等都能利用三维软件方便地求出，但设计者还是有必要了解复杂零件的扭转刚度、转动惯量的换算方法，以便有效地利用各种软件进行动力学计算分析。

一、弹性参数（扭转刚度或柔度）的换算

用外径相等的直轴段的扭转刚度 $C(N\cdot m/rad)$ 表示产生单位扭转角所需转矩的公式为

$$C = \frac{M}{\varphi} = \frac{GI_p}{l} \tag{4-1}$$

式中，M 为转矩（$N\cdot m$）；φ 为扭转角（rad）；G 为材料切变模量（N/m^2）；I_p 为轴断面对轴心的极惯性矩（m^4），对于光滑圆轴 $I_p = \frac{\pi}{32}d^4\left[1-\left(\frac{d'}{d}\right)^4\right]$，$d'$、$d$ 为轴的内、外径（m）；l 为轴段的自由扭转长度（m）。

刚度的倒数称为柔度，用 e 表示，即 $e = 1/C$，则柔度表示的是单位转矩产生的扭转角。如果实际轴段是由几个不同轴段串接成的，则在力矩作用下整个轴的扭转角 φ 应该等于各分轴段扭转角的代数和，即

$$\varphi = \varphi_1 + \varphi_2 + \cdots + \varphi_n$$

$$\frac{M}{C} = \frac{M}{C_1} + \frac{M}{C_2} + \cdots + \frac{M}{C_n}$$

由此可以得到总柔度与分柔度的关系为

$$\frac{1}{C} = \frac{1}{C_1} + \frac{1}{C_2} + \cdots + \frac{1}{C_n} \quad (4\text{-}2)$$

即 $e = e_1 + e_2 + \cdots + e_n$，说明柔度具有可加性。

当轴具有偏心内孔时（图 4-1），其刚度 C_P 比同心内孔轴的刚度 C_T 低。设刚度降低系数为 λ，则有

$$C_P = \lambda C_T$$

令

$$\alpha = \frac{d'}{d}, \quad \xi = \frac{2e}{d(1-\alpha)}$$

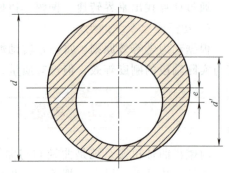

图 4-1 偏心内孔轴几何参数

可得到不同内外径比值下的偏心空心轴刚度降低系数，见表 4-1。

表 4-1 偏心空心轴刚度降低系数 λ

ξ	α		
	0.4	0.5	0.6
0.1	0.98	0.975	0.97
0.2	0.97	0.965	0.96
0.3	0.96	0.945	0.93
0.4	0.93	0.9	0.87
0.5	0.88	0.85	0.8

当轴的外径突变时（图 4-2），有一部分材料不承受转矩（阴影部分），因此必须引入长度修正量 l' 来计算刚度。l' 取决于 r/d_1 和 d_2/d_1，当 r/d_1 较小时，可按照表 4-2 进行修正。

$$C = \frac{\pi G}{32} \left(\frac{d_1^4 - d'^4}{l_1 + l'} + \frac{d_2^4 - d'^4}{l_2 - l'} \right)$$

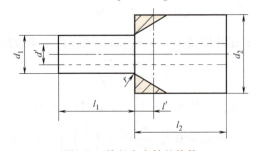

图 4-2 外径突变轴的换算

表 4-2 $r/d_1 \approx 0.1$ 时的修正量

d_2/d_1	1	1.2	1.4	1.8	2.0	2.2	≥2.4
l'/d_1	0	0.03	0.06	0.1	0.11	0.115	0.12

当 $\dfrac{r}{d_1} > \dfrac{1}{5}$ 时，可按过渡圆弧适当内接锥形轴段的方法计算过渡部分的刚度，不需另做长度修正。

对于锥形轴段（图 4-3），扭转刚度为

$$C = \frac{\pi G d_1^4}{32 k l'}$$

式中，k 为考虑锥度的修正系数（$k<1$），可按下式求出

$$k = \int_0^1 \frac{\mathrm{d}x/[\mathrm{d}(x)]^4}{l/d_1^4}$$

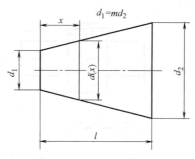

图 4-3 锥形轴段几何参数

$$\mathrm{d}(x) = d_1 + \frac{x}{l}(d_2 - d_1) = d_1\left(1 + \frac{1-m}{lm}x\right)$$

其中

$$m = \frac{d_1}{d_2} < 1$$

于是 $k = \dfrac{m^2 + m + 1}{3}$，即锥形轴段的扭转刚度为

$$C = \frac{3}{32} \frac{\pi G}{l} d_1^4 \frac{1}{m^2 + m + 1} \tag{4-3}$$

对于带花键槽和键槽的轴段（图 4-4），应分别以 d_j 和 d' 为直径计算刚度。带配合件或凸缘连接轴段的扭转刚度的换算如图 4-5 和图 4-6 所示。

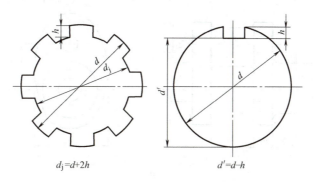

图 4-4 带花键槽和键槽轴段的刚度换算

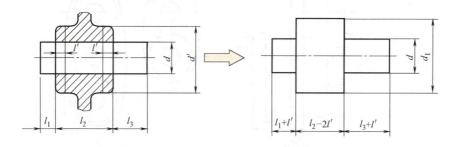

图 4-5 带配合件轴段的刚度换算

l'/d_1'：$\dfrac{1}{2}$（花键配合，d 为内径），$\dfrac{1}{3}$（过渡配合，n6，m6），$\dfrac{1}{4}$（过盈配合，s7，r5，r6）

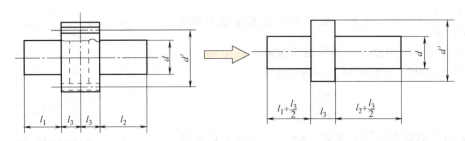

图 4-6 凸缘连接轴段的刚度换算

对于曲轴的曲拐部分,由于其几何形状极为复杂,且在整个曲拐扭转时各部分发生的是不同形式的变形,因此很难用纯理论公式进行计算,目前只能采用试验数据修正过的半经验公式。对于具有曲轴重叠度的单跨曲拐(图 4-7a),可按以下公式进行修正,即

$$\frac{1}{C} = \frac{32}{\pi G}\left(\frac{l_1 + 0.6h\dfrac{D_1}{l_1}}{D_1^4 - D_1'^4} + \frac{0.8l_2 + 0.2b\dfrac{D_1}{r}}{D_2^4 - D_2'^4} + \frac{r\sqrt{r}}{\sqrt{D_2}}\frac{1}{hb^3}\right) \qquad (4\text{-}4)$$

对于双跨曲拐(图 4-7b),可按以下公式进行修正,即

$$\frac{1}{C} = \frac{32}{\pi G}\left[\frac{l_1 + 0.6h\dfrac{D_1}{l_1}}{D_1^4 - D_1'^4} + \frac{1.6l_2 + 0.2(b_1 + b_2)\dfrac{D_1}{r}}{D_2^4 - D_2'^4} + \frac{r\sqrt{r}}{\sqrt{d_1}}\left(\frac{1}{h_1 b_1^3} + \frac{1}{h_2 b_2^3}\right)\right] \qquad (4\text{-}5)$$

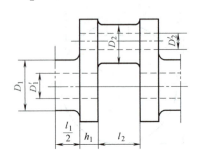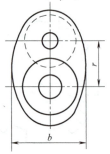

a)

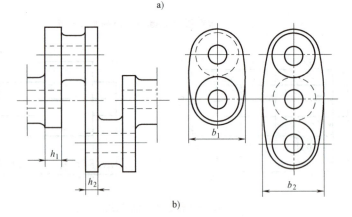

b)

图 4-7 单跨曲拐和双跨曲拐的刚度换算

a) 单跨曲拐 b) 双跨曲拐

对于用齿轮与曲轴相连的元件（图4-8），根据换算前后扭转位能相等的原则有

$$\frac{C_a \varphi_a^2}{2} = \frac{C_b \varphi_b^2}{2}$$

可得

$$C_a = C_b \frac{\varphi_b^2}{\varphi_a^2} = \frac{C_b}{\frac{\varphi_a^2}{\varphi_b^2}} = \frac{C_b}{i^2} \quad (4\text{-}6)$$

式中，i 为传动比。

对于实物曲轴，可以通过试验来确定曲轴或单拐曲轴的扭转刚度，具体方法不再赘述。

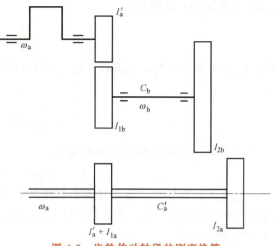

图 4-8 齿轮传动轴段的刚度换算

二、惯性参数（等效转动惯量）的换算

1. 计算法

分配到每一曲拐的总转动惯量为

$$I = I_j + I_r + I_c$$

式中，I_j 为往复质量（活塞组加连杆往复部分）换算到曲轴上的当量转动惯量；I_r 为连杆旋转部分对曲轴轴线的转动惯量；I_c 为一个曲拐的转动惯量。

（1）往复质量的当量转动惯量 I_j 如果用集中在曲柄销上的当量质量 m^* 代替往复质量 m_j，则根据换算前后动能相等的原则

$$\frac{1}{2} m^* (r\omega)^2 = \frac{1}{2} m_j v^2$$

可得当量质量为

$$m^* = m_j \left(\frac{v}{r\omega}\right)^2 = m_j \left(\sin\alpha + \frac{\lambda}{2}\sin 2\alpha\right)^2 \quad (4\text{-}7)$$

可见，这是一个随曲轴转角 α 变化的量。对于计算多缸发动机的固有频率来说，当量质量随曲轴转角的变化没有多大意义，因此可用其对时间的平均值 m_m^* 代替变化的 m^*。于是

$$m_m^* = \frac{m_j}{2\pi} \int_0^{2\pi} \left(\sin\alpha + \frac{\lambda}{2}\sin 2\alpha\right)^2 d\alpha = \frac{m_j}{2}\left(1 + \frac{\lambda^2}{4}\right) \quad (4\text{-}8)$$

因为 $\lambda < 1$，所以有

$$I_j = m_m^* r^2 = \frac{1}{2} m_j r^2 \left(1 + \frac{\lambda^2}{4}\right) \approx \frac{1}{2} m_j r^2 \quad (4\text{-}9)$$

（2）连杆旋转质量的转动惯量

$$I_r = m_2 r^2$$

式中，m_2 为连杆大头的当量质量。

（3）一个曲拐的转动惯量

$$I_c = I_1 + I_q + 2I_3 \quad (4\text{-}10)$$

1)主轴颈的转动惯量 I_1。

$$I_1 = I_{p1} l_1 \rho = \frac{\pi}{32} l_1 \rho (D_1^4 - D_1'^4) \quad (4-11)$$

式中,I_{p1} 为主轴颈横断面的极惯性矩;ρ 为材料的密度;l_1 为主轴颈长度。
其中

$$I_{p1} = \frac{\pi}{32}(D_1^4 - D_1'^4)$$

2)曲柄销对曲轴轴线的转动惯量 I_q。

$$I_q = I_{20} - m_q R^2 = (I_{p2} + f_2 R^2) l_2 \rho \quad (4-12)$$

式中,I_{20} 为曲柄销对通过其本身重心轴线的转动惯量;I_{p2} 为曲柄销横断面的极惯性矩;R 为曲柄销重心的旋转半径,在曲柄销内孔偏心时,此旋转半径小于曲柄半径,即 $R<r$;f_2 为曲柄销的横断面积。
其中

$$I_{p2} = \frac{\pi}{32}\lambda(D_2^4 - D_2'^4)$$

式中,λ 为由内孔偏心引起的刚度降低系数。

3)曲柄对曲轴轴线的转动惯量 I_3。

曲柄的形状比较复杂,一般可把它分成若干个几何形状简单的单元,求出每个单元对曲轴轴线的转动惯量,然后求和,即

$$I_3 = \sum_1^n (I_{0i} + m_i r_i^2)$$

式中,I_{0i} 为各单元对通过其本身重心轴线的转动惯量;m_i 为各单元的质量;r_i 为各单元重心的旋转半径。

对于应用最广的椭圆形曲柄(图4-9),可用以下公式计算其对曲轴轴线的转动惯量,即

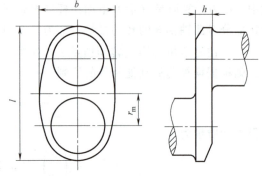

图4-9 椭圆形曲柄的换算

$$I_3 = \frac{5\pi}{12} bhl \left(\frac{b^2 + l^2}{16} + r_m^2 \right) \quad (4-13)$$

对于齿轮传动轴上的元件(图4-8),根据换算前后动能相等的原则有

$$\frac{I_a \omega_a^2}{2} = \frac{I_b \omega_b^2}{2}$$

将 b 轴上的转动惯量换算到 a 轴上为

$$I_a = \frac{I_b}{i^2}$$

2. 转动惯量的测定方法

测定圆盘类和轴类零件转动惯量的最方便的办法是利用扭摆原理,如图4-10所示。用两根长细钢丝挂住质量为 m 的零件,使其做微幅(<30°)扭摆,测得其平均周期 T(50~100次的平均值),忽略钢丝和挂具的质量,则被测零件的转动惯量 I(kg·m²)为

$$I = \frac{ma^2 T^2}{16\pi^2 l} \times 9.8 \qquad (4\text{-}14)$$

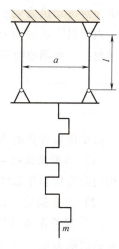

图 4-10 曲轴转动惯量的扭摆测定法

三、当量系统的组成

在确定了实际轴系中各元件的刚度和转动惯量后，应该把代表当量转动惯量的当量圆盘沿当量轴长度适当布置，以得到动力学等效的振动系统。当量圆盘应该布置在当量轴上对应实际轴有一定集中质量的地方，如曲拐、飞轮、正时齿轮、带轮等（图4-11a，图4-11b）。

有时为了使计算简化，可以把几个当量圆盘合并为一个，以减小振动系统的自由度数。例如，单列六缸或V型十二缸发动机的七质量或八质量系统一般可以简化为三质量系统（图 4-11c）。质量合并时，合成质量的转动惯量 I_Σ 和当量长度 l_Σ 由下列两式决定

$$I_{\Sigma 1} = I_0 + I_1 + I_2 + I_3$$

$$l_{\Sigma 1} = \frac{I_0 l_0^* + I_1 l_1^* + I_2 l_2^* + I_3 l_3^*}{I_0 + I_1 + I_2 + I_3} \qquad (4\text{-}15)$$

即

$$I_\Sigma = \sum I_i$$

$$l_\Sigma = \frac{\sum I_i l_i^*}{\sum I_i} \qquad (4\text{-}16)$$

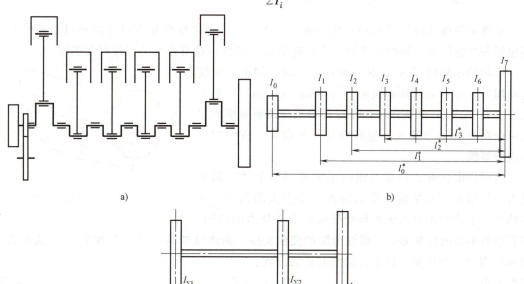

图 4-11 多拐曲轴当量扭振系统的组成

也就是说，合成质量位于由被代替的几个质量所构成的系统的重心处。

与飞轮直接相连的元件可以与飞轮合并在一起考虑。与发动机振动隔离的传动系元件一般不必考虑，如弹性联轴器或万向联轴器传动轴等，因为它们只添加了一个很低的固有振动

频率，对发动机曲轴来说，这么低的频率是不危险的。

内燃机驱动的动力装置也会影响扭振系统的扭振特性，但当动力装置与发动机采用挠性连接时，其影响也可忽略不计。

第三节　扭振系统自由振动计算

曲轴扭振计算的步骤大致如下：

（1）当量系统换算　把复杂的曲轴和传动机构按照动力学等效原则换算成扭转特性与之相同的简化当量系统。

（2）自由振动计算　算出扭振系统的固有频率、固有振型和相对振幅。

（3）强迫振动计算　对作用在各曲拐上的由气压力和惯性力产生的转矩，以及发动机所克服的阻力矩（飞轮以后）进行简谐分析。计算轴系强迫振动时，特别是共振时的实际振幅和应力，并根据材料强度评定轴系工作的可靠性。

（4）减振或避振计算　寻找可能降低、消除或避开由于扭振而产生的不可容许的最大应力的途径。

曲轴的扭振只是内燃机振动的一种形式。除了扭振外，对应曲轴的弯曲变形在曲轴中还产生横向振动或弯曲振动。计算和试验研究都表明，曲轴中的弯曲振动比起扭振来通常危险性较小，因此在初步计算中可以不予考虑。

一、单质量扭振系统

单质量扭振系统（图4-12）由一根一端固定、只有弹性没有质量（因而没有惯性）的假想轴和在轴的另一端固定着的一个只有质量（惯性）没有弹性的假想圆盘组成。

设轴的扭转刚度为 $C(\mathrm{N\cdot m/rad})$，圆盘的单位角度转动惯量（本章简称转动惯量）为 $I(\mathrm{kg\cdot m^2/rad})$，轴的长度为 l，如图4-12所示。由于这种单质量扭振系统的运动可由圆盘的一个变量（扭转角 φ）来表征，故也称单自由度系统。

所谓自由扭振，是指当扭振系统受到一个暂时的干扰力矩作用时，系统偏离平衡位置一个不大的角度，并突然排除干扰力矩使系统不再受任何外界干扰力的作用，仅靠轴系本身的恢复力矩与惯性力矩的交替变换，系统就按其本身固有频率 ω_e（或称自振频率）而产生的扭振。以下为圆盘的运动方程：

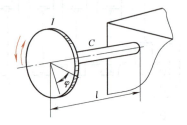

图4-12　单质量扭振系统

弹性力矩　　　　　　　　　　　$M_\varphi = -C\varphi$　　　　　　　　　　　　　　(4-17)

惯性力矩　　　　　　　　　　　$M_I = -I\ddot{\varphi}$　　　　　　　　　　　　　　(4-18)

根据理论力学，得

$$M_I + M_\varphi = 0, \quad I\ddot{\varphi} + C\varphi = 0$$

或

$$\ddot{\varphi} + \frac{C}{I}\varphi = 0, \quad \ddot{\varphi} + \omega_e^2 \varphi = 0 \quad\quad (4\text{-}19)$$

此二阶线性齐次微分方程的解为

$$\varphi = \phi \sin(\omega_e t + \varepsilon) \tag{4-20}$$

其中

$$\phi = \sqrt{\varphi_0^2 + \left(\frac{\dot{\varphi}_0}{\omega_e}\right)^2}, \quad \varepsilon = \arctan\frac{\varphi_0 \omega_e}{\dot{\varphi}}$$

式中，φ_0 和 $\dot{\varphi}_0$ 分别为圆盘的初始角位移和初始角速度；ε 为初相位。

二、二质量扭振系统

如图 4-13 所示，二质量扭振系统中转动惯量 I_1 和 I_2 的运动方程为

$$\begin{cases} I_1 \ddot{\varphi}_1 = C(\varphi_1 - \varphi_2) \\ I_2 \ddot{\varphi}_2 = C(\varphi_2 - \varphi_1) \end{cases} \tag{4-21}$$

整理为微分方程

$$\begin{cases} I_1 \ddot{\varphi}_1 - C(\varphi_1 - \varphi_2) = 0 \\ I_2 \ddot{\varphi}_2 - C(\varphi_2 - \varphi_1) = 0 \end{cases} \tag{4-22}$$

它们的解为

$$\begin{cases} \varphi_1 = \phi_1 \sin(\omega_e t + \varepsilon) \\ \varphi_2 = \phi_2 \sin(\omega_e t + \varepsilon) \end{cases} \tag{4-23}$$

将 φ_1、φ_2 代入微分方程，得

$$\begin{cases} (I_1 \omega_e^2 - C)\phi_1 + C\phi_2 = 0 \\ C\phi_1 + (I_2 \omega_e^2 - C)\phi_2 = 0 \end{cases} \tag{4-24}$$

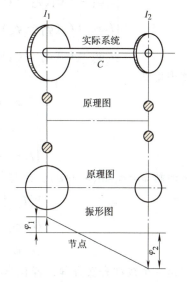

图 4-13 二质量扭振系统

要使上面的方程对 ϕ_1、ϕ_2 有非零解，系数行列式的值 D_{et} 必须为零，即

$$D_{et} = \begin{vmatrix} I_1 \omega_e^2 - C & C \\ C & I_2 \omega_e^2 - C \end{vmatrix} = 0 \tag{4-25}$$

式（4-25）称为系统频率方程，此行列式转化为

$$I_1 I_2 \omega_e^4 - (I_1 + I_2)C = 0 \tag{4-26}$$

由此得系统的固有频率为

$$\omega_{e1} = \omega_{e2} = \omega_e = \sqrt{C\left(\frac{1}{I_1} + \frac{1}{I_2}\right)} = \sqrt{C\frac{I_1 + I_2}{I_1 I_2}} \tag{4-27}$$

将式（4-27）代入式（4-24）可得

$$\frac{\phi_2}{\phi_1} = -\frac{I_1}{I_2} \tag{4-28}$$

式（4-28）给出了二质量固有振幅的相对值。因为前面已经指出，振幅的绝对值不是系统的特性参数，而取决于初始条件，但振幅的相对值却取决于系统的特性参数 I_1 和 I_2。画一线段连接两质量的相对振幅就可得到二质量扭振系统的振形图。因为 ϕ_1 与 ϕ_2 异号，故振型线必然与零线有一个交点，这个交点的位置也是由系统特性所确定而固定不变的。在系统振动过程中，这一点是静止不动的，称为结点（或节点）。在式（4-27）中，令其中一个

转动惯量（I_1 或 I_2）为无穷大，则系统就成为固定于此静止质量的单质量系统，对应的固有频率就是单质量系统的固有频率。

三、三质量扭振系统

图 4-14 所示为三质量扭振系统，其运动微分方程为

$$\begin{cases} I_1\ddot{\varphi}_1 = -C_1(\varphi_1 - \varphi_2) \\ I_2\ddot{\varphi}_2 = C_1(\varphi_1 - \varphi_2) - C_2(\varphi_2 - \varphi_3) \\ I_3\ddot{\varphi}_3 = C_2(\varphi_2 - \varphi_3) \end{cases}$$

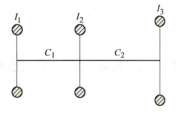

图 4-14 三质量扭振系统

整理得到

$$\begin{cases} I_1\ddot{\varphi}_1 + C_1\varphi_1 - C_1\varphi_2 = 0 \\ I_2\ddot{\varphi}_2 - C_1\varphi_1 + (C_1 + C_2)\varphi_2 - C_2\varphi_3 = 0 \\ I_3\ddot{\varphi}_3 - C_2\varphi_2 + C_2\varphi_3 = 0 \end{cases} \quad (4\text{-}29)$$

设通解 $\varphi_i = \phi_i \sin(\omega_e t + \varepsilon)$，此时各质量应为同步运动，代入式（4-29）得到频率方程为

$$\begin{cases} (I_1\omega_e^2 - C_1)\phi_1 + C_1\phi_2 = 0 \\ C_1\phi_1 + (I_2\omega_e^2 - C_1 - C_2)\phi_2 + C_2\phi_3 = 0 \\ C_2\phi_2 + (I_3\omega_e^2 - C_2)\phi_3 = 0 \end{cases} \quad (4\text{-}30)$$

这是一个线性齐次方程，若有非零解，则系数行列式必须为零，即

$$D_{et} = \begin{vmatrix} I_1\omega_e^2 - C_1 & C_1 & 0 \\ C_1 & I_2\omega_e^2 - C_1 - C_2 & C_2 \\ 0 & C_2 & I_3\omega_e^2 - C_2 \end{vmatrix} = 0 \quad (4\text{-}31)$$

则 $\quad I_1 I_2 I_3 \omega_e^4 - [C_1(I_1 I_3 + I_2 I_3) + C_2(I_1 I_2 + I_1 I_3)]\omega_e^2 + (I_1 + I_2 + I_3)C_1 C_2 = 0 \quad (4\text{-}32)$

据此四次方程可以得出四个根，其中两个正根有效。

$$\begin{matrix} \omega_e^{\text{I}} \\ \omega_e^{\text{II}} \end{matrix} \Bigg\} = \sqrt{\frac{1}{2}(\omega_{e1,2}^2 + \omega_{e2,3}^2) \mp \sqrt{\frac{1}{4}(\omega_{e1,2}^2 - \omega_{e2,3}^2)^2 + \frac{C_1 C_2}{I_2^2}}} \quad (4\text{-}33)$$

式中，ω_e^{I} 和 ω_e^{II} 分别为一阶固有频率和二阶固有频率，且假设 $\omega_e^{\text{I}} < \omega_e^{\text{II}}$。

其中

$$\omega_{e1,2}^2 = \frac{C_1(I_1 + I_2)}{I_1 I_2}, \quad \omega_{e2,3}^2 = \frac{C_2(I_2 + I_3)}{I_2 I_3}$$

将 ω_e^{I} 和 ω_e^{II} 带入到频率方程式（4-30），此时频率方程对 ϕ_i 有无穷组解。令 $a_i = \phi_i/\phi_1$ 为相对振幅，则

$$a_1 = 1, \quad a_2 = \frac{\phi_2}{\phi_1} = \frac{C_1 - I_1\omega_e^2}{C_1}, \quad a_3 = \frac{\phi_3}{\phi_1} = \frac{C_2}{C_1}\frac{C_1 - I_1\omega_e^2}{C_2 - I_3\omega_e^2} \quad (4\text{-}34)$$

设 $\omega_e^{\text{I}} < \omega_e^{\text{II}}$，可得到 a_2^{I}、a_3^{I} 和 a_2^{II}、a_3^{II}。

对应 ω_e^{I}，有主振形如图 4-15a 所示。

对应 ω_e^{II}，有主振形如图 4-15b 所示。

可以注意到，三质量扭振系统求出了两个固有频率。一般来讲，多质量系统所求出的固

有频率个数等于质量数减1。

四、多质量扭振系统

对于多缸机来说，进行扭振计算时通常都要简化成比气缸数多一个质量（飞轮）或两个质量（飞轮+齿轮系）的多质量系统。其模型的简化方法与三质量扭振系统相同，但是如图4-16所示的多质量扭振系统固有频率的计算方法却完全不同。在计算机和计算方法不太发达的20世纪70年代之前，主要采用试算逼近方法，如托列试算法。这种方法主要利用手工进行计算，计算时间长，精度不高，即便使用计算机，也不能达到很高的精度。现代都是利用数值计算方法，对惯性系数矩阵、弹性系数矩阵进行矩阵变换和迭代求解，这样可以达到很高的计算速度和精度，可以很方便地求出各阶固有频率和振形。

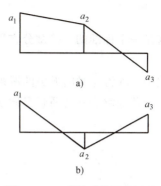

图4-15 三质量系统固有振形
a) 单节点振型 ω_e^{I}
b) 双节点振型 ω_e^{II}

根据达朗伯原理，多质量扭振系统的自由振动微分方程组为

$$\begin{cases} I_1\ddot{\varphi}_1 = -C_1(\varphi_1-\varphi_2) \\ I_2\ddot{\varphi}_2 = C_1(\varphi_1-\varphi_2)-C_2(\varphi_2-\varphi_3) \\ \vdots \\ I_k\ddot{\varphi}_k = C_{k-1}(\varphi_{k-1}-\varphi_k)-C_k(\varphi_k-\varphi_{k+1}) \\ \vdots \\ I_n\ddot{\varphi}_n = C_{n-1}(\varphi_{n-1}-\varphi_n) \end{cases} \quad (4\text{-}35)$$

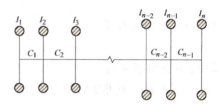

图4-16 多质量扭振系统

展开并移项，得

$$\begin{cases} I_1\ddot{\varphi}_1 + C_1\varphi_1 - C_1\varphi_2 = 0 \\ I_2\ddot{\varphi}_2 - C_1\varphi_1 + (C_1+C_2)\varphi_2 - C_2\varphi_3 = 0 \\ \vdots \\ I_k\ddot{\varphi}_k - C_{k-1}\varphi_{k-1} + (C_{k-1}+C_k)\varphi_k - C_k\varphi_{k+1} = 0 \\ \vdots \\ I_n\ddot{\varphi}_n - C_{n-1}\varphi_{n-1} + C_{n-1}\varphi_n = 0 \end{cases} \quad (4\text{-}36)$$

经过整理得到用矩阵形式表示的自由振动微分方程组

$$\begin{pmatrix} I_1 & & & & \\ & I_2 & & & \\ & & \ddots & & \\ & & & I_{n-1} & \\ & & & & I_n \end{pmatrix} \begin{pmatrix} \ddot{\varphi}_1 \\ \ddot{\varphi}_2 \\ \vdots \\ \ddot{\varphi}_{n-1} \\ \ddot{\varphi}_n \end{pmatrix} + \begin{pmatrix} C_1 & -C_1 & 0 & \cdots & 0 \\ -C_1 & C_1+C_2 & -C_2 & \cdots & 0 \\ \vdots & & \ddots & & \vdots \\ 0 & \cdots & -C_{n-2} & C_{n-2}+C_{n-1} & -C_{n-1} \\ 0 & \cdots & 0 & -C_{n-1} & C_{n-1} \end{pmatrix} \begin{pmatrix} \varphi_1 \\ \varphi_2 \\ \vdots \\ \varphi_{n-1} \\ \varphi_n \end{pmatrix} = \begin{pmatrix} 0 \\ 0 \\ \vdots \\ 0 \\ 0 \end{pmatrix}$$

简化为

$$I\ddot{\varphi} + C\varphi = 0 \tag{4-37}$$

这是一个标准的二阶微分方程矩阵形式,设通解 $\varphi_i = \phi_i \sin(\omega_e t + \varepsilon)$,则表示成列向量形式为

$$\varphi = \{\phi\} \sin(\omega_e t + \varepsilon) \tag{4-38}$$

式中,ϕ 为与时间无关的振幅矢量;ω_e 为固有圆频率;ε 为初相角。

此通解表示各质量是同步运动的,其中

$$\{\phi\} = \begin{pmatrix} \phi_1 \\ \phi_2 \\ \vdots \\ \phi_n \end{pmatrix} \tag{4-39}$$

将式(4-38)带入式(4-37),约去 $\sin(\omega_e t + \varepsilon)$,则可得到一个关于 φ 的代数方程

$$C\varphi - \omega^2 I\varphi = 0 \tag{4-40}$$

令

$$A = C - \omega^2 I$$

则式(4-40)可写成

$$A\varphi = 0 \tag{4-41}$$

式中,A 为特征矩阵。

式(4-41)有非零解的充要条件为

$$|A| = C - \omega^2 I = 0 \tag{4-42}$$

将矩阵 A 展开,可得到一个关于 ω^2 的 n 次代数方程,求出这个代数方程的根($\omega_{e1}^2 \leq \omega_{e2}^2 \cdots \leq \omega_{en}^2$)。仿照前面三质量扭振系统的求解过程,令 $a_1 = \dfrac{\phi_1}{\phi_1} = 1$,$a_2 = \dfrac{\phi_2}{\phi_1}$,$\cdots$,$a_i = \dfrac{\phi_i}{\phi_1}$,$a_i$ 为各集中质量振动幅值与 ϕ_1 的比值,称为相对振幅。将所求得的某一个 ω_{en}^2 代入式(4-36),并用相对振幅 a_i 代替绝对振幅 ϕ_i,就可以求出各集中质量的相对振幅,即振形。

上述过程也是数学上所说的求解广义特征值的问题。求解广义特征值还有很多矩阵方法,也有很多现成的数值计算程序可以参考,这里不再详述。

第四节 强迫振动与共振

一、单自由度系统的有阻尼振动

内燃机扭振系统阻尼的内容十分复杂,凡是能够使扭振衰减的因素,统称为阻尼。由阻尼力产生的力矩称为阻尼力矩 M_ξ。扭振系统的阻尼有多种,可分为:

(1)外阻尼 由于扭振部件的外表面与外界发生摩擦而形成的阻尼。例如,轴在轴承内的摩擦;部件同空气或其他流体之间的摩擦。这些阻尼往往随着轴系转速的提高而增大。

(2)内阻尼 由轴系反复变形、材料内部分子之间发生摩擦而产生的阻尼。这部分阻尼往往随着轴系变形量的增大而提高。

(3)假阻尼 由于轴系弹性参数、惯性参数,以及强迫振动频率的不稳定、脉动冲击等干扰了共振现象的产生,使共振振幅不能达到其最大值,从而起到减振效果,这种现象称为

假阻尼。例如，由往复质量形成的惯性力矩、曲轴回转的不均匀度等均可形成假阻尼。

由于阻尼的复杂性，很难用解析分析方法进行计算。一般是通过一定的试验，用半经验公式进行计算。由相对摩擦而形成的阻尼力矩 M_ξ，一般可用阻尼系数 ξ 及运动部件的角速度 $\dot{\varphi}$ 来表示，即

$$M_\xi = -\xi\dot{\varphi} \tag{4-43}$$

式中，负号表示阻尼力矩与速度方向相反。

此时扭振方程为

$$M_I + M_\xi + M_\varphi = 0 \rightarrow I\ddot{\varphi} + \xi\dot{\varphi} + C\varphi = 0 \tag{4-44}$$

令 $\xi = D\xi_0$，$\xi_0 = 2\omega_e I$。其中，ξ_0 为临界阻尼系数，D 为阻尼准则数。则如图 4-17 所示的单质量有阻尼扭振系统的扭振方程为

$$\ddot{\varphi} + 2\omega_e D\dot{\varphi} + \omega_e^2 \varphi = 0 \tag{4-45}$$

其通解为

$$\varphi = e^{-D\omega_e t}(C_1 \cos\sqrt{1-D^2}\,\omega_e t + C_2 \sin\sqrt{1-D^2}\,\omega_e t) \tag{4-46}$$

令 $\sqrt{1-D^2}\,\omega_e = \omega_\xi$，$\omega_\xi$ 为有阻尼自由振动的角频率，其中 $D \ll 1$，这是一个衰减振动。如图 4-18 所示，振动周期为

$$T = \frac{2\pi}{\sqrt{1-D^2}\,\omega_e}$$

两个相邻角振幅的比值为

$$\frac{\Phi_1}{\Phi_2} = \frac{e^{-D\omega_e t}}{e^{-D\omega_e(t+T)}} = e^{D\omega_e T} = e^{\frac{2\pi D}{\sqrt{1-D^2}}} \tag{4-47}$$

对上式两端取对数，得 $\ln\dfrac{\Phi_1}{\Phi_2} = \dfrac{2\pi D}{\sqrt{1-D^2}}$，称为对数缩减。若 $D^2 \ll 1$，可略去分母中的 D^2，则

$$D = \frac{1}{2\pi}\ln\frac{\Phi_1}{\Phi_2}$$

即

$$\xi = \frac{\omega_e I}{\pi}\ln\frac{\Phi_1}{\Phi_2}$$

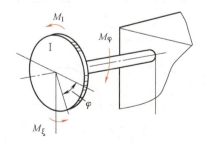

图 4-17　单质量有阻尼扭振系统

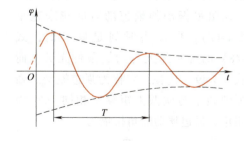

图 4-18　有阻尼衰减自由振动

阻尼系数的测量通常是在静态情况下，给单质量系统一个初始激励，然后突然撤去激励，使其产生如图 4-18 所示的衰减自由振动。通过所记录的衰减自由振动波形，尽量多用几个波形的平均值确定自由振动周期，然后根据相邻波形的幅值，利用式（4-47）确定阻尼

系数。

二、单自由度系统的有阻尼强迫振动

设幅值为 M_k^a 的外界强迫力矩 $M_k = M_k^a \sin\omega_k t$，取代有阻尼振动方程式（4-45）右端的 0，则有

$$\ddot{\varphi} + 2\omega_e D\dot{\varphi} + \omega_e^2 \varphi = \frac{M_k^a}{I}\sin\omega_k t \qquad (4-48)$$

式中，ω_k 为强迫力矩的变化频率。

自由振动的通解已经求出，则式（4-48）的特解为

$$\varphi = a\sin\omega_k t + b\cos\omega_k t$$

代入振动方程，通过比较系数方法得到

$$a = \frac{M_k^a}{I} \cdot \frac{\omega_e^2 - \omega_k^2}{(\omega_e^2 - \omega_k^2)^2 + (2D\omega_e\omega_k)^2}$$

$$b = \frac{M_k^a}{I} \cdot \frac{2D\omega_e\omega_k}{(\omega_e^2 - \omega_k^2)^2 + (2D\omega_e\omega_k)^2}$$

特解又写为

$$\varphi = \frac{\Phi_0}{\sqrt{\left[1 - \left(\frac{\omega_k}{\omega_e}\right)^2\right]^2 + 4D^2\left(\frac{\omega_k}{\omega_e}\right)^2}} \sin(\omega_k t - \psi_k) \qquad (4-49)$$

这是一个等幅振动，初相角为

$$\psi_k = \arctan\frac{2D\dfrac{\omega_k}{\omega_e}}{1 - \dfrac{\omega_k}{\omega_e}}$$

静扭角为 $\Phi_0 = \dfrac{M_k}{C}$

由此可见，方程的特解是一个等幅简谐运动，而阻尼振动的幅值随时间越来越小（图 4-19），所以当时间足够长时，式（4-48）的解实际上与初始条件无关，而由式（4-49）代替，它称为强迫振动。强迫振动频率与激振力矩频率相同，ψ_k 为初相角。强迫振动的角振幅为

$$\Phi = \frac{\Phi_0}{\sqrt{\left[1 - \left(\dfrac{\omega_k}{\omega_e}\right)^2\right]^2 + 4D^2\left(\dfrac{\omega_k}{\omega_e}\right)^2}}$$

$$(4-50)$$

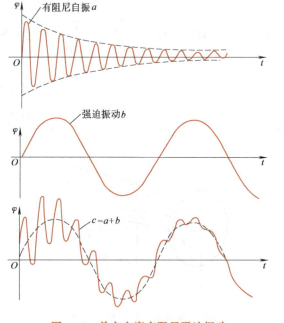

图 4-19 单自由度有阻尼强迫振动

Φ/Φ_0 称为动力增大系数 λ_d，有

$$\lambda_d = \frac{\Phi}{\Phi_0} = \frac{1}{\sqrt{\left[1-\left(\frac{\omega_k}{\omega_e}\right)^2\right]^2 + 4D^2\left(\frac{\omega_k}{\omega_e}\right)^2}} \tag{4-51}$$

为求 λ_d 达到极大值 λ_{dmax} 时的 ω_k，令 $\dfrac{d\lambda_d}{d\omega_k}=0$，得

$$\omega_k[\omega_e^2(1-2D^2)-\omega_k^2]=0$$

ω_k 有两个根。如果 $D<\dfrac{\sqrt{2}}{2}$，则 $\dfrac{\omega_k}{\omega_e}=\sqrt{1-2D^2}<1$ 时 λ_d 达到极大值，即

$$\lambda_{dmax} = \frac{1}{2D\sqrt{1-D^2}} \tag{4-52}$$

如果 $\omega_k=\omega_e$，且 $D\ll 1$，则 λ_{dmax} 接近于无穷大，将产生共振。如果 $\omega_k=0$，则 $\lambda_d=1$。也就是说，当外界强迫力矩的变化频率等于零，为静载的时候，动力增大系数为1，没有改变系统的振动幅值。

从前面的公式分析可以看出：

1) 受迫振动的频率与强迫力矩频率相同，即扭振系统在受到外界强迫力矩作用时，系统按照外界强迫力矩的频率振动。

2) 受迫振动是衰减振动［通解式 (4-46)］与等幅振动［特解式 (4-49)］的叠加。

3) $\omega_k\approx\omega_e$ 时产生共振，振幅等于 $\Phi_0/(2D)$，因为 $D\ll 1$，所以共振时的振幅急剧增加。

4) 系统共振时 $(\omega_k\approx\omega_e)$，系统的初相角 $\psi_k=\pi/2$。

第五节 曲轴系统的激发力矩

一、作用在发动机上的单缸转矩

单缸转矩 M 由气压力形成的转矩 M_g 和往复惯性力形成的转矩 M_j 两部分组成，即 $M=M_g+M_j$，它虽然是周期函数，但变化规律很复杂。不过根据傅里叶级数理论，每一个周期函数均可用一个由不同初相位、不同振幅和不同周期的简谐量组成的无穷级数来表达。在一定的精度内，可以用一定项数的有限级数和来逼近。针对每一项简谐分量研究曲轴系统的强迫扭转振动时，上述强迫振动的分析仍然有效。由于每一项简谐力矩都可能引起共振，所以曲轴系统的扭振有很多共振工况。

把图 4-20 所示的转矩周期函数分解为傅里叶级数的工作，称为调和分析或简谐分析。该转矩原是由离散点表示的曲线，横坐标表示将曲轴转角分成 m 等份。假设每一循环的单缸转矩都是一样的，是周期性变化的，根据傅里叶级数理论，这样一个周期函数可以用三角级数和的形式表示为

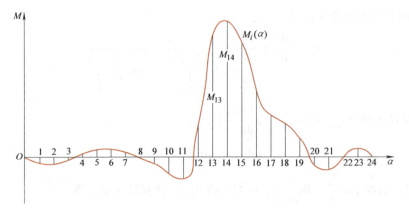

图 4-20 单缸转矩曲线

$$M = M_0 + \sum_{k=1}^{k=\infty} M_k^a \sin(\omega_k t + \delta_k)$$

$$\approx M_0 + \sum_{k=1}^{n} M_k^a \sin(\omega_k t + \delta_k)$$

$$= M_0 + \sum_{k=1}^{n} M_k^a \sin(k\omega_t t + \delta_k) \tag{4-53}$$

上述过程也叫作傅里叶变换,其中

$$\begin{cases} M_k^a = \sqrt{A_k^2 + B_k^2} \\ A_k \approx \dfrac{1}{\pi}\sum_{i=1}^{m} M_i \dfrac{2\pi}{m}\cos k\alpha_i = \dfrac{2}{m}\sum_{i=1}^{m} M_i \cos k\alpha_i \\ B_k \approx \dfrac{1}{\pi}\sum_{i=1}^{m} M_i \dfrac{2\pi}{m}\sin k\alpha_i = \dfrac{2}{m}\sum_{i=1}^{m} M_i \sin k\alpha_i \\ M_0 = \dfrac{1}{2\pi}\sum_{i=1}^{m} M_i \dfrac{2\pi}{m} = \dfrac{1}{m}\sum_{i=1}^{m} M_i \end{cases} \tag{4-54}$$

这里为了进行傅里叶变换而将一个周期内的单缸转矩分成了 m 等份,其中 M_0 为平均转矩,$M_k^a \sin(k\omega_t t + \delta_k)$ 为转矩的第 k 阶谐量,表示该谐量在 2π 周期内变化 k 次,称为摩托阶数。

对于二冲程发动机,曲轴一转即 $T=2\pi$ 为一个周期,k 为自然数;对于四冲程发动机,曲轴两转即 $T=4\pi$ 为一个周期。因此相对于数学上的周期来讲,曲轴一转(2π)内四冲程发动机第 k 阶力矩仅变化了 $k/2$ 次,则四冲程的摩托阶数存在半数阶,即 $k=0.5,1,1.5,\cdots$ 故对于四冲程发动机,转矩的简谐分析表达式为

$$M = M_0 + \sum_{k=0.5}^{n} M_k^a \sin(k\omega_t t + \delta_k)$$

图 4-21 所示为一个单缸四冲程内燃机的转矩及各阶简谐分量。可以明显地看出,各阶简谐分量在 720° 周期内的变化次数及幅值的变化。

图 4-22 所示为一个汽油机单缸转矩振幅幅值随阶数变化的直方图。可以看出,随着阶数的增加,幅值总的趋势变小,但是中间有波动。一般取 $n=12\sim24$ 就能够满足精度

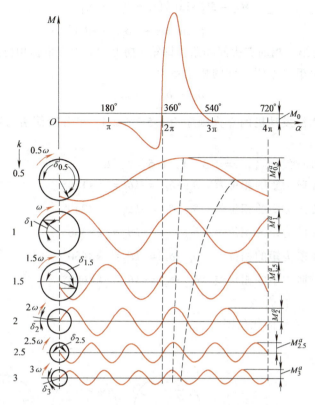

图 4-21 单缸四冲程内燃机转矩及各阶简谐分量

要求。

从图 4-22 可以看出，此单缸机转矩的第 3 阶谐量幅值很大，当发动机为三缸或六缸时，这一阶都是主谐量，如果引起共振的话都是比较危险的。

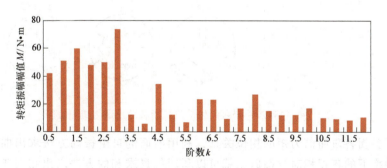

图 4-22 单缸转矩振幅幅值随阶数变化的直方图

二、多拐曲轴上第 k 阶力矩谐量的相位关系

多拐曲轴其他拐上的力矩谐量与第一拐上的相同，只是在相位上依工作顺序有所不同。设第一拐上的第 k 阶力矩为

$$M_{k1} = M_{k1}^a \sin(k\alpha + \delta_{k1}) \qquad (\alpha = \omega_t t)$$

则第 i 拐上的第 k 阶力矩为

$$M_{ki} = M_{k1}^a \sin[k(\alpha - \theta_i) + \delta_{k1}]$$
$$= M_{k1}^a \sin[k\alpha + (\delta_{k1} - k\theta_i)] \tag{4-55}$$

式中，θ_i 为第 i 拐与第一拐的点火间隔角，即第 i 拐上的 k 阶力矩初相位为 $\delta_{ki} = \delta_{k1} - k\theta_i$，第 i 拐与第一拐上 k 阶力矩（幅值）间的相位差为

$$\delta_{ki} - \delta_{k1} = -k\theta_i \tag{4-56}$$

例 四冲程六缸发动机的点火顺序为 1-5-3-6-2-4，求各阶简谐力矩的相位差，并作出相位图。

解 对于四冲程发动机，$k = 0.5, 1, 1.5, 2, 2.5, \cdots$

第五拐上第 k 阶力矩的相位差 $\delta_{k5} - \delta_{k1} = -k\theta_5 = -k \times 120°$

第三拐上第 k 阶力矩的相位差 $\delta_{k3} - \delta_{k1} = -k\theta_3 = -k \times 240°$

第六拐上第 k 阶力矩的相位差 $\delta_{k6} - \delta_{k1} = -k\theta_6 = -k \times 360°$

第二拐上第 k 阶力矩的相位差 $\delta_{k2} - \delta_{k1} = -k\theta_2 = -k \times 480°$

第四拐上第 k 阶力矩的相位差 $\delta_{k4} - \delta_{k1} = -k\theta_4 = -k \times 600°$

取 $k = 0.5, 1, 1.5, 2, 2.5, \cdots$

得到如图 4-23 所示的相位图。

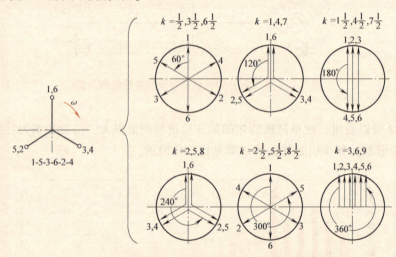

图 4-23 单列四冲程六缸发动机各拐各阶简谐力矩相位图

知道了各拐各阶简谐力矩的相位关系，利用前面的自由振动方法求出曲轴系统在某一阶固有频率下的各拐相对振幅后，就可以利用矢量求和的方法求出相对于第 k 阶简谐力矩的相对振幅矢量和。观察图 4-23，可以得到如下结论：

1) 当谐量的阶数为曲轴每一转中点火次数的整数倍时（$k = 2im/\tau$），该阶振幅矢量位于同一方向，可以用代数方法合成，该阶谐量称为主谐量。主谐量的相位与点火顺序无关。

2) 当 $k = (2m-1)i/\tau$ 时，各曲拐该阶力矩幅值作用在同一直线上，方向不同，称为次主谐量，如上例中的 $k = 1.5, 4.5, 7.5, \cdots$。

3) 若曲拐侧视图有 q 个不同方向的曲拐，则有 $q\tau/2$ 个相位图。

第六节 曲轴系统的强迫振动与共振

一、临界转速

曲轴固有频率与外界干扰力矩"合拍"而产生扭转共振时的转速称为临界转速。共振时

$$k\omega_t = \omega_e, \quad \text{或} \quad kn = n_e$$

$$\omega_t = \frac{\omega_e}{k}, \quad \text{或} \quad n = \frac{n_e}{k}$$

式中，ω_t 为曲轴转动角频率；n_e 为用转速表示的当量固有频率。

根据上述关系绘制出如图4-24所示的固有频率与发动机转速的简谐关系曲线，可以看出这是由不同斜率的直线所组成的直线族，k 为直线的斜率。在斜线与水平线的交点处，该阶谐量频率与固有频率（水平线）相等，极易产生扭转共振；交点在横坐标上的投影，就是对应的临界转速。

总结前面的分析，可以得到以下结论：

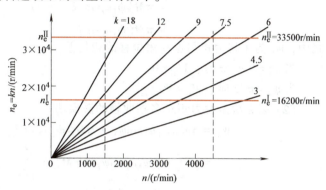

图4-24 固有频率与发动机转速的简谐关系曲线

1）由主谐量（$k = 2im/\tau$）引起的共振称为主共振，此时的转速为主临界转速。

2）由次主谐量 $[k = (2m-1)i/\tau]$ 引起的共振称为次主共振，此时的转速为次主临界转速。

3）计算和分析扭转共振的三个条件为：

① n_k 在发动机的工作转速范围内，方能称为临界转速。

② 一般只考虑阶数 $k \le 18$ 的情况，因为当 k 值太大时，对应的谐量幅值 M_k^a 很小。

③ 一般只考虑前两阶或前三阶固有频率。

在工程中，曲轴的固有频率有三种表示方法：$f(Hz)$、$\omega_e(rad/s)$ 和 $n_e(r/min)$。一般发动机的体积越大，其固有频率越低，低阶谐量越容易引起共振。

二、曲轴系统的共振计算

为了简化问题，通常做如下假设：

1）由强迫振动引起的共振振形与自由振动的振形相同。

2）只有引起共振的那一阶（第 k 阶）力矩对系统有能量输入。

3）共振时激发力矩所做的功等于曲轴上的阻尼功。

4）共振时系统的初相角 $\psi = \pi/2$。

1. 激发力矩所做的功

首先，需要求出第 k 阶激发力矩在单个曲拐上所做的功，然后求该阶力矩对整个曲拐所

做的功。

(1) 第 k 阶激发力矩在第 i 拐上的激振功

激发力矩 $\quad M_{ki} = M_{ki}^a \sin(k\omega_t t + \delta_{ki})$

角位移 $\quad \varphi_{ki} = \phi_i \sin(k\omega_t t + \varepsilon) = \phi_1 a_i \sin(k\omega_t t + \varepsilon)$

共振时 $\quad k\omega_t = \omega_e$

$$W_{ki} = \int_0^{2\pi} M_{ki}^a \, d\varphi_{ki}$$

$$= \int_0^{2\pi} M_{ki}^a \sin(\omega_e t + \delta_{ki}) \, d[\phi_1 a_i \sin(\omega_e t + \varepsilon)]$$

$$= \pi M_{ki}^a \phi_1 a_i \sin(\delta_{ki} - \varepsilon)$$

$$= \pi M_{ki}^a \phi_1 a_i \sin\psi_k \tag{4-57}$$

式中，ψ_k 为干扰力矩与振动角位移的相位差。

当 $\psi_k = 0$ 或 π 时，$W_{ki} = 0$；

当 $\psi_k = \pi/2$ 时，$W_{ki} = W_{ki\max}$。

(2) 第 k 阶激发力矩对多拐曲轴的激振功

$$W_k = \pi M_{k1}^a \phi_1 a_1 \sin\psi_1 + \pi M_{k2}^a \phi_1 a_2 \sin\psi_2 + \cdots + \pi M_{kz}^a \phi_1 a_z \sin\psi_z$$

$$= \pi \sum_{i=1}^{z} M_{ki}^a \phi_1 a_i \sin\psi_i = \pi M_{k1}^a \phi_1 \sum_{i=1}^{z} a_i \sin\psi_i$$

$$= \pi M_{k1}^a \phi_1 \sin\psi \sum_{i=1}^{z} a_i \tag{4-58}$$

2. 阻尼功

(1) 第 i 拐上的阻尼功

阻尼力矩 $\quad M_\xi = -\xi \dot\varphi_i$

角位移 $\quad \varphi_i = \phi_i \sin(k\omega_t t + \psi_k) = \phi_1 a_i \sin(k\omega_t t + \psi_k)$

阻尼功 $\quad W_{\xi i} = \int_0^{2\pi} M_\xi \, d\varphi_i$

$$= -\xi \phi_i^2 (k\omega_t)^2 \int_0^{2\pi} \cos^2(k\omega_t t + \psi_k) \, dt$$

$$= -\pi \xi k\omega_t \phi_i^2$$

(2) 多拐曲轴的阻尼功

$$W_\xi = -\pi \xi k\omega_t \sum_{i=1}^{z} \phi_i^2 = -\pi \xi k\omega_t \phi_1^2 \sum_{i=1}^{z} a_i^2 \tag{4-59}$$

3. 共振时的幅值

因为共振时的阻尼功等于激振功，激振频率等于固有频率，即

$$W_\xi = W_k, \quad k\omega_t = \omega_e, \quad \Psi = \frac{\pi}{2}$$

所以 $\quad \pi M_{k1}^a \phi_1 \sin\psi \sum_{i=1}^{z} a_i = -\pi \xi k\omega_t \phi_1^2 \sum_{i=1}^{z} a_i^2 \tag{4-60}$

$$\phi_1 = \frac{M_{k1}^a \left| \sum_{i=1}^{z} a_i \right|}{\xi \omega_e \sum_{i=1}^{z} a_i^2}$$

则由 $\phi_i = \phi_1 a_i$，可以求出所有集中质量的绝对振幅，即各集中质量的扭振角位移。

4. 共振附加应力

$$\tau_d = \frac{M_\varphi}{W_\tau} = \frac{C_i(\phi_i - \phi_{i+1})}{W_\tau} = \frac{C_i(a_i - a_{i+1})\phi_1}{W_\tau} \tag{4-61}$$

第一个角振幅 ϕ_1 是关键参数，应该首先予以控制。一般要求 $\phi_1 < 0.3°$。

第七节 扭振的消减措施

曲轴系统出现扭振现象是必然的，只不过轻重程度不同，严重时需要采取扭振消减措施。一般通过以下途径来消除或减轻扭振带来的危害。

一、使曲轴转速远离临界转速

在工作转速范围内产生扭振的转速称为临界转速，临界转速应避开常用工作转速和标定转速。

二、改变曲轴的固有频率

这是结构措施，通常在设计阶段予以考虑。通过改变结构参数，可以达到使固有频率远离外界强迫力矩频率的目的。

1. 提高曲轴刚度

1）增加主轴颈直径。增加主轴颈直径可以提高曲轴的扭转刚度，进而可提高临界转速。

2）减小曲轴长度。减小曲轴的长度可以明显降低曲轴的柔度，即提高曲轴的扭转刚度。但是曲轴长度往往由整机布置决定，在整机方案已经确定的设计中无法改变。但当缸数较多时，可以通过变单列式气缸为双列式气缸的方法来提高曲轴的扭转刚度。

3）提高重叠度。增加主轴颈或连杆轴颈的直径，都可以达到提高重叠度的目的，重叠度的提高不但能明显改善曲轴的扭转刚度，而且对提高曲轴的抗弯强度有明显效果。

2. 减小转动惯量

1）采用空心曲轴，其中连杆轴颈空心的效果更好。

2）减小平衡块质量。

3）减小带轮、飞轮质量。飞轮的转动惯量改变起来比较容易。但由于曲轴自由端的振幅比飞轮端大得多，同样的转动惯量改变量在曲轴自由端要有效得多。所以，曲轴前端带轮的设计有时对扭振有很大的影响。现在很多发动机前端的带轮、齿轮采用非金属材料制成，有利于降低转动惯量。

三、提高轴系的阻尼

提高轴系的阻尼主要靠材料的特性来达到。根据试验，钢轴每循环的迟滞能量损失 W_h（N·cm/cm³）为

$$W_h = (0.2 \sim 0.5) \times 10^{-10} \sigma^{-2.3}$$

式中，σ 为轴表面的应力幅值（N/cm^2）。

铸铁的材料阻尼比钢的高 80%～100%，所以如果强度允许，可以把钢曲轴改成铸铁曲轴，以达到减弱扭振的目的。

四、改变激振强度

因为第一个角振幅 $\phi_1 = \dfrac{M_k^a \left| \sum\limits_{i=1}^{z} a_i \right|}{\xi \omega_e \sum\limits_{i=1}^{z} a_i^2}$，即 $\phi_1 \propto \left| \sum\limits_{i=1}^{z} a_i \right|$

所以通过控制相对振幅矢量和可以达到控制激振强度的目的。对于次主谐量，可通过改变点火顺序、气缸夹角的方法达到控制激振强度的目的。此方法对于由主谐量引起的扭转共振无效。

五、采用减振装置

1. 阻尼式减振器

增大机械摩擦阻尼、分子摩擦阻尼，可以吸收振动能量，减小振幅，但这要消耗一部分有效能量。硅油减振器是典型的阻尼式减振器，主要通过减振体与壳体之间的高黏度硅油吸收振动能量。液阻式减振器通过适当选择硅油的黏度使阻尼系数达到要求。它们的具体结构如图 4-25、图 4-26 所示。

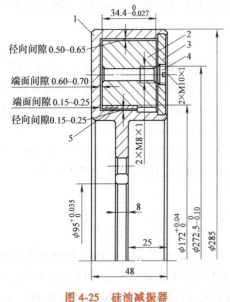

图 4-25 硅油减振器

1—外壳（轮毂） 2—减振体
3—注油螺塞 4—衬套 5—侧盖

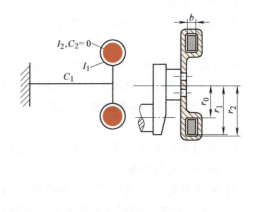

图 4-26 液阻式减振器

2. 动力减振器

图 4-27a 所示为一种弹性动力减振器，其工作原理是适当选择外圈转动惯量 I_1、I_2 和弹簧刚度 C_2，使原来的共振转速产生偏离。这种减振器一定要在原来的共振点工作，才有减

振作用,故适用于定转速运转的内燃机。图 4-27b 所示为一种摆式动力减振器,属于一种主动减振器。下面简要介绍一下这种减振器的工作原理(图 4-28)。

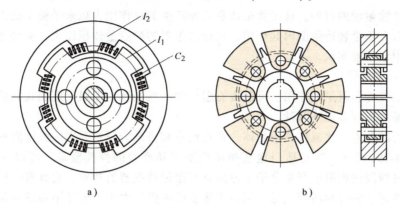

图 4-27 动力减振器

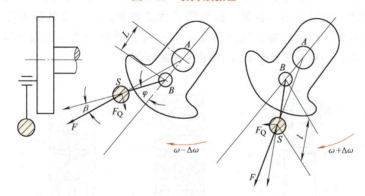

图 4-28 摆式动力减振器

图 4-28 中的小摆绕 B 点的回转力矩为

$$M_1 = -F_Q l = -Fl\sin\beta = -m\overline{AS}\omega^2 l\sin\beta \tag{4-62}$$

因为
$$\frac{L}{\sin\beta} = \frac{\overline{AS}}{\sin(180°-\varphi)}, \quad \overline{AS} = \frac{L\sin\varphi}{\sin\beta}$$

所以
$$M_1 = -mL\omega^2 l\sin\varphi$$

小摆绕 B 点的惯性力矩为

$$M_2 = -I\ddot{\varphi} = -ml^2\ddot{\varphi} \tag{4-63}$$

小摆的运动微分方程为
$$M_1 + M_2 = 0 \tag{4-64}$$

即
$$\ddot{\varphi} + \frac{L}{l}\omega^2\sin\varphi = 0 \tag{4-65}$$

当振幅不大时,认为
$$\sin\varphi \approx \varphi$$

则
$$\ddot{\varphi} + \frac{L}{l}\omega^2\varphi = 0 \tag{4-66}$$

故知小摆做简谐运动,其固有频率 $\omega_e = \omega\sqrt{\dfrac{L}{l}}$,与曲轴角速度 ω 成正比。如果引起共振的激振力矩是 k 级,则设计时只要使 $k\omega = \omega_e$,即

$$k = \sqrt{\frac{L}{l}} \quad 或者 \quad l = \frac{L}{k^2} \tag{4-67}$$

就可以达到消除振动的目的，这主要是依靠共振产生的反作用力矩来平衡干扰力矩。摆式动力减振器可以在整个转速范围内起作用。这种减振器的缺点是体积庞大、运动零件多，在中小型内燃机中已经被淘汰。

3. 复合式减振器

综合以上弹性和阻尼的作用，可制成有阻尼弹性减振器，即阻尼定调式减振器。它是理想的一类减振器，现有以下两种。

（1）橡胶减振器　该减振器由壳体、惯性质量和将两者联系起来的弹性阻尼物硫化橡胶组成，如图 4-29a 所示。通过适当地选择惯性质量和橡胶的弹性模量，可以达到减振的目的，并可通过橡胶的内阻尼产生分子摩擦而具有阻尼减振器的功效。它具有结构简单、维修方便、可靠性好、制造容易等优点，但由于橡胶的内阻尼太小，设计中很难获得令人满意的弹性参数（如刚度 C）和阻尼系数 ξ。实际上其特性近似于弹性减振器，在这种减振器中产生的热量不易散逸，阻尼作用不够强，橡胶的弹性参数和内阻尼参数随温度高低变化较大，橡胶易于老化而降低了减振性能。故这种减振器也有日益被硅油减振器和硅油-橡胶减振器所取代的趋势。现在仍有许多柴油机上使用这种减振器。

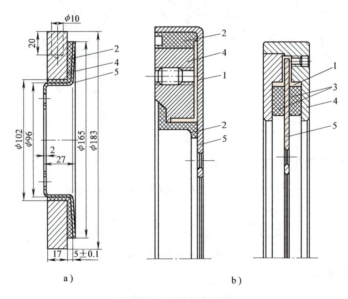

图 4-29　复合式减振器
a）橡胶减振器　b）硅油-橡胶减振器
1—硅油层　2—热紧的橡胶层　3—压紧的橡胶层　4—减振体　5—支承板

（2）硅油-橡胶减振器　该减振器是现在较完善的一种减振器，如图 4-29b 所示。它集中了硅油减振器和橡胶减振器的优点，而克服了两者的缺点，具有较完善的结构。它由以下几部分组成：减振器壳体（金属面板）、铸铁的惯性质量、用来胶合壳体和惯性体的橡胶环。在惯性体与壳体之间有狭窄的间隙，其中充满了高黏度的硅油。硅油-橡胶减振器主要利用硅油的高黏度来减振，橡胶环主要作为弹性体和密封硅油之用，由于橡胶经常处在高频大幅振动和高温的条件下，从耐久性方面考虑，一般应采用具有较低内阻尼和发热量的天然橡胶，而不用合成橡胶。由于橡胶的弹性参数的范围较大，硅油的阻尼系数的范围也较大，所以设计时可以较自由地选择减振器的刚度和阻尼参数，以满足设计要求，获得较佳的减振特性。试验证明，这种减振器具有迄今为止最优良的减振特性，其质量约为硅油减振器的1/4～1/3，结构紧凑，寿命长，工作性能经久保持，牢固可靠。

第八节　扭振的现代测试分析方法

内燃机的扭振现象往往要在设计出来之后在运转过程中才能发现，因此可靠的试验测试分析方法非常重要。通过测试分析，能确定出临界转速、扭转共振振幅、曲轴系统扭转固有频率、引发共振的激发力矩谐量阶数等。以前经常采用的是机械式扭振测试仪和电感式扭振测试仪，但这两类仪器在测试精度、分析能力方面都不能满足工程需要。在振动测试分析手段日益完善的今天，现代扭振测试方法采用专用测试分析软件和简单的电磁信号传感器，可以很方便地进行轴类传动系统的扭振测量和分析。下面简单介绍这种测试系统的原理和测试分析结果。

一、测试系统的组成

如图4-30所示，扭振测试系统由电磁转速传感器、测速齿盘、数据采集前端和数据记录分析模块等组成。

二、测试分析原理

曲轴的扭振可以看作曲轴的匀速转动加上扭转波动，这类似于信号传输中的调频波。曲轴的匀速转动相当于调频波中的载波，扭转波动相当于

图4-30　扭振测试系统的组成

调频波中的信号波。调频波通过鉴频器解调，从而检出信号波。类似于鉴频器的原理与步骤，也可以从曲轴的转动中检出扭转波动，从而达到测试扭振的目的，这就是扭振的测量原理。如图4-30所示，测速齿盘-传感器系统作为信号拾取系统，在曲轴做旋转运动时，与测速齿盘相对的传感器中感应出的脉冲串经整形后成为方波脉冲，测试系统用高频时钟脉冲对方波信号各脉冲间隔加以计数，该数值经换算可得出方波各脉冲间隔对应的时间。若曲轴无扭振存在，则方波脉冲串间隔均匀，对应时间序列中的各数值都相等；当扭振发生时，脉冲串疏密不均，对应时间序列中的各数字也有大有小，即脉冲串对应的曲轴转角不同。因此，这一时间序列既包含了发动机的转速信息，也包含了发动机的扭振信息。再对这一时间序列进行频谱分析处理，即可提取出发动机的扭振信号。

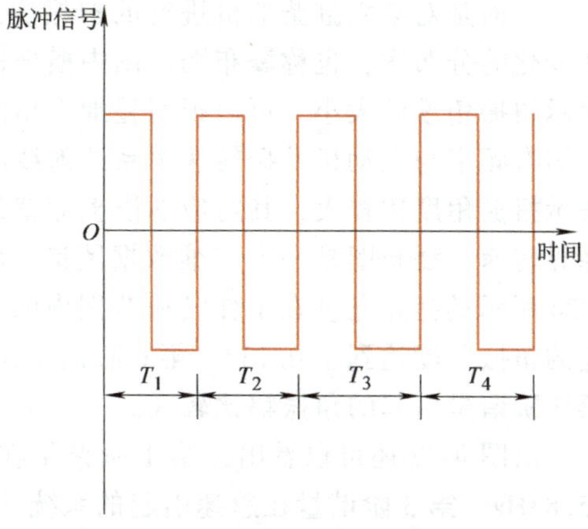

扭振测试分析的基本原理如图4-31所示，即由信号拾取系统产生一系列的转速脉冲，由转速脉冲信号计算出轴的瞬时转速，并根据式(4-68)计算出扭振角度。

$$\theta = \int_0^{t_n} \omega \mathrm{d}t = \int_0^{t_n} (\omega_i - \overline{\omega}) \mathrm{d}t \quad (4-68)$$

实际测试时，需要知道扭振发生时的简谐

图4-31　扭振测试分析的基本原理

量阶数,即需要知道扭转共振是由哪一阶谐量引起的。如前所述,测量所得的电压脉冲信号是一个类正弦信号,实际上是包含了很多频率成分的周期信号。利用 FFT 方法对此时域信号进行处理,得到频率域上的信号。如果是第 k 阶谐量引起的扭转共振,则第 k 阶扭振角幅值最大。

根据扭振的临界转速结论,临界转速 n_k(r/min)与系统固有频率 ω_e[或者 f_e(Hz)]的关系为

$$n_k = \frac{\omega_e}{k} = \frac{60f_e}{k} \tag{4-69}$$

如果在测量中保持发动机的转速匀速变化,用此方法测量就可以得到以频率和发动机转速为 x、y 坐标,以扭振角度为 z 坐标的瀑布图(图 4-32)。

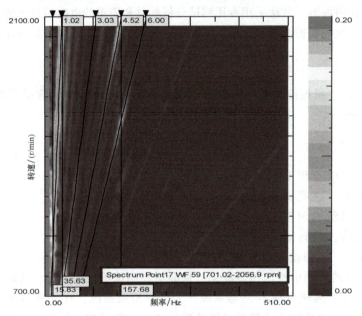

图 4-32 六缸柴油机扭振测试瀑布图

三、实际测试举例

下面是对某六缸柴油机进行的扭振测量及其分析结果。图 4-32 是扭振角度随转速和频率变化的分布图,也称瀑布图。图中横坐标是频率,纵坐标是发动机转速,图中的颜色变化表示扭振角度的大小。可以很明显地看出图中一条条发亮的直线,这就是经过分析得到的表示固有频率与发动机共振转速关系的射线图,每条斜线的斜率代表一个阶数。亮度高的地方表示扭振角度比较大,其对应的横坐标就是系统的固有频率(Hz),纵坐标就是引起共振的临界转速。瀑布图是一个三维数据图谱,将图谱沿斜线切开并投影,可得到如图 4-33 和图 4-34 所示的扭振角度在工作转速范围内的分布情况。可以看出,第 3 阶谐量在怠速附近时引起的扭振角度达到了 0.13°,第 6 阶谐量在转速 1565r/min 时引起的扭振角度为 0.05°。显然第 3 阶谐量引起的角振幅比较大。

由图 4-32 还可以看出,第 1 阶谐量在转速 1000r/min 时引起共振,对应的系统频率为 15.83Hz,第 3 阶谐量在怠速引起的系统共振频率为 35.63Hz,第 4、第 5 阶和第 6 阶谐量在 2100r/min 和 1565r/min 引起的系统共振频率为 157.68Hz,所以该发动机曲轴系统有三个容

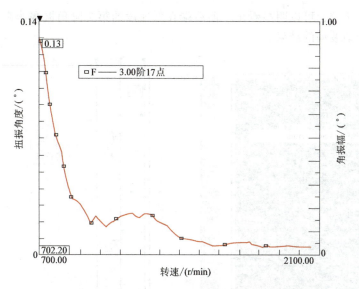

图 4-33　扭振角度的第 3 阶谐量在工作转速范围内的分布

易引起共振的固有频率，其中在最低的固有频率点发生的扭振比较危险。

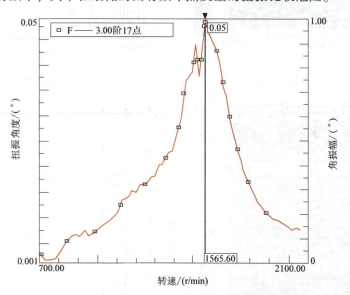

图 4-34　扭振角度的第 6 阶谐量在工作转速范围内的分布

图 4-35 和图 4-36 所示为某四缸汽油机的扭振测试结果。可以看出，第 2 阶振动谐量的幅值很突出，在 1000r/min 附近达到了 1.68°，按照前面所讲的扭振角幅值限值，已经达到了使曲轴扭转破坏的范围，但实际上并没有发生这样恶劣的结果。这是因为：

1) 由于各缸工作的不均匀性，四冲程四缸发动机在低速时的转速波动比较大，瞬时角速度与平均角速度的差值也就比较大，所以计算出来的角度波动大。而扭振角度就是根据式 (4-68) 即瞬时角速度和平均角速度的差值计算的，所以上述测试方法所采用的信号处理办法不能消除由于转速波动造成的角度误差。对于缸数较少的发动机，低速范围内的转速波动都会明显影响扭振测量值，这是一种扭振假象，其中包括了曲轴的整体转动角度（也称为曲轴滚动）。图 4-37 所示为同一发动机在曲轴后端测得的扭振信号，与图 4-36 所示的曲轴前端测试信号相比较，可以明显看出，前后端在低速段的第 2 阶角振幅非常接近，可以证明这是曲轴整体转动波动的结果。

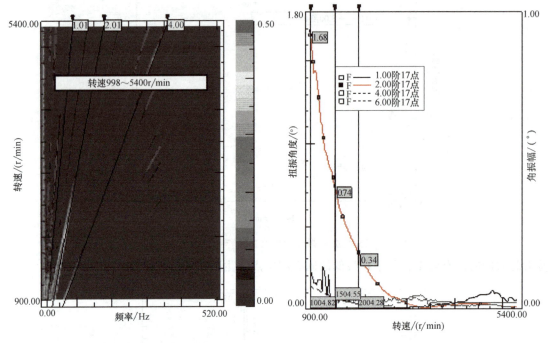

图 4-35　四缸汽油机扭振测试瀑布图　　图 4-36　四缸汽油机扭振信号阶次曲线图

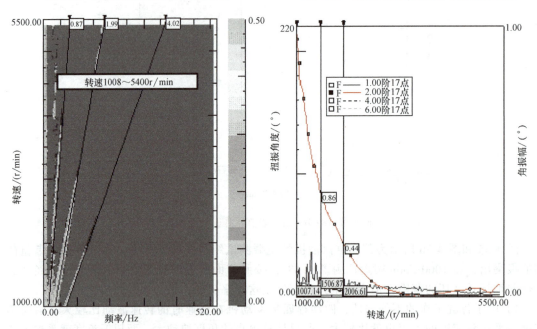

图 4-37　四缸汽油机曲轴后端扭振测试结果

2）四缸四冲程发动机的二阶往复惯性力不平衡，其变化频率与上面二阶次振动分量的变化频率相同，也与点火频率相同，致使低速时的发动机转速波动更大。

多个四冲程四缸汽油机的扭振测试，都有与图 4-35 和图 4-36 相同的结果趋势。因此，不能说四缸汽油机在低速时一定有扭转共振现象发生。上述现象的发生，仅仅是低速区转速不均匀的结果。从图 4-36 和图 4-37 也可以明显地看出，随着转速的增加，第 2 阶角振幅值也迅速下降到了允许的范围内。

另外需要说明的是，所说的扭振角度是指测量点的扭转角，这个扭转角是该截面偏离平衡位置的角位移。在哪个位置测试，就是哪个位置的振动角位移，不能用曲轴前后端角位移的差来表示振动角位移。

思考及复习题

4-1　什么是扭振？扭振的现象和原因是什么？

4-2　列出单自由度扭振系统的自由振动方程，求出微分方程的解和初相位。

4-3　列出三质量扭振系统的自由振动方程。

4-4　什么是力矩简谐分析的摩托阶数？为什么四冲程发动机的转矩简谐表达式中，简谐阶数不都是自然数，而是有半数的阶数？

4-5　对于多拐曲轴，可以画出几个相位图？什么情况是主谐量？什么情况是次主谐量？

4-6　什么是临界转速？如何求对应第 k 阶谐量引起的临界转速？计算和分析扭振的条件是什么？

4-7　计算曲轴系统扭振的假设条件是什么？

4-8　如果知道第一个集中质量的绝对振幅，如何求出其他集中质量的振幅？为什么？

4-9　低速时影响扭振测量精度的主要原因是什么？

4-10　通常解决曲轴系统扭振的措施有哪些？

4-11　减振器有哪几种类型？

第五章

配气机构设计

> **本章学习目标及要点**
>
> 本章主要学习凸轮配气机构的结构设计要点，凸轮随动件的运动规律，凸轮型线工作段与缓冲段的设计方法，配气机构动力学以及主要零部件参数的设计与计算。配气机构设计在内燃机自主开发设计中占有重要地位，也是本书的重点。

配气机构应保证气缸内换气良好，充气效率高，换气损失小，使发动机有良好的动力性和经济性，同时要求其本身工作平稳可靠，噪声低。

第一节 配气机构的形式及评价

一、配气机构的形式

发动机气门的机构形式随着发动机技术的发展，已经有了多样的变化。总体说来，常用的有以下几种结构形式。

1. 侧置气门

侧置气门（图5-1a）结构简单，但充气效率低，火焰传播距离长，在汽车中已经被淘汰。

2. 顶置气门（OHV）

（1）侧置凸轮轴式 这是一种比较典型的配气机构形式，如图5-1b、c所示。凸轮轴布置在气缸侧面，位置较高的叫作中置凸轮轴，位置较低的叫作下置凸轮轴。

（2）顶置凸轮轴式 该结构主要有摆臂驱动（图5-1d、图5-2b）、摇臂驱动（图5-1e、图5-2a）、直接驱动（图5-1f）三种形式。

3. 无凸轮电磁气门

这种气门机构不用凸轮轴，在气门杆上装有两个电磁线圈和两个弹簧，如图5-3所示。当发动机不工作时，所有气门在两个弹簧的作用下处于半开半闭状态；当发动机起动时，根据曲轴的位置判断气门的开关状态，给不同的线圈充电。在气门开启状态下，下部线圈通电产生电磁感应力，压缩下部弹簧，而上部线圈不通电；在气门关闭状态下，上部线圈通电，压缩上部弹簧,而下部线圈不通电。图 5-4 所示为电磁气门驱动下电流的变化。

这种气门机构理论上是最先进的,可以实现发动机部分停缸、发动机内部 EGR(废气再循环)等。但是它现在还没有真正产品化,还存在成本高、反应速度慢、气门落座时冲击较大、发动机的可靠性和气门的寿命低等问题。

4. 无凸轮电液驱动气门

图 5-5 为福特(Ford)汽车公司生产的电液驱动气门机构原理图。该系统有高压油源和低压油源,在气门杆顶端设计了液压活塞,活塞可带动气门在液压腔中上下往复运动。活塞上端面的控制室与高压油源和低压油源相连,下端面的液压腔始终与高压油源相通,压力保持恒定。虽然活塞上、下端面液压腔的高压源相同,但是由于液压的作用面积不同,即使都是高压流体作用时,上、

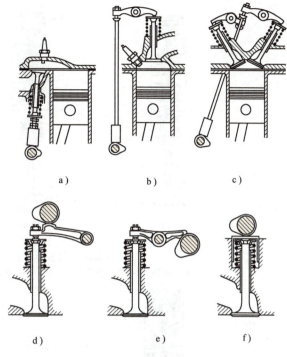

图 5-1 几种典型的配气机构形式

下端面仍会产生压力差,从而驱动气门向下加速运动。通过控制高、低压电磁阀的开启与关闭,改变控制室的压力,就可以实现气门运动的改变。与电磁式气门机构相比,电液式控制的自由度更大,能控制气门运行的速度,但是其动态响应速度比电磁式差。目前,路斯特(Lotus)、博士(Bosch)、伟世通(Visteon)等公司也在开展这方面的研究。

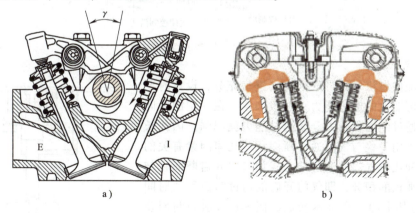

图 5-2 球形燃烧室适用的单、双凸轮轴机构
a) 单顶置凸轮轴(SOHC) b) 双顶置凸轮轴(DOHC)

二、气门的通过能力评价

进入气缸内空气的多少,决定了发动机发出功率的大小。气门是影响充气效果的关键部件,一般用以下参数评价不同气门的开启规律及不同气缸直径情况下的充气能力。

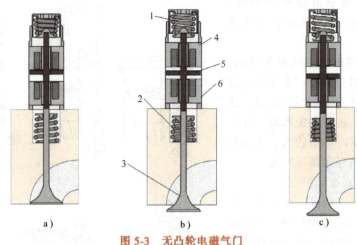

图 5-3 无凸轮电磁气门
a) 关闭状态 b) 中间状态 c) 打开状态
1—驱动弹簧 2—气门弹簧 3—气门 4—关闭磁铁 5—电枢 6—开启磁铁

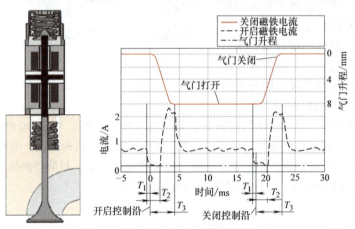

图 5-4 电磁气门驱动下电流的变化

1. 时间断面

为了保证内燃机气缸排气彻底、进气充分,设计时要求气门有尽可能大的通过能力。一般来说,在一定的时间里,气门的通过断面积越大,其通过能力就越强。因此长期以来,一直用一些与气门通过断面积等几何因素有关的参数来评价和比较气门的通过能力。如气门开启断面积与对应时间的乘积的积分,即气门开启的通过断面积"时间断面",就是其中的一个基本参数。图 5-6 所示为断面及平均时间断面。

如图 5-7 所示,任一气门开启时的气门开启断面积 A 可以认为就是气门处气体通道的最小断面积。在常用的气门升程 h 不太大的情况下,通常认为这个 A 就是以气门头部最小直径(一般等于气门喉口直径 d_h)为小底、直径 d_t' 为大底、h' 为斜高的截锥体的侧表面积。将 A 对时间进

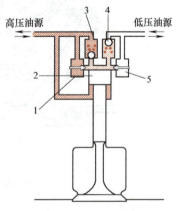

图 5-5 电液驱动气门机构原理图
1—高压螺线阀 2—双面作用柱塞
3—高压检测阀 4—低压检测阀
5—低压螺线阀

行积分，就是气门开启的通过断面积，用 A_f 表示，即

$$A_f = \int_{t_1}^{t_2} A \mathrm{d}t \tag{5-1}$$

上式表示气门口通过断面积在进排气行程始点和终点对时间的积分，也就是说，从结构设计的角度考虑和评价气门通过能力时，均不考虑气门开启的提前角和滞后角。

设 H 为不包括缓冲段高度的气门最大升程，则

$$A = \frac{\pi}{2} h'(d_h + d_t'), \quad h' = h\cos\gamma$$

$$d_t' = d_h + 2h'\sin\gamma = d_h + 2h\cos\gamma\sin\gamma$$

所以

$$A = \pi h\cos\gamma \left(d_h + \frac{h}{2}\sin2\gamma \right) \tag{5-2}$$

$$A_{\max} = \pi H\cos\gamma \left(d_h + \frac{H}{2}\sin2\gamma \right) \tag{5-3}$$

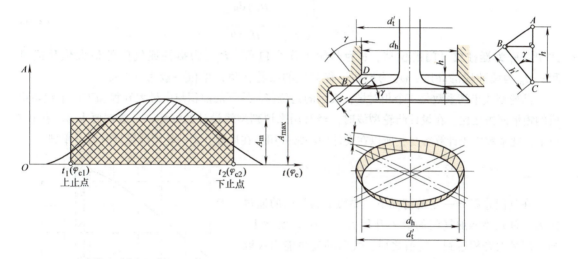

图 5-6　断面及平均时间断面　　　　图 5-7　气门口的基本尺寸及断面积

A_f 是对时间进行积分，在实际设计中，往往用凸轮转角或曲轴转角代替时间进行积分运算，所得结果也称为时间断面，主要用来进行相对比较。

2. 平均通过断面

以活塞上、下止点时刻为开启断面积积分的上、下限，再除以 (t_2-t_1)，就可以得到这段时间上的平均通过断面积 A_m

$$A_m = \frac{1}{t_2 - t_1} \int_{t_1}^{t_2} A \mathrm{d}t \tag{5-4}$$

这个参数对于讨论气门的通过能力比较方便。

3. 时间断面丰满系数

时间断面丰满系数主要用来比较同样大小的气门在升程规律不同时的气门通过能力。

$$\psi_f = A_m / A_{\max} \tag{5-5}$$

4. 比时间断面

比时间断面积主要用来对不同大小的发动机进行充气能力的比较。

$$\psi_F = A_m/A_F \tag{5-6}$$

式中，A_F 为活塞顶面积。

5. 凸轮型线丰满系数

凸轮型线丰满系数与时间断面丰满系数类似。

前面的几个评价参数都以活塞上、下止点时刻为评价气门通过能力参数的边界，实际上气门总是有相对于活塞上、下止点的提前角和滞后角，而且这个角度的影响是非常大的。比如进气滞后角，通常都有 40°曲轴转角以上，对于利用惯性充气提高气缸的充气效率有至关重要的作用。所以，在设计气门升程或挺柱位移规律时，往往用凸轮型线丰满系数（图 5-8）来评价充气能力的好坏，凸轮型线丰满系数定义为

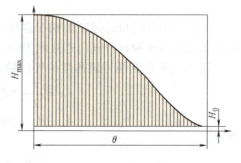

图 5-8　凸轮型线丰满系数

$$\psi_{Fm} = \frac{\int_0^\theta (h_t - H_0) \mathrm{d}\varphi_c}{(H_{max} - H_0)\theta} \tag{5-7}$$

式中，h_t 为挺柱或气门的位移；θ 为凸轮工作半包角；H_{max} 为挺柱或气门的最大位移或升程；H_0 为缓冲段的高度；φ_c 为挺柱位移对应的凸轮转角，单位一般为（°）。

凸轮型线丰满系数是一个相对量，表示的是位移曲线下的面积与由最大升程和工作半包角组成的矩形面积之比。在设计凸轮型线时，经常用来评判型线设计的好坏。一般都要求 ψ_{Fm} 在 0.5 以上。此系数由于计算容易，所以在设计中经常采用，在后面介绍凸轮型线设计时就会用到。

三、气门直径与气门最大升程的关系

在气门直径 d 一定的情况下，要想提高气门的通过能力，首先要增加气门的最大升程 H_{max}。但是实际上，当气门最大升程达到一定值之后，气门的通过能力仅取决于气门喉口的面积。试验表明，当气门最大升程比 $H/d = 0.25$ 时，气门口与气门座处的流通面积相等；当 $H/d > 0.25$ 后，流量将增加得很少，如图 5-9 所示。考

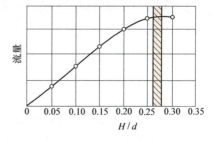

图 5-9　气门流量与气门最大升程比的关系

虑到气门杆所占面积，进气门 H/d_{v_i} 可以适当增大至 0.3，再考虑到活塞上止点时可能与气门发生干涉的问题，一般进气门的 $H/d_{v_i} = 0.26 \sim 0.28$。排气门的最大升程理论上也与进气门同样选取。但是，因为排气门不存在早开与活塞相撞的问题，为保证有足够的流通面积和减少活塞的推出功，可以适当取比进气门大一些的 H/d_{v_e} 值，排气门的 $H/d_{v_e} = 0.3 \sim 0.35$。

第二节　配气机构运动学和凸轮型线设计

一、平底挺柱的运动规律

采用靠模方法进行凸轮加工时，一般都需要平底挺柱的凸轮规律，不是平底顶柱的也要换算成平底挺柱的运动规律，因此先重点研究平底挺柱的运动规律。平底挺柱运动关系简图

如图 5-10 所示。

因为速度三角形与 $\triangle AOB$ 相似

所以
$$\frac{\dot{h}_t}{AB}=\frac{r\omega_c}{AO}, \quad \dot{h}_t=e\omega_c$$

又因为
$$\dot{h}_t=\frac{dh_t}{dt}=\frac{dh_t}{d\varphi_c}\frac{d\varphi_c}{dt}=h'_t\omega_c \tag{5-8}$$

所以
$$e\omega_c=h'_t\omega_c, \quad e=h'_t \tag{5-9}$$

从以上的推导可以看出，当采用平底挺柱时，挺柱凸轮的接触点与挺柱轴线的偏心距值就等于平底挺柱的几何速度值（mm/rad）。因此，设计时为保证接触点不落在挺柱底面之外，平底挺柱的底面半径应大于最大偏心距，也就是在数值上要大于挺柱的最大几何速度 $\left(\dfrac{dh_t}{d\varphi_c}\right)_{max}$（mm/rad）。

另外，由
$$\frac{v_t}{OB}=\frac{r\omega_c}{OA} \rightarrow \frac{v_t}{h_t+r_0}=\frac{r\omega_c}{r}$$

得
$$v_t=(r_0+h_t)\omega_c \tag{5-10}$$

式中，v_t 为挺柱相对凸轮表面的滑动速度，或者接触线沿凸轮表面的移动速度 v_{ic} 与沿挺柱表面的移动速度 v_{it} 之差。

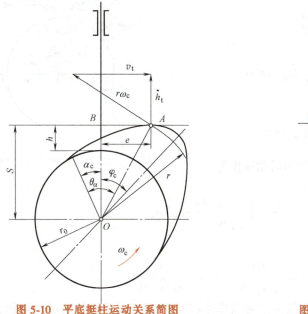

图 5-10 平底挺柱运动关系简图　　图 5-11 接触点变化示意图

二、凸轮外形与平底挺柱运动规律间的关系

设接触点 A 沿挺柱表面的移动速度为 v_{it}，接触点 A 沿凸轮轴表面的移动速度为 v_{ic}。则
$$v_{it}=\frac{de}{dt}=\frac{dh'_t}{dt}=\frac{dh'_t}{d\varphi_c}\frac{d\varphi_c}{dt}=h''_t\omega_c \tag{5-11}$$

如图 5-11 所示，假设 ρ 为接触点 A 的曲率半径，$\Delta\varphi_c=\Delta\tau\approx d\varphi_c$，则点 A 沿凸轮表面移

动的速度为

$$v_{ic} = \frac{d\widehat{A_1A_2}}{dt} = \frac{dl_c}{d\varphi_c}\frac{d\varphi_c}{dt} = \frac{dl_c}{d\varphi_c}\omega_c = \rho\omega_c \tag{5-12}$$

则挺柱相对凸轮表面的滑动速度为

$$v_t = v_{ic} - v_{it} = \rho\omega_c - h_t''\omega_c = (r_0 + h_t)\omega_c \tag{5-13}$$

所以凸轮各点的曲率半径 ρ 为

$$\rho = r_0 + h_t + h_t'' \tag{5-14}$$

设计中要保证曲率半径不能为负值，且 ρ_{min} 应大于 3mm，以保证有较小的接触应力。注意：h_t'' 的单位为 mm/rad²。

三、滚子挺柱的运动规律

许多发动机的凸轮从动件不是平底的，要么是圆弧挺柱，要么是滚子挺柱。图 5-12 是平底挺柱运动规律与滚子挺柱运动规律之间的几何转换关系图，$\dot{h}_R$ 为滚子挺柱的移动速度，$r\omega_c$ 为凸轮上接触点 A 的瞬时速度，v_R 为挺柱上 A 点的切向速度。三者的关系是

$$\dot{h}_R = r\omega_c + v_R$$

因为速度三角形与 △OAF 相似

所以 $\quad\dfrac{\dot{h}_R}{OF} = \dfrac{r\omega_c}{OA} = \dfrac{r\omega_c}{r} = \omega_c, \quad \dot{h}_R = OF\omega_c$

又因为 $\quad\dot{h}_R = h_R'\omega_c$

所以 $\quad h_R'\omega_c = OF\omega_c, \quad h_R' = OF$

另外，由 $\dfrac{v_R}{AF} = \dfrac{r\omega_c}{OA}$ 得凸轮与滚子之间的滑动速度为

$$v_R = AF\omega_c = \left(\frac{r_0 + r_m + h_R}{\cos\varepsilon} - r_m\right)\omega_c$$

凸轮压力角为

$$\varepsilon = \arctan\frac{OF}{r_0 + r_m + h_R} = \arctan\frac{h_R'}{r_0 + r_m + h_R}$$

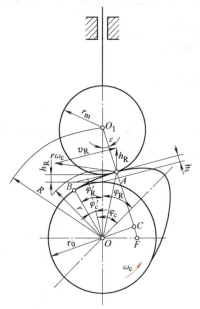

图 5-12 平底挺柱与滚子挺柱

滚子挺柱（包括球面挺柱）凸轮外形的曲率半径可以根据滚子挺柱的运动规律，由以下公式来计算。有

$$\rho = \frac{R\left[\sqrt{1 + (h_R'/R)^2}\,\right]^3}{1 + 2(h_R'/R)^2 - h_R''/R} - r_m \tag{5-15}$$

使用滚子挺柱时，凸轮有可能是凹面的，这时曲率半径就会为负值。现在凸轮的加工多采用数控机床，磨削凸轮时一般采用半径比滚子半径大许多的砂轮进行加工，以保证有足够的磨削线速度。所以要注意，凹面部分的曲率半径一定要大于砂轮半径，否则砂轮将无法加

工出满足设计要求和工作要求的凹面凸轮。

根据图 5-12 所示的几何关系，如果知道滚子挺柱的运动规律，则平底挺柱的运动规律为

$$h_t = (r_0 + r_m)(\cos\varepsilon - 1) + h_R\cos\varepsilon$$

$$\tan\varepsilon = \frac{h'_R}{r_0 + r_m + h_R}, \quad \varphi_c = \varphi_R + \varepsilon \tag{5-16}$$

式中，h_R 为滚子挺柱的升程；h'_R 为滚子挺柱的几何速度；φ_R 为滚子挺柱的凸轮转角；h_t 为平底挺柱的升程；h'_t 为平底挺柱的几何速度；φ_c 为平底挺柱的凸轮转角。

实际中挺柱位移表都将凸轮型线始点（图 5-12 中 B 点）记为 $0°$，因此在实际换算时以 B 点处开始计算更为方便。如图中以 φ'_R 表示滚子挺柱凸轮转角，以 φ'_c 表示平底挺柱凸轮转角，则式（5-16）中的角度转换关系变为 $\varphi'_R = \varphi'_c + \varepsilon$。按照这个方法进行计算，就可以不考虑凸轮桃尖的具体位置了。

如果已知平底挺柱的运动规律，则滚子挺柱的位移规律为

$$h_R = \frac{1}{\cos\varepsilon}(r_0 + r_m + h_t) - (r_0 + r_m) \tag{5-17}$$

$$\tan\varepsilon = \frac{h'_t}{r_0 + r_m + h_t}, \quad \varphi_R = \varphi_c - \varepsilon$$

同样，如果以图中的 B 点为计算始点，则 $\varphi'_c = \varphi'_R - \varepsilon$。

要注意的是，换算后的挺柱位移不是等间隔凸轮转角下的挺柱位移，因为同一接触点上对应的滚子挺柱凸轮转角与平底挺柱凸轮转角的关系为 $\varphi_R = \varphi_c - \varepsilon$。因此，需要利用插值方法将换算后的挺柱位移整理为等间隔凸轮转角下的挺柱位移。

四、凸轮位置不同时挺柱与气门运动规律的关系

采用下置凸轮轴时，气门的运动规律可以直接由挺柱的运动规律求得，其关系为

$$h_v = ih_t$$

式中，i 为摇臂比，它是气门端的摇臂长度 l_2 与凸轮端的摇臂长度 l_1 之比，即 l_2/l_1。

一般来讲，在这种情况下，如果挺柱的位移是对称的，则气门的位移也是对称的，只不过是按比例放大或缩小而已；气门的速度和加速度也与挺柱的速度和加速度相似。

现代发动机多采用顶置凸轮轴，其形式如图 5-1d、e、f 和图 5-2 所示。如果用凸轮直接驱动气门（图 5-1f），则气门的运动规律就是平底挺柱的位移规律。但是在采用其他形式的情况下，由于摇臂的摆动角度较大，凸轮的转动方向不同，气门的运动规律会与挺柱的运动规律有比较大的区别，这就需要了解实际的气门运动规律与凸轮运动规律的区别，以便确定气门的运动是否能够满足发动机的配气需要。另一方面，如果先设计了理想的气门运动规律，也需要通过换算得到对应的凸轮滚子挺柱的运动规律和凸轮外形轮廓，为加工凸轮提供数据。

※下面分析如图 5-13 所示的顶置凸轮摆臂机构的凸轮-气门运动规律。

由图 5-13 可以看出，凸轮与摇臂上的滚轮接触，驱动摇臂绕挺柱顶点转动，在摇臂的驱动下，气门完成开启和关闭动作。将机构简化

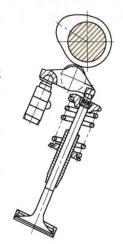

图 5-13 顶置凸轮摆臂机构

为如图 5-14 所示的机构运动简图，图中 O 点是凸轮的转动中心；滚轮与凸轮基圆接触时的中心位置是 O_1，即摇臂初始位置时的滚轮中心位置；O_2 是凸轮驱动气门运动中的某一时刻的滚轮中心位置。与气门尾端接触的摇臂端面都是圆弧面，用点 A 表示这个圆弧面的初始圆心位置，其坐标 (x_A, y_A) 已知；点 B 是摇臂转过 $(\theta - \theta_0)$ 时的圆心位置。x 轴与气门杆轴线垂直；φ_R 表示从初始位置 OO_1 算起的凸轮转角；γ 为相对于 OO_2 线的凸轮转角，注意 φ_R 与 γ 是不相等的。下面分两种情况进行分析。

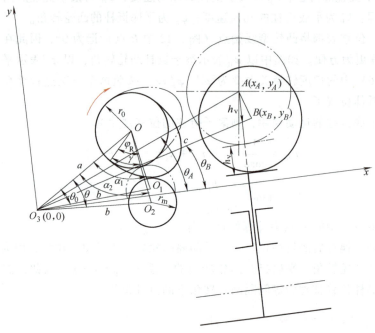

图 5-14 顶置凸轮轴摆臂配气机构运动简图

1. 已知滚子挺柱升程 (h_R, φ_R) 求气门位移规律 (h_v, γ)

在此种情况下，滚子挺柱升程 (h_R, φ_R) 是已知的，基圆半径、滚子半径已知。线段 $a = O_3 O$、$b = O_3 O_1 = O_3 O_2$ 和 $c = O_3 A = O_3 B$ 已知，坐标原点 O_3 定在液压挺柱与摇臂接触球面的球心。根据图 5-14，首先求出 $O_3 A$ 与水平轴的夹角 θ_A

$$\theta_A = \arctan \frac{y_A}{x_A}$$

$$\theta = \arccos \frac{a^2 + b^2 - OO_2^2}{2ab} = \arccos \frac{a^2 + b^2 - (r_0 + r_m + h_R)^2}{2ab}$$

$$\theta_0 = \arccos \frac{a^2 + b^2 - OO_1^2}{2ab} = \arccos \frac{a^2 + b^2 - (r_0 + r_m)^2}{2ab}$$

$$\theta_B = \theta_A - (\theta - \theta_0)$$
$$y_B = c \sin \theta_B$$
$$h_v = y_A - y_B \tag{5-18}$$

$$\alpha_1 = \arccos \frac{a^2 + OO_1^2 - b^2}{2a OO_1} = \arccos \frac{a^2 + (r_0 + r_m)^2 - b^2}{2a(r_0 + r_m)}$$

$$\alpha_2 = \arccos \frac{a^2 + OO_2^2 - b^2}{2a OO_2} = \arccos \frac{a^2 + (r_0 + r_m + h_R)^2 - b^2}{2a(r_0 + r_m + h_R)}$$

$$\gamma = \varphi_R - (\alpha_1 - \alpha_2) \tag{5-19}$$

很显然，γ 与等间隔变化的 φ_R 相差 $(\alpha_1-\alpha_2)$，不是等间隔变化的。因此在计算完气门升程之后，要利用插值方法将不等间隔角 γ 对应的 h_v 换算为等间隔角对应的 h_v。

2. 已知气门升程规律 (h_v, γ) 求滚子挺柱的位移规律 (h_R, φ_R)

$$y_B = y_A - h_v$$
$$\theta_B = \arcsin \frac{y_B}{c}$$
$$\theta_0 = \arccos \frac{a^2+b^2-(r_0+r_m)^2}{2ab}$$
$$\theta = \theta_A - \theta_B + \theta_0$$
$$h_R = \sqrt{a^2+b^2-2ab\cos\theta} - (r_0+r_m) \tag{5-20}$$
$$\alpha_1 = \arccos \frac{a^2+(r_0+r_m)^2-b^2}{2a(r_0+r_m)}$$
$$\alpha_2 = \arccos \frac{a^2+(r_0+r_m+h_R)^2-b^2}{2a(r_0+r_m+h_R)}$$
$$\varphi_R = \gamma + (\alpha_2 - \alpha_1) \tag{5-21}$$

同理，此时的 φ_R 也是不等间隔的，需要利用插值方法将 h_R 换算成等间隔 φ_R 角对应的滚子挺柱升程。注意：这时的凸轮有可能是凹面的，如图5-15所示。

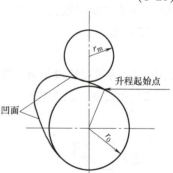

图5-15　凹面凸轮示意图

五、凸轮工作段和缓冲段的设计

1. 缓冲段设计

（1）设置缓冲段　设置缓冲段的必要性有以下几点：

1）由于气门间隙 L_0（mm）的存在，使得气门实际开启时刻迟于挺柱动作时刻。

2）由于弹簧预紧力 F_0（N）的存在，使得机构在一开始产生压缩弹性变形，等到弹性变形力克服了气门弹簧预紧力之后，气门才能开始运动。

3）由于缸内气压力的存在，尤其是对于排气门，气缸压力的作用与气门弹簧预紧力的作用相同，都是阻止气门开启，从而使气门迟开。

上述原因的综合作用使得气门的实际开启时刻迟于理论开启时刻，如果没有缓冲段，气门的初速度短时间内会由零变得很大，有很强的冲击作用。同样，气门落座时的末速度很大，会对气门座产生强烈冲击，使气门机构的噪声和磨损加剧。为了补偿气门间隙，以及预紧力和气缸压力造成的弹性变形，要在实际工作段前后增设缓冲段，以保证气门开启和落座时有很小的速度。

（2）缓冲段参数及基本类型　缓冲段曲线的种类很多，基本思想都是在消除了气门间隙之后，控制气门在开启时有较低的速度和很小的加速度。这里仅介绍最常用的缓冲段曲线。

首先介绍缓冲段基本参数的选择和确定。

1）缓冲段高度 H_0。

进气门开　　　　　　　　　　$H_0 > \dfrac{(L_0+F_0/C_0)}{i}$

进气门关　　　　　　　　　　$H_0 > \dfrac{(L_0+F_0/C_0+\Delta H_r)}{i}$

排气门开 $$H_0 > \frac{(L_0 + F_0/C_0 + F_g/C_0)}{i}$$

排气门关 $$H_0 > \frac{(L_0 + F_0/C_0 + \Delta H_r)}{i}$$

式中，C_0 为机构刚度（N/mm）；F_0/C_0 为预紧力引起的弹性变形；F_g/C_0 为气压力引起的弹性变形；i 为摇臂比；ΔH_r 为少数发动机考虑气门与气门导管的间隙引起气门倾倒而使气门提前落座的量。

一般缓冲段高度的范围为 $H_0 = 0.15 \sim 0.3$ mm。

2）缓冲段速度 v_0。$v_0 = 0.006 \sim 0.025$ mm/(°)。

3）缓冲段包角 ϕ_0。$\phi_0 = 15° \sim 40°$。

典型缓冲段型线的形式有好几种，常用的有两种。

1）等加速-等速型（图 5-16）。

等加速段
$$h_t = c\varphi_c^2 \quad (5-22)$$
$$0 \leq \varphi_c \leq \phi_{01}$$

式中，c 为二次项系数，由边界条件确定；ϕ_{01} 为等加速段包角。

等速段
$$h_t = v_0(\varphi_c - \phi_{01}) + h_{01} \quad (5-23)$$
$$\phi_{01} \leq \varphi_c \leq \phi_0$$

式中，h_{01} 为等加速段结束、等速段开始处的挺柱位移。

2）余弦型（图 5-17）。

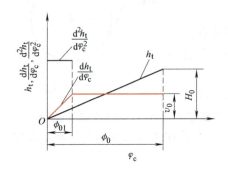

图 5-16 等加速-等速型缓冲段

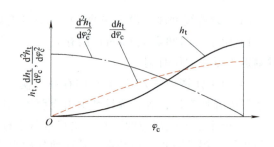

图 5-17 余弦型缓冲段

$$h_{t0} = H_{t0}\left(1 - \cos\frac{\pi}{2\phi_0}\varphi_c\right)$$
$$0 \leq \varphi_c \leq \phi_0 \quad (5-24)$$

上述两种缓冲段相比较，等加速-等速型缓冲段应用较多，几乎所有高速发动机的凸轮都采用这种缓冲段。其主要原因是，由于加工误差、安装误差和气门间隙的变化，实际的气门开启时刻或挺柱开始移动时刻都不能准确地控制在缓冲段结束、工作段开始的那个点上。采用这种缓冲段，只要合理地控制气门间隙，保证气门在缓冲段的等速段上开启和落座，就能保证气门的开启或落座加速度为零，速度为一个不大的常数，而余弦型则做不到这一点。

2. 凸轮工作段设计

（1）圆弧凸轮 它一般由四段圆弧或六段圆弧组成。图 5-18 所示为一个由基圆、腹弧、顶弧组成的四圆弧凸轮。设计时一般先给定基圆半径 r_0'，缓冲段高度 H_0，工作段半包角 θ，以及可以调整的顶弧半径 r_2，再根据参数间的几何关系计算出腹弧半径 r_1，即

$$r_1 = \frac{r_0'^2 + D_{02}^2 - 2r_0' D_{02}\cos\theta - r_2^2}{2(r_0' - r_2 - D_{02}\cos\theta)} \tag{5-25}$$

确定了圆弧凸轮参数后，就可以根据图 5-19 所示的符号规则，按照式（5-26）计算任何圆弧凸轮的平面挺柱运动规律。

$$\begin{cases} h_{ti} = D_{0i}\cos\varphi_{ci} + r_i - r_0' \\ h_{ti}' = D_{0i}\sin\varphi_{ci} \\ h_{ti}'' = -D_{0i}\cos\varphi_{ci} \end{cases} \tag{5-26}$$

圆弧凸轮也需要设置缓冲段。通常是将基圆半径去掉一个缓冲段的高度 H_{t0}，得到实际基圆半径 r_0，然后使实际基圆与工作段平滑连接，这个过渡段就是凸轮缓冲段。

1) 圆弧凸轮的优点：正加速度曲线近似为矩形，凸轮型线丰满系数 φ_{Fm} 高。

2) 圆弧凸轮的缺点：加速度曲线不连续，冲击严重，不适用于高速发动机。

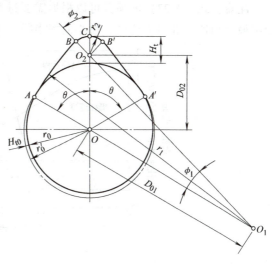

图 5-18 圆弧凸轮几何关系

由于圆弧凸轮的缺点，现在车用发动机都已经不采用圆弧凸轮了。但是船用发动机的转速都很低，由加速度不连续造成的配气机构冲击并不严重，所以在船用低速柴油机中，还有圆弧凸轮被采用，主要是利用它丰满系数高、充气量大的优点。

基于圆弧凸轮加速度曲线不连续的缺点，在高速发动机配气机构中，目前都采用高阶导数连续变化的函数凸轮型线。函数凸轮型线有许多种，如高次方多项式凸轮、低次方组合多项式凸轮、复合三角函数凸轮、多项谐波凸轮等。下面介绍应用最广的两种凸轮型线。

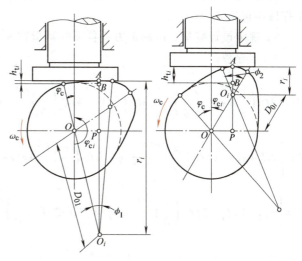

图 5-19 计算圆弧凸轮平面挺柱运动规律用图

（2）高次方多项式凸轮型线 所有的函数凸轮型线设计都是先设计型线的一半，即先设计上升段，然后再设计另一半，或者通过对称得到另一半（下降段）。高次方多项式凸轮一般从挺柱最大升程处即凸轮桃尖处开始设计。以六项式为例，型线方程为

$$y = C_0 + C_2\left(\frac{x}{\theta}\right)^2 + C_p\left(\frac{x}{\theta}\right)^p + C_q\left(\frac{x}{\theta}\right)^q + C_r\left(\frac{x}{\theta}\right)^r + C_s\left(\frac{x}{\theta}\right)^s \tag{5-27}$$

式中，C_0，C_2，C_p，…为方程各项的系数，是未知参数，需要通过已知的边界条件求解方程得到；第二项的指数规定为 2，是要保证上升段和下降段在最大升程处连续；θ 为凸轮的

工作段半包角,是已知的设计参数;p、q、r、s 为幂指数,按升幂排列,可以是任意实数,它们是设计变量,由设计者在设计时调节以得到理想的设计结果;x 为凸轮轴转角,$0 \leq x \leq \theta$;y 为对应凸轮转角 x 的挺柱升程,有时习惯上也称之为凸轮升程。高次方多项式凸轮型线如图 5-20 所示。

注意:式(5-27)的项数可以根据需要进行调整,最少不能少于三项,但也不宜太多,否则最大加速度和最大速度、最小曲率半径、丰满系数等参数之间的关系将难以协调。

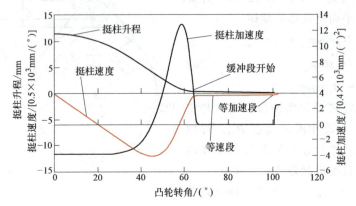

图 5-20 高次方多项式凸轮型线

设计方法:

1)确定设计参数。即确定挺柱的最大升程 H_{max},缓冲段高度 H_0,缓冲段终了速度 v_0,工作段半包角 θ。

2)确定设计变量。即确定方程各项的幂指数 p、q、r、s。幂指数应该为升幂排列。

3)求导数。

$$y' = \left[2C_2\left(\frac{x}{\theta}\right) + pC_p\left(\frac{x}{\theta}\right)^{p-1} + qC_q\left(\frac{x}{\theta}\right)^{q-1} + rC_r\left(\frac{x}{\theta}\right)^{r-1} + sC_s\left(\frac{x}{\theta}\right)^{s-1} \right] \Big/ \theta$$

$$y'' = \left[2C_2 + p(p-1)C_p\left(\frac{x}{\theta}\right)^{p-2} + q(q-1)C_q\left(\frac{x}{\theta}\right)^{q-2} + r(r-1)C_r\left(\frac{x}{\theta}\right)^{r-2} + s(s-1)C_s\left(\frac{x}{\theta}\right)^{s-2} \right] \Big/ \theta^2$$

$$y''' = \left[p(p-1)(p-2)C_p\left(\frac{x}{\theta}\right)^{p-3} + q(q-1)(q-2)C_q\left(\frac{x}{\theta}\right)^{q-3} + \cdots + s(s-1)(s-2)C_s\left(\frac{x}{\theta}\right)^{s-3} \right] \Big/ \theta^3$$

$$y^{(4)} = \left[p(p-1)(p-2)(p-3)C_p\left(\frac{x}{\theta}\right)^{p-4} + \cdots + s(s-1)(s-2)(s-3)C_s\left(\frac{x}{\theta}\right)^{s-4} \right] \Big/ \theta^4$$

4)根据边界条件建立方程组(图 5-20)。

当 $x = 0$ 时(最大升程处),有

$$y = H_{max}, \quad y' = 0$$

得到

$$C_0 = H_{max}$$

当 $x = \theta$ 时,有

$$y = H_0, \quad y' = -v_0, \quad y'' = 0, \quad y''' = 0, \quad y^{(4)} = 0$$

5) 列出方程组。

$$C_2 + C_p + C_q + C_r + C_s = -H_{max} + H_0$$
$$2C_2 + pC_p + qC_q + rC_r + sC_s = -v_0\theta$$
$$2C_2 + p(p-1)C_p + q(q-1)C_q + r(r-1)C_r + s(s-1)C_s = 0$$
$$p(p-1)(p-2)C_p + q(q-1)(q-2)C_q + \cdots + s(s-1)(s-2)C_s = 0$$
$$p(p-1)(p-2)(p-3)C_p + q(q-1)(q-2)(q-3)C_q + \cdots +$$
$$s(s-1)(s-2)(s-3)C_s = 0$$

6) 用线性代数方法求解得到方程系数。这时需要编制一个计算程序，程序中包括线性方程组的解法、挺柱规律的计算功能，程序的输入参数为 H_{max}、H_0、v_0、θ、p、q、r、s。调整输入参数，就可以得到需要的凸轮型线。一般以凸轮型线丰满系数［式 (5-7)］和最小曲率半径为判断目标。

一般来讲，第一个指数 $p \geq 8$。指数增大，最大正加速度 a_{max} 值增大，指数 r 和 s 的影响显著；正加速度段宽度 θ_+ 下降，凸轮型线丰满系数 ψ_{Fm} 增加，p 和 q 的影响显著。如果不好协调凸轮型线丰满系数与最小曲率半径之间的关系，可以通过增减项数的方法加以解决。图 5-21 所示为是幂指数对升程曲线和加速度曲线变化的影响。

也可以按照有关参考文献给出的计算公式计算各项系数，但是不容易增减项数，设计上不灵活。

7) 高次方多项式凸轮型线的特点是：

① 负加速度小，正向惯性力小、不易飞脱，凸轮桃尖处的接触应力小。

② 加速度曲线连续，冲击小，有利于向高速发展。

③ 方程形式简单。

④ 可用于非对称凸轮设计。

⑤ 负加速度曲线平缓，与气门弹簧的适应性不太好。

⑥ 正加速度值大。

设计下降段时，要注意与上升段保持位移连续、速度连续、加速度连续。下降段的缓冲段高度 H_0、缓冲段终了速度 v_0、工作段半包角 θ 都可以与上升段不同。因此，高次方多项式凸轮可以设计成非对称凸轮，这样有利于调整落座速度和落座冲击力。

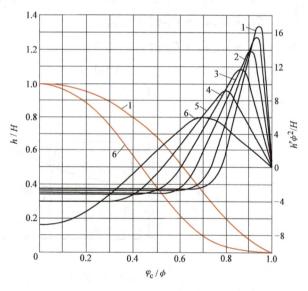

图 5-21 幂指数对升程曲线与加速度曲线变化的影响

图 5-21 中曲线的幂指数依曲线号增加而减小，曲线 1 的最高幂指数为 122，曲线 6 的最高幂指数为 32。图 5-22 所示为高次方多项式凸轮型线的设计实例。幂指数不一定要取偶数，也没有严格的选取规律，只要是实数就可以，有时也可取小数。

(3) 低次方组合多项式凸轮型线　低次方组合多项式凸轮型线一般由五段曲线组成上升段或下降段，如图 5-23 所示。设计时一般从缓冲段结束的位置开始，将缓冲段结束时的位移、速度和加速度作为工作段开始的初始边界条件。此型线的优点是设计自由度大。型线

由五段组成，各段方程表达式为

$$\begin{cases} h_1 = C_1 + C_2\varphi_1 + C_3\varphi_1^2 + C_4\varphi_1^3 + C_5\varphi_1^4 \\ h_2 = C_6 + C_7\varphi_2 + C_8\varphi_2^2 \\ h_3 = C_9 + C_{10}\varphi_3 + C_{11}\varphi_3^2 + C_{12}\varphi_3^3 + C_{13}\varphi_3^4 \\ h_4 = C_{14} + C_{15}\varphi_4 + C_{16}\varphi_4^2 + C_{17}\varphi_4^3 + C_{18}\varphi_4^4 \\ h_5 = C_{19} + C_{20}\varphi_5 + C_{21}\varphi_5^2 \end{cases} \quad (5\text{-}28)$$

式中，φ_i 为对应各段的角度变量，取值范围为 $0 \sim \phi_i$。

除起始点与缓冲段连续外，其他边界条件的作用是保证各段升程及三阶导数连续，最大升程 $H_{\max}$ 是给定值。最大升程点对应的挺柱速度为零，该处的加速度和第三阶导数不作限制。一共 21 个边界条件，列方程求解，C_3、C_{12}、C_{16} 均为零，最后得到

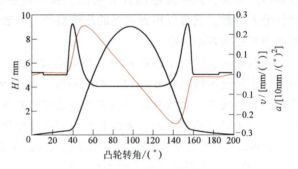

图 5-22 高次方多项式凸轮型线设计实例
（非对称高次方凸轮型线）

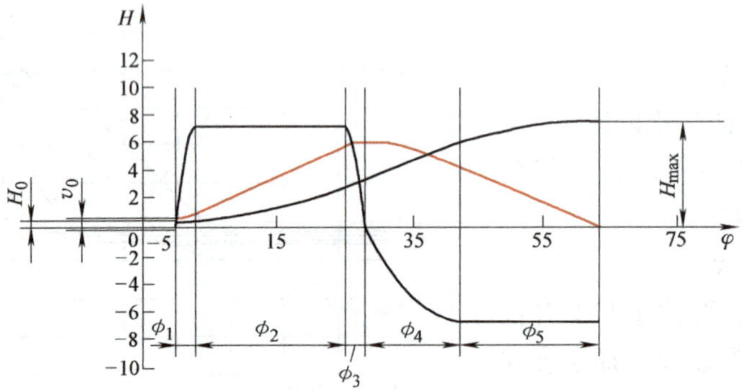

$$\begin{cases} h_1 = C_1 + C_2\varphi_1 + C_4\varphi_1^3 + C_5\varphi_1^4 \\ h_2 = C_6 + C_7\varphi_2 + C_8\varphi_2^2 \\ h_3 = C_9 + C_{10}\varphi_3 + C_{11}\varphi_3^2 + C_{13}\varphi_3^4 \\ h_4 = C_{14} + C_{15}\varphi_4 + C_{17}\varphi_4^3 + C_{18}\varphi_4^4 \\ h_5 = C_{19} + C_{20}\varphi_5 + C_{21}\varphi_5^2 \end{cases} \quad (5\text{-}29)$$

图 5-23 低次方组合多项式凸轮型线

低次方组合多项式凸轮型线的优缺点为：

① 时间断面大，各段宽度调节范围大，设计上比较灵活。

② 三阶以上导数不连续，对平稳性有影响。

③ 只能用于对称凸轮。

需要说明的是，前面无论哪一种凸轮型线，都是指从动件的运动规律，并没有指明从动件是平底挺柱还是滚子挺柱。特定的凸轮从动件能否完成所设计的运动规律，取决于凸轮外形（即凸轮的曲率半径）的变化。如果是平底挺柱从动件，其凸轮曲率半径需要满足式（5-14），且最小曲率半径要大于 3mm；如果是滚子（弧面）挺柱从动件，其凸轮曲率半径

需要满足式（5-15），且负曲率半径的最小绝对值要大于加工砂轮半径。

3. 凸轮型线的静态评价

无论设计哪一种凸轮型线，在设计完成之后，都需要对所设计的凸轮型线进行基本性能评价，以判断型线是否满足工程需要。除了下一节要讲到的利用配气机构动力模型计算机构的动力性能外，通常需要用以下参数对凸轮型线进行评价。

（1）凸轮型线丰满系数 ψ_{Fm}　凸轮型线丰满系数的定义在式（5-7）中已给出，它表示为

$$\psi_{Fm} = \frac{\int_0^\theta (h_t - H_0) d\alpha}{(H_{max} - H_0)\theta}$$

理论上来讲，缓冲段是不参加工作的，仅仅起到开启和落座时的缓冲作用。因此在计算凸轮型线丰满系数时，需要减去缓冲段的高度。式中分子的积分，通常利用挺柱升程表进行数值积分得到，不需要进行理论积分。但也会遇到仅有挺柱升程表而没有型线表达式的情况，这时只能进行数值积分。因此上式可以近似写成

$$\psi_{Fm} = \frac{\sum_{i=0}^{n-1} \frac{(h_{ti} - H_0) + (h_{t(i+1)} - H_0)}{2}(\alpha_{i+1} - \alpha_i)}{(H_{max} - H_0)\theta} \quad (5-30)$$

ψ_{Fm} 是一个相对量，仅表示由所设计凸轮型线包围的曲线下面积与矩形面积（$H_{max} - H_0$）θ 的比值（图5-8）。在边界条件相同的前提下，比值越大，表示型线越丰满，气体相对通过量越大。通过对大量型线的统计，ψ_{Fm} 都应该在0.5以上，在顶置凸轮轴直接驱动气门的情况下，ψ_{Fm} 可以达到0.6左右。

（2）凸轮型线时间断面积 S_f

$$S_f = \int_0^\theta (h_t - H_0) d\alpha$$

$$\approx \sum_{i=0}^{n-1} \frac{(h_{ti} - H_0) + (h_{t(i+1)} - H_0)}{2}(\alpha_{i+1} - \alpha_i) \quad (5-31)$$

S_f 表示曲线下的面积（图5-8中的阴影面积），它是一个绝对量，就是凸轮型线丰满系数表达式的分子部分。在进行不同设计方案的对比时，凸轮型线时间断面积 S_f 很有参考价值。因为只有通过面积增加了，才能真正提高气缸的充气能力。

（3）最小曲率半径 ρ_{min}　平底挺柱凸轮表面的最小曲率半径表示为

$$\rho = r_0 + h_t + h_t''$$

式中，r_0 为凸轮基圆半径；h_t'' 为挺柱的加速度（mm/rad^2）。

一般要求 $\rho_{min} \geq 3mm$，否则凸轮表面的接触面积太小，接触应力会很大，凸轮的磨损会比较严重。对于滚子挺柱，凸轮表面曲率半径可以是负值，也就是说可以是凹面凸轮。

（4）凸轮型线评价参数 K　在以往的凸轮设计中，有一个较重要的参数，即凸轮型线评价参数 K，其定义为

$$K = \frac{t_a}{t_n} = \frac{\theta_+}{\theta_n} = \frac{\theta_+ f}{6n_c} \quad (5-32)$$

式中，t_a 为当凸轮轴转速为 n_c 时，凸轮型线正加速度段宽度所占的时间（s）；$t_n = 1/f$，为配气机构基频 [f（Hz）] 的自振周期（s）；θ_+ 为凸轮型线上升段正加速度段宽度；θ_n 为配

气机构一个自振周期对应的凸轮转角。

一般认为，能够使配气机构运行平稳的 K 值应该满足

$$K=\frac{t_a}{t_n}=\frac{\theta_+}{\theta_n}=\frac{\theta_+ f}{6n_c}\geqslant 1.33 \tag{5-33}$$

自振频率 f 可以通过配气机构单质量模型的自由振动方程计算得到，也可以通过试验得到。

4. 机构自振频率的计算和实测

（1）计算自振频率　在不考虑机构阻尼和外力的情况下，配气机构单质量模型的自由振动方程为

$$\ddot{y}+\frac{C_0+C_s}{M}y=0 \tag{5-34}$$

式中，C_0 为机构刚度；C_s 为气门弹簧刚度。

其通解为 $y=A\cos(\omega_e t-\varepsilon)$，其中 $\omega_e=\sqrt{\dfrac{C_0+C_s}{M}}$ 为系统的自振圆频率（rad/s）。则系统的自振频率 f(Hz) 为

$$f=\frac{\omega_e}{2\pi}=\frac{1}{2\pi}\sqrt{\frac{C_0+C_s}{M}} \tag{5-35}$$

（2）实测自振频率　自振频率的实测方法有两种：

1）在气门上安装位移传感器，在气门与摇臂之间塞进一个厚度不大的薄金属片，如螺钉旋具的平面。转动凸轮轴将气门压开一定的开度，然后突然撤去金属片，将位移传感器传出的信号记录下来。此时的位移信号应该是一个周期衰减波形，假设此时的周期是 T(s)，则配气机构的自振频率 f（Hz）为

$$f=\frac{1}{T}$$

2）在进行气门运动规律的测量时，通常在气门上安装有加速度传感器，其测量的信号就是气门运动的加速度。在负加速度段，加速度信号是一个周期波动的曲线。假设曲线的横坐标是时间 t，则每两个波峰或波谷之间的距离就是振动周期 T，对周期 T 取倒数，就可以得到自振频率 f。为了避免大的测量误差，测量时需要多取几个波峰或波谷求平均值。

第三节　配气机构动力学

一、实际气门运动规律

由于机构的弹性变形，位于传动链末端的气门运动与理想的运动有很大的畸变，严重时会造成运动件飞脱、气门反跳、噪声增加和零部件加速损坏。这在挺柱推杆式的配气机构中尤为明显。图 5-24a 所示为各种因素导致机构变形的示意图，图 5-24b 所示为实测的气门运动规律曲线。曲线 1 表示原始设计的理论气门位移；曲线 2 表示消除气门间隙和抵消弹簧预紧力后的气门位移，它与曲线 1 之间的差称为静变形；曲线 3 表示在惯性力作用下气门的动态位移，它与曲线 1 之间的差称为动变形。

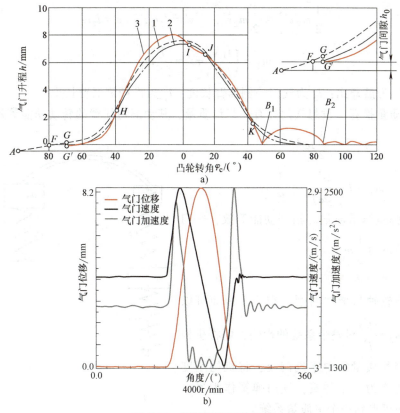

图 5-24 实际气门运动规律

a) 各种因素导致机构变形的示意图 b) 实测的气门运动规律曲线（激光传感器）

A、F、G、G'、H、I、J、K—特征点 B_1、B_2—反跳点

二、配气机构单质量动力学模型

实际配气机构的固有频率较高，外界干扰与之相比就相当于静载荷，故系统实际工作时主要以本身的最低固有频率振动，因此把机构简化成单自由度模型来研究，就可以认为已经足够精确了。

1. 模型的建立

1）将如图 5-25 所示的典型配气机构简化成由无质量弹簧联系的三个集中质量组成的系统（图 5-26a）。

图 5-25 凸轮轴下置气门机构

$$\begin{cases} m_3' = m_t + \dfrac{1}{2}m_p \\ m_2' = \dfrac{1}{2}m_p \\ m_1' = m_y + m_v + \dfrac{1}{3}m_s \end{cases} \quad (5\text{-}36)$$

式中，m_t 为挺柱质量；m_p 为推杆质量；m_y 为当量摇臂质量；m_s 为气门弹簧质量；m_v 为气门组质量，包括气门、弹簧盘、锁夹。

2）按照动能等效原则，把 m_2' 和 m_3' 换算到 m_1' 处（图 5-26b）。

$$\frac{1}{2}m_2'v'^2 = \frac{1}{2}m_2 v^2, \quad v' = l_1\omega, \quad v = l_2\omega$$

$$m_2 = \left(\frac{l_1}{l_2}\right)^2 m_2' = \frac{1}{2i^2}m_p$$

式中，$i = l_2/l_1$ 为摇臂比；l_2 为气门一侧摇臂长度；l_1 为推杆侧摇臂长度。

3) 摇臂质量换算。设想气门处有一当量质量，其动能与摇臂的转动动能等效。

$$\frac{1}{2}m_y v^2 = \frac{1}{2}I\omega^2 \tag{5-37}$$

$$m_y = I\frac{\omega^2}{(l_2\omega)^2} = \frac{I}{l_2^2}$$

4) 气门弹簧当量质量。根据动能等效，气门弹簧的当量质量为 $\frac{1}{3}m_s$。

2. 简化成单质量模型

考虑到凸轮轴与挺柱的刚度很大，因而可以忽略其质量 $m_3 = \frac{m_3'}{i^2}$ 对整个系统的影响，而将机构其他各件的当量质量集中于气门处，将机构刚度集中在推杆处作为一个弹簧，气门弹簧作为另一个弹簧，从而可得到一个单质量系统。

$$m = m_y + m_v + \frac{1}{2i^2}m_p + \frac{1}{3}m_s \tag{5-38}$$

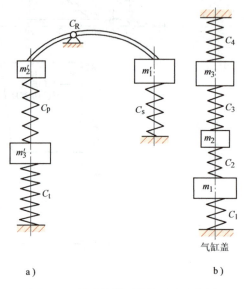

图 5-26 单质量模型转换过程示意图

C_t—挺柱当量刚度　C_p—推杆当量刚度
C_R—摇臂的当量弯曲刚度　C_s—气门弹簧刚度

1) 系统中集中质量 m 的受力分析。作用在质量 m 上的力如图 5-27 所示。

气门弹簧力为 $F_0 + C_s y$，C_s 为气门弹簧刚度；机构弹性力为 $C_0(x-y)$，C_0 为机构刚度，是除了气门组件之外所有配气机构部件的压缩刚度；气体作用力为

$$F_g = \frac{p_g \pi d^2}{4}$$

式中，d 为气门底面直径。

内黏性阻尼力为 $\xi(\dot{x} - \dot{y})$，ξ 是阻尼系数（N·s/m），一般取 $\xi \approx 0.185\sqrt{M(C_0 + C_s)}$。比较准确的黏性阻尼力需要在实际机构上测量得到。阻尼系数的大小在一定范围内只影响振动幅值，对振动特性没有根本性影响。

2) 建立运动微分方程。根据达朗伯原理（图 5-27），有

$$m\ddot{y} = C_0(x-y) + \xi(\dot{x} - \dot{y}) - (F_0 + C_s y) - F_g \tag{5-39}$$

整理得到

$$m\ddot{y} + \xi \dot{y} + (C_0 + C_s)y = C_0 x + \xi \dot{x} - (F_0 + F_g) \tag{5-40}$$

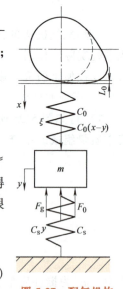

图 5-27 配气机构单质量动力模型

令 $\dot{y}=y'\omega$，$\ddot{y}=y''\omega^2$，$\dot{x}=x'\omega$，代入式（5-40）得到

$$y''+\frac{\xi}{m\omega}y'+\frac{C_0+C_s}{m\omega^2}y=\frac{C_0}{m\omega^2}x+\frac{\xi}{m\omega}x'-\frac{F_0+F_g}{m\omega^2} \tag{5-41}$$

这是一个关于气门运动的二阶微分方程。

3）初始条件的确定。解上述微分方程，需要确定初始条件，即气门实际开启时刻及所对应的挺柱和气门运动初值。很明显，气门实际开启时刻在消除气门间隙和克服弹簧预紧力之后，即

$$C_0[x(\varphi_c)-L_0]-F_0=0 \tag{5-42}$$

一般用数值解法的二分法求式（5-42）的根，即气门开启的凸轮转角 φ_{c0}，然后确定 φ_{c0} 对应的其他初值。

当 $\varphi_c=\varphi_{c0}$ 时，挺柱和气门的运动边界条件为

$$x_0=x(\varphi_{c0}),\quad x_0'=x_0'(\varphi_{c0})$$
$$y=0,\quad y'=0$$

为求解方便，设中间变量 $u=y'$，$u'=y''$，代入式（5-41），得

$$\begin{cases} u'=F(\varphi_{c0})-\dfrac{\xi}{m\omega}u-\dfrac{C_0+C_s}{m\omega^2}y \\ y'=u \\ x_0=x(\varphi_{c0}),\quad x_0'=x'(\varphi_{c0}),\quad y_{\varphi_{c0}}=0,\quad y_{\varphi_{c0}}'=0 \end{cases} \tag{5-43}$$

其中，$F(\varphi_{c0})=\dfrac{C_0}{m\omega^2}x+\dfrac{\xi}{m\omega}x'-\dfrac{F_0+F_g}{m\omega^2}$，可以视为单质量配气机构模型的激励部分。

4）解微分方程，求气门的运动规律。一般用四阶龙格-库塔数值积分法求解上述微分方程组。四阶龙格-库塔数值积分法简介如下：
计算式为

$$y_{i+1}=y_i+\frac{h}{6}(k_1+2k_2+2k_3+k_4) \tag{5-44}$$

其中

$$\begin{aligned} k_1 &= f(x_i,\ y_i) \\ k_2 &= f\left(x_{i+\frac{1}{2}},\ y_i+\frac{h}{2}k_1\right) \\ k_3 &= f\left(x_{i+\frac{1}{2}},\ y_i+\frac{h}{2}k_2\right) \\ k_4 &= f\left(x_{i+1},\ y_i+\frac{h}{2}k_3\right) \end{aligned} \tag{5-45}$$

龙格-库塔数值积分法的截断误差为步长的五次方，只要步长合适，就能有足够的计算精度。对于微分方程组（5-43），其递推公式为

$$\begin{aligned} y_{i+1} &= y_i+\frac{h}{6}(k_1+2k_2+2k_3+k_4) \\ u_{i+1} &= u_i+\frac{h}{6}(l_1+2l_2+2l_3+l_4) \end{aligned} \tag{5-46}$$

其中

$$k_1=u_i$$

$$k_2 = u_i + \frac{h}{2}l_1$$

$$k_3 = u_i + \frac{h}{2}l_2$$

$$k_4 = u_i + hl_3$$

$$l_1 = F(\varphi_{ci}) - \frac{C_0 + C_s}{m\omega^2}y_i - \frac{\xi}{m\omega}u_i$$

$$l_2 = F\left(\varphi_{ci} + \frac{h}{2}\right) - \frac{C_0 + C_s}{m\omega^2}\left(y_i + \frac{h}{2}k_1\right) - \frac{\xi}{m\omega}\left(u_i + \frac{h}{2}l_1\right)$$

$$l_3 = F\left(\varphi_{ci} + \frac{h}{2}\right) - \frac{C_0 + C_s}{m\omega^2}\left(y_i + \frac{h}{2}k_2\right) - \frac{\xi}{m\omega}\left(u_i + \frac{h}{2}l_2\right)$$

$$l_4 = F(\varphi_{ci} + h) - \frac{C_0 + C_s}{m\omega^2}(y_i + hk_3) - \frac{\xi}{m\omega}(u_i + hl_3)$$

式中，h 为计算步长，一般取 0.5°~1°，在气门落座附近时，可以取 0.1°。

将上述过程编成计算程序，可以计算出气门的动态位移、速度和加速度，还能够计算出机构的弹性变形 ($x-y$)、落座速度 ($y=0$ 时的气门速度)、判断飞脱 ($y>x$，或者 $x-y<0$) 等。采用顶置凸轮时，当量质量中不含有推杆质量。

需要说明的是，在所编制的程序中，不应该用方程式表示挺柱的位移、速度和加速度，而应该用数据表格表示挺柱运动规律，然后以数据文件的形式读入程序当中。只有这样，所编制的程序才可以计算任何凸轮型线下的配气机构动力学问题。一般情况下，以数据文件读入的挺柱运动规律都是按照等间隔角给出的，一般是 1°。在进行动力计算时，经常需要用到 0.5°或 0.1°时挺柱的位移、速度和加速度，这时要采用一元多点插值的方法得到这些非整数点上的数值。

单质量模型动力计算框图如图 5-28 所示。

三、凸轮型线动力修正

考虑到配气机构的工作变形，人们想到了应该在设计期间把这些变形因素考虑进来，试图使配气机构在工作时更加平稳。于是提出了对凸轮型线进行动力修正的方法。其基本思想是，设计当量挺柱升程 x_t^* 时，不仅要包括气门升程 y，还要考虑到气门间隙 L_0，由弹簧预紧力引起的机构静变形 F_0/C_0，由气门弹簧力引起的机构静变形 $C_s y/C_0$，以及由惯性力引起的动变形 $m\ddot{y}/C_0$。

令当量挺柱升程 $x_t^* = ix_t$，x_t 为挺柱的实际位移，则

$$\begin{aligned} x_t^* &= L_0 + \frac{F_0}{C_0} + y + \frac{C_s y}{C_0} + \frac{m\ddot{y}}{C_0} \\ &= L_0 + \frac{F_0}{C_0} + \frac{C_0 + C_s}{C_0}y + \frac{m}{C_0}\ddot{y} \\ &= H_0 + k_1 y + k_2 y'' \end{aligned} \quad (5\text{-}47)$$

其中 $\quad H_0 = L_0 + \frac{F_0}{C_0} \quad k_1 = \frac{C_0 + C_s}{C_0} \quad k_2 = (6n)^2 \frac{m}{C_0}$

当量挺柱的几何速度和加速度为

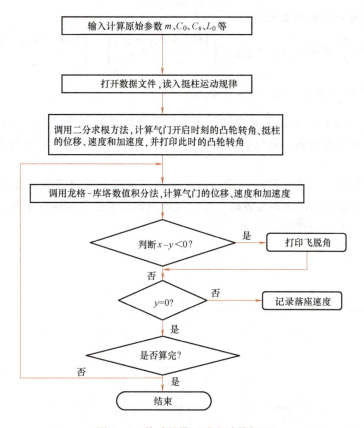

图 5-28 单质量模型动力计算框图

$$\begin{cases} x_t^{*\prime} = k_1 y' + k_2 y''' \\ x_t^{*\prime\prime} = k_1 y'' + k_2 y^{(4)} \end{cases} \tag{5-48}$$

设计时先选定理想的气门升程曲线，比如用高次方多项式设计的气门升程曲线，然后再按照式（5-47）求当量挺柱升程。由式（5-48）可见，气门升程曲线的数学表达式 y 必须是四阶导数以上连续的函数。

如果气门升程曲线是高次多项式，则称之为多项动力凸轮。此种凸轮型线一般按照标定转速设计，在设计转速上有比较好的动力学性能。

第四节　凸轮轴及气门驱动件设计

一、凸轮相对位置的确定

1. 异缸同名凸轮夹角 ϕ_{TG}

（1）单列　取决于气缸数和点火顺序。

（2）双列　取决于气缸数、点火顺序和气缸夹角。

异缸同名凸轮夹角 ϕ_{TG} 为相应气缸点火间隔角的一半，即 $\phi_{TG} = A/2$。

2. 同缸异名凸轮夹角 θ_T

当进、排气挺柱与凸轮的接触点（沿凸轮轴线）在一条直线上且凸轮外形对称时，根

据图 5-29，同缸异名凸轮夹角 θ_T 为

$$\theta_T = \frac{\psi}{2} = \frac{1}{2}\left[360° + \varphi_{e1} + \varphi_{i2} - \left(\frac{180° + \varphi_{e1} + \varphi_{e2}}{2}\right) - \left(\frac{180° + \varphi_{i1} + \varphi_{i2}}{2}\right)\right]$$

$$= 90° + \frac{1}{4}(\varphi_{e1} - \varphi_{e2} + \varphi_{i2} - \varphi_{i1}) \tag{5-49}$$

式中，θ_T 和 ψ 分别为用凸轮转角和曲轴转角表示的同缸异名夹角；φ_{e1}、φ_{e2}、φ_{i1}、φ_{i2} 分别为排气提前角、排气滞后角、进气提前角、进气滞后角，并与图 5-30a 中的 EO、EC、IO 和 IC 位置相对应。

特别要注意的是，当进、排气凸轮与挺柱或摇臂的两个接触点的连线不与凸轮轴线平行，而是如图 5-30b 所示转向和布置时，进气接触点落后于排气接触点 γ 角，为了保证进气门适时开启，进气凸轮应该提前 γ 角，即

$$\theta_T = \frac{\psi}{2} - \gamma \tag{5-50}$$

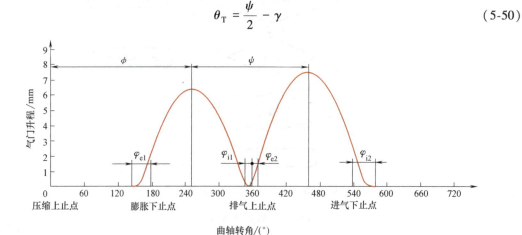

图 5-29 计算凸轮轴工作位置用图

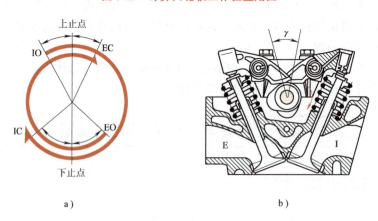

图 5-30 凸轮的相对位置

a) 配气相位图 b) 挺柱接触点分开的情况

EO—排气门开 EC—排气门关 IO—进气门开 IC—进气门关

3. 活塞位于压缩上止点时排气凸轮相对于挺柱轴线的夹角 ϕ_T

这是确定凸轮轴与曲轴相对工作位置，即正时位置所必须掌握的。如图 5-29 所示，有

$$\phi = 180° + \left(\frac{180° + \varphi_{e1} + \varphi_{e2}}{2}\right) - \varphi_{e1} \tag{5-51}$$

这是排气凸轮相对于挺柱轴线的角度（曲轴转角），换算成凸轮轴角度要除以 2，即凸轮桃尖相对于挺柱轴线的夹度为 $\phi_T = \phi/2$。

> **例** 某发动机的配气相位为：$\varphi_{e1} = 43°$，$\varphi_{e2} = 17°$，$\varphi_{i1} = 17°$，$\varphi_{i2} = 43°$，求同缸进排气凸轮的夹角、进气凸轮工作段半包角，以及当活塞位于压缩上止点时，排气凸轮相对于挺柱轴线的夹角。
>
> **解** 同缸进排气凸轮夹角为
>
> $$\theta_T = \frac{\psi}{2} = 90° + \frac{1}{4}(43° - 17° + 43° - 17°) = 103°$$
>
> 进气凸轮工作段半包角为 $\theta = \frac{1}{2}\left(\frac{180° + 17° + 43°}{2}\right) = 60°$
>
> 排气凸轮相对于挺柱轴线的夹角为 $\phi_T = \frac{\phi}{2} = \frac{1}{2}\left[180° + \left(\frac{180° + 43° + 17°}{2}\right) - 43°\right] = 128.5°$

二、配气相位角度的确定

如图 5-30a 所示，配气相位是指进、排气门相对于活塞上、下止点时的开启和关闭时刻，用曲轴转角表示。用 φ_{e1} 表示排气门在活塞到达下止点前打开的角度，用 φ_{e2} 表示排气门在活塞越过上止点后关闭的角度；用 φ_{i1} 表示进气门在活塞到达上止点前打开的角度，用 φ_{i2} 表示进气门在活塞越过下止点后关闭的角度。一般情况下，这四个角度都是正值。如果角度前面有负号，则表示气门的开启或关闭在前述定义活塞位置的相反一侧。例如，若 $\varphi_{e2} = -5°$，则表示排气门在活塞到达上止点前 5°时关闭；若 $\varphi_{i1} = -2°$，则表示进气门在活塞越过上止点后 2°打开。注意：现在有些性能仿真分析软件中输入的配气相位是以压缩上止点为初始点进行计算的。

图 5-30a 是必须出现在凸轮轴图样中，用来表明凸轮与曲轴工作位置关系的相位图，称为配气相位图。同时在图样中，还要以表格形式列出挺柱的升程与凸轮转角或曲轴转角之间的关系，以便于加工和检验凸轮。角度间隔应大于或等于 0.5°。

配气相位角度决定了发动机的动力性。合适的排气提前角 φ_{e1} 可以最大限度地减少活塞的推出功，而不过多损失有效功；合理的进气滞后角 φ_{i2} 可以最大限度地利用高速气流的惯性充气效应，使充气效率尽可能提高。进气提前角 φ_{i1} 和排气滞后角 φ_{e2} 决定了进、排气重叠角 φ_{ie}，而重叠角（$\varphi_{ie} = \varphi_{i1} + \varphi_{e2}$，$\varphi_{ie} > 0$ 称为正重叠，$\varphi_{ie} < 0$ 称为负重叠）的大小直接影响缸内残余废气量、排气门温度、进气是否倒流、缸内混合气温度等。因此配气相位角度的选定十分重要，常常是发动机设计者最难确定的设计参数之一。现在通常先建立发动机一维仿真分析模型，在模型中给出进、排气凸轮型线和配气相位，通过整机仿真来选择合适的配气相位。最后还要通过发动机试验验证仿真结果，最终确定配气相位。

一般来讲，在非可变配气机构中，进气滞后角 φ_{i2} 和排气提前角 φ_{e1} 都是根据标定功率转速工况确定的，标定功率转速越高，这两个角度越大。而进气提前角 φ_{i1} 和排气滞后角 φ_{e2} 则是根据缸内残余废气量、排气门温度、进气是否倒流、缸内混合气温度等情况确定的，现在有些发动机采用以负重叠角增加缸内残余废气量的办法来抑制 NO_x 的生成。值得注意的是，在采用可变配气机构时,有时不可避免地会形成负重叠角,这就需要在发动机台架标定中进行各工况点的性能协调。

表 5-1 列出了常用汽车发动机配气机构的主要参数。

三、凸轮与挺柱的关系

当平底挺柱与凸轮配合工作时,其接触面承受的压力很大,这个压力包括气门弹簧力、气门机构各零部件惯性力、由振动造成的附加惯性力(设计时这部分可以不考虑)。凸轮与挺柱间的接触从几何形状看属于线接触,实际上由于材料的弹性变形,可以看作面接触;在考虑配气机构工作时,由于加工误差和零件变形等会使挺柱工作面不能与凸轮轴线垂直,而造成点接触,因此工作面上的接触应力很大。另外,凸轮与挺柱工作面之间的相对滑动速度很高,在工作中摩擦生热,而润滑和散热条件又差,因此工作条件恶劣,工作面摩擦磨损很大。当接触带温度过高,两元件表面互相熔合又撕裂时,就会产生所谓的拉毛现象。因此在现代高速发动机中,凸轮与挺柱是发动机所有摩擦零件中最易磨损的零件。对于平底挺柱来说,凸轮与挺柱间的摩擦损失在发动机的摩擦损失中也占有较高的比例。

1. 凸轮与挺柱间的相对滑动与润滑

研究两个相对滑动表面的磨损问题时,一般把它们的绝对速度之差,即两者的相对速度作为衡量摩擦副所产生热量多少的指标。相对速度越大,摩擦生热就越大,就越容易导致磨损。而摩擦速度控制在多大,取决于凸轮设计,更取决于材料和工艺。

平面挺柱与凸轮间的相对速度 v_t 可由式(5-13)求得,而滚子挺柱与凸轮工作面之间的相对速度为零,因此将平底挺柱改为滚子挺柱可以减少磨损。

研究还表明,凸轮与挺柱工作面之间虽然只吸附了一层极薄的油膜,且工作压力又大,却仍能产生流体动力润滑,只不过油膜厚度极小,比一般滑动轴承中的油膜厚度小一个数量级。

根据润滑理论,形成承载润滑油膜的能力取决于流体动力润滑有效速度 v^*,即

$$v^* = v_{ic} + v_{it} = (\rho + h_t'') \omega_c = (r_0 + h_t + 2h_t'') \omega_c \tag{5-52}$$

当 $\rho + h_t'' = 0$,即流体动力润滑有效速度 $v^* = 0$ 时,不能形成承载油膜,原有的油膜被挤压破裂,使得磨损剧增,这是极不利的情况。因此,定义 $S = -(\rho + h_t'')$ 作为评价润滑油膜承载能力的特性参数,称为润滑特性数,它完全取决于凸轮外形的设计,与挺柱加速度规律的关系尤为密切。图 5-31 所示为某高次方凸轮润滑特性数随凸轮转角的变化曲线。由图可见,凸轮桃尖左右润滑特性数的值都

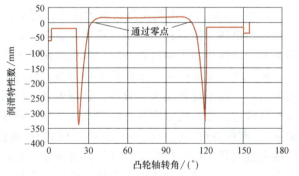

图 5-31 润滑特性数随凸轮转角的变化曲线

很小,而且有两次穿越零点,因此此处是凸轮上工作条件最差的关键部位。

2. 凸轮与挺柱间的接触应力与材料配副

在运动学中,平底挺柱与实用的大球面(曲率半径为 750~1000mm)挺柱相当,但它们与凸轮间的接触应力却相差悬殊。当凸轮与工作面为半径等于 r_m 的圆柱形挺柱配合时,接触面积上的最大接触应力按下式计算,即

第五章 配气机构设计

表 5-1 常用汽车发动机配气机构的主要参数

发动机型号	燃料	进气方式	气缸排列	缸径×行程 $(D/\text{mm}) \times (S/\text{mm})$	总排量 V/cm^3	压缩比 ε	标定功率转速 $(P_e/\text{kW})/[n/(\text{r/min})]$	最大转矩转速 $[M_{max}/(\text{N·m})]/[n/(\text{r/min})]$	$\varphi_{i1}/(°)$	$\varphi_{i2}/(°)$	$\varphi_{e1}/(°)$	$\varphi_{e2}/(°)$	气门升程/mm 进气	气门升程/mm 排气	气门间隙/mm 进气	气门间隙/mm 排气
4JX1	柴油	TC	I4	95.4×104.9	2999	19	107/4100	294/2000	3	58	56	5	10.3	10.3	C0.15	C0.15
3C-T	柴油	TC	I4	86×94	2184	22.6	67/4000	194/2000	7	39	56	5	9.2	9.9	C0.25	C0.25
CD20ET	柴油	TC	I4	84.5×88	1973	22.2	71/4000	194/2200	10	42	49	11	9.25	9.41	I10.3	H0.44
CD20ET1	柴油	TC(中冷)	I4	84.5×88	1973	22.2	77/4000	221/2000	5	38	54	5	9.25	9.41	H0.3	I10.44
RD28ET1	柴油	TC	I6	85×83	2825	21.8	100/4000	261/2000	7	33	60	8	7.94	9.06	H0.33	H0.37
RFT	柴油	TC	I4	86×86	1998	20.9	67/4000	196/2000	13	31	60	8	7.5	9	0.5	0.7
4JG2	柴油	NA	I4	95.4×107	3059	20	69/3600	202/1800	24.5	5.5	54	26	9.2	9.2	C0.4	C0.4
4HE1	柴油	NA	I4	110×125	4751	18	118/2900	412/1700	14	51	49	16	13.2	13.2	C0.4	C0.4
8PE1-N	柴油	NA	V8	127×150	15201	18	177/2300	833/1400	20	34	51	15	12.7	12.7	C0.4	C0.4
2L-TE	柴油	TC	I4	92×92	2446	21	71/3800	240/2400	6	32	53	3	9.16	10.5	C0.25	C0.45
4D48	柴油	TC	I4	82.1×93	1998	22.4	65/4500	177/2500	20	48	54	22	9.8	9.8	H0.35	H0.35
6D40	柴油	TC	I6	135×140	12023	17.5	265/2200	1422/1200	18	50	50	18	11.9	11.9	C0.4	C0.6
4E-FE	汽油	NA	I4	74×77.4	1331	9.6	63/5500	118/4400	2	30	34	2	6.7	6.5	0.2	0.36
4E-FTE	汽油	TCv	I4	74×77.4	1331	8.2	99/6400	157/4800	2	42	38	2	7.2	7	0.2	0.36
4A-FE	汽油	NA	I4	81×77	1587	9.8	81/5800	149/4400	2	34	38	6	7.6	7.6	0.2	0.3
3S-GE	汽油	NA	I4	86×86	1998	11	140/7000	206/6000	-2 43	78 33	53	11	10.5	9.2	0.22	0.37
3S-GTE	汽油	TC	I4	86×86	1998	9.5	191/6000	323/4400	8	48	50	6	8.4	8.2	0.2	0.33
1MZ-FE	汽油	NA	V6	87.5×83	2994	10.5	162/5800	304/4400	-6 50	47 -1	54	2	7.8	7.8	0.2	0.3
1JZ-GE	汽油	TC	I6	86×71.5	2492	10.5	147/6000	255/4000	-4 50	57 3	43	3	8.2	7.9	0.2	0.3
B20B	汽油	NA	I4	84×89	1972	9.2	95.6/5500	186.3/4200	-15	30	35	-12.5	9	9.5	0.15	0.28

注：TC 为增压，TCv 为可变涡轮增压，NA 为自然吸气；C 为冷态，H 为热态。

$$\sigma_1 = 0.59\sqrt{\frac{F_Q}{b}\frac{1/\rho + 1/r_m}{1/E_c + 1/E_t}} \qquad (5\text{-}53)$$

平底挺柱是圆柱工作面挺柱的特例，故仍可利用上式计算，只要取 r_m 为 ∞ 即可。当挺柱工作面为球面时，最大接触应力的计算公式为

$$\sigma_2 = \frac{0.398}{\mu\nu}\sqrt[3]{F_Q\left(\frac{1/\rho + 2/r_m}{1/E_c + 1/E_t}\right)^2} \qquad (5\text{-}54)$$

式中，F_Q 为作用在凸轮外形法线方向的载荷（包括弹簧力、集中质量惯性力）；b 为接触线长度，对于圆柱工作面挺柱，此长度即凸轮宽度；E_c、E_t 分别为凸轮、挺柱材料的弹性模量；μ、ν 为取决于接触椭圆半轴长度的系数。

设计时要保证实际接触应力 σ_i 小于许用接触疲劳应力 $[\sigma_H]$，即

$$\sigma_i < [\sigma_H]$$

许用接触疲劳应力随挺柱形式、凸轮与挺柱的材料配副、润滑条件、工艺条件、凸轮外形等的不同而有不同的值。采用平面挺柱时，许用表面接触疲劳应力为 230~300MPa，而滚子挺柱则可达 500~850MPa，不过这时要验算滚轮心轴的疲劳强度。

经验表明，在凸轮与挺柱工作条件（接触应力、相对滑动速度、机油及添加剂种类等）已定的情况下，合理选择凸轮与挺柱的材料配副和通过热处理得到合适的金相组织，对于减轻凸轮与挺柱这种线接触或点接触零件的早期磨损有显著效果。例如，冷激铸铁凸轮轴配用铸铁挺柱已被证明是较优的配副材料。但是凸轮轴除了驱动气门之外，还要传递其他动力，所以只能把凸轮与挺柱材料之间的相互适应性作为选择凸轮轴材料的主要但非唯一的标准。例如，选择凸轮轴上驱动分电器和机油泵的螺旋齿轮的材料时，必须综合考虑齿轮的工作可靠性与耐久性。为了耐磨，凸轮表面的表面粗糙度 Ra 应小于 0.32μm。表 5-2 为国外对凸轮挺柱材料配副使用情况的统计。

表 5-2 国外凸轮挺柱材料配副

凸轮材料	挺柱材料	应用国家和地区	特点	存在问题
镍铬合金铸铁 (48~55HRC)	镍铬合金铸铁 (55~62HRC)	美国	耐点蚀，对润滑油不敏感	拉毛、磨损
镍铬合金铸铁	冷激铸铁	欧洲	凸轮轴刚性、耐磨性好，耐拉毛	挺柱点蚀
渗碳钢、淬火	冷激铸铁	英国、欧洲		
冷激铸铁 (45~53HRC)	冷激铸铁 (50~58HRC)	日本、英国、欧洲		
冷激铸铁	渗碳钢淬火	日本、英国、欧洲	用于顶置凸轮轴的摆动杠杆，刚性好	

四、挺柱、推杆、摇臂、气门和弹簧的设计

1. 挺柱

对于平面挺柱，除了要注意其材料不能与凸轮轴材料相同，以避免材料亲和性摩擦外，还要重点注意底平面最小半径应大于最大挺柱几何速度，由图 5-32 可以看出，底平面最小半径应满足

$$R_{\min} = \sqrt{(h'_{t\max})^2 + \left(a + \frac{b}{2}\right)^2} \quad (5\text{-}55)$$

式中，a 为挺柱与凸轮中心线的偏距；b 为凸轮宽度。

一般按照公式 $R_{\min} = h'_{t\max} + (1.5 \sim 2)\,\text{mm}$ 计算。

当气缸直径比较大时，凸轮升程也大，挺柱几何速度 $h'_{t\max}$ 就大，考虑结构要紧凑，常采用滚子挺柱，如油泵凸轮挺柱。也可以通过选择合适的凸轮型线适当控制 $h'_{t\max}$ 值。

图 5-33a 所示为下置凸轮轴所用的机械式顶柱；图 5-33b 所示为液压挺柱。采用液压挺柱主要是为了消除气门间隙，减少气门开启和落座的冲击，液压挺柱在高速车用发动机中得到了广泛应用。典型的液压挺柱结构有如下几种：

（1）吊杯式平底形式　这种多用于凸轮直接驱动气门的结构。在气门尾端倒扣一个杯子形状的挺柱，其内部由调压弹簧、单向阀、内外储油室、高压油腔、挺柱内活塞、内活塞套、调压弹簧等组成。当气门处于关闭状态时（图5-34a），在气门弹簧和高压油腔内调压弹簧的作用下，单向阀推动挺柱内柱塞向上，使挺柱与凸轮基圆表面保持接触，

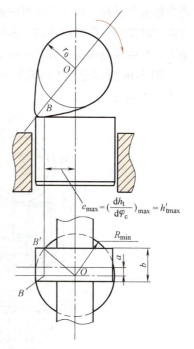

图 5-32　平面挺柱底面最小曲率半径

此时挺柱进油通道与主油道相通。如果此时供油腔和压力室的油压低于主油道压力，则通过上面的液压油通道进油。而且在液压油的作用下，挺柱始终保持与凸轮接触，从而消除了气门间隙。当气门处于开启阶段时（图 5-34b），在凸轮的推动下，挺柱和内柱塞急速向下运动，单向阀封闭了压力室的进油口，压力室内迅速建立起高压。此时整个液压挺柱的轴向刚度很大，相当于刚性部件，保证了气门按照凸轮的控制完成开启和关闭动作。

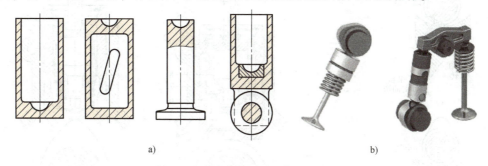

图 5-33　平底挺柱和滚子挺柱形式

a）下置凸轮轴用挺柱　b）液压挺柱

为了保证高压油腔内有足够的液压油，设计时要保证单向阀下调压弹簧的安装预紧力小于主油道油压。

在发动机长时间停机后，液压挺柱内的液压油会流回油底壳，起动时会因为短时间内液压挺柱内没有足够的液压油而造成气门间隙过大和工作故障。为了防止这样的现象发生，人们设计了各种各样的防止液压油回流的结构，图 5-35 所示的就是其中一种。如图 5-35a 所示，在发动机工作状态下，来自主油道的液压油一部分去润滑凸轮轴轴承，另一部分则通过横向油

道供给液压挺柱。由于主油道中镶入了一个套管,当发动机处于停机状态（图5-35b）时,套管高于液压挺柱的横向油道,液压挺柱的液压油不能回流至主油道。因此即使在停机状态下,液压挺柱内也能保持足够的液压油,从而保证了发动机起动时配气机构的正常工作。

图5-36所示为下置凸轮轴的液压挺柱机构,其工作原理与吊杯式液压挺柱基本相同,这里不再赘述。

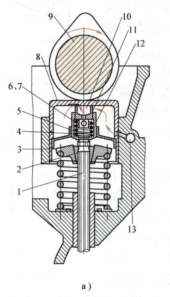
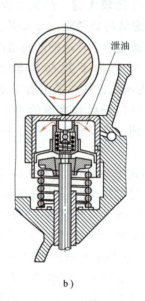

图5-34 吊杯式平底液压挺柱工作原理

1—气门杆 2—锁夹 3—弹簧座圈 4—压力室 5—缓冲弹簧 6、7—球阀与保持架 8—挺柱 9—凸轮轴 10—供油腔 11—内柱塞 12—内柱塞套 13—主油道

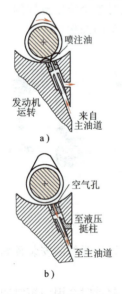

图5-35 回流防止结构

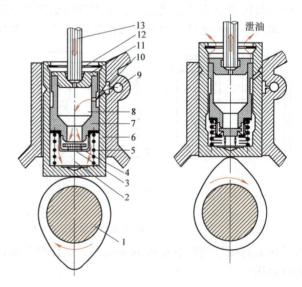

图5-36 下置凸轮轴的液压挺柱机构

1—凸轮轴 2—压力腔 3—盘阀 4—阀座 5—缓冲弹簧 6—挺柱体 7—柱塞 8—供油腔 9—油槽 10—循环油路 11—推杆座 12—保持架片 13—推杆

(2) 悬臂式摇臂结构　有的发动机配气机构采用悬臂式摇臂结构，也称为摆臂式结构。为了补偿气门间隙，将原来的刚性摇臂支承设计成如图 5-37 所示的液压摇臂支承，这种结构零件少，安装简单。当凸轮处于工作段时，在凸轮的压迫下，挺柱的柱塞向下移动，单向阀封闭，压力腔建立起高压，保持柱塞不动，也就是摇臂支承不动，摇臂绕支承摆动，推动气门运动。

(3) 枢轴式摇臂结构　对于球形燃烧室单顶置凸轮轴，进、排气门沿曲轴轴线两侧排列的结构都要用枢轴式摇臂，如图 5-30b 所示。这时候液压挺柱要布置在摇臂上气门一侧，如图 5-38 所示，其工作原理与其他液压挺柱相同。这种液压挺柱的布置在结构上略显复杂，而且会使气门端的运动质量增大，不利于高速下的气门机构动力学性能。所以在球形燃烧室单顶置凸轮轴机构中，很少采用这种结构，一般都采用无液压挺柱的结构。

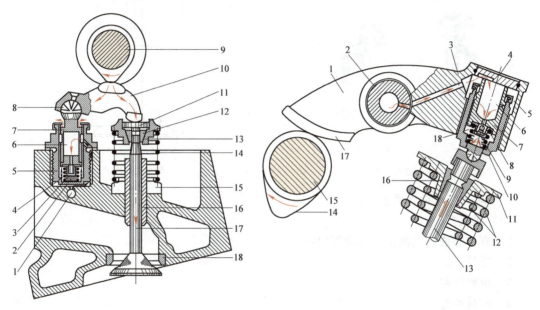

图 5-37　悬臂式摇臂液压挺柱结构
1—主油道　2—压力腔　3—球阀与保持架
4—缓冲弹簧　5—液压支座体　6—供油腔
7—柱塞　8—摇臂球形支座　9—凸轮轴
10—摇臂　11—推力片　12—锁夹
13—弹簧座圈　14—气门弹簧　15—螺旋式封盖　16—气门导管　17—气门杆
18—气门座圈

图 5-38　枢轴式摇臂液压挺柱结构
1—摇臂　2—摇臂轴　3—供油通道　4—挺柱端盖
5—保持架　6—供油腔　7—固定柱塞　8—缓冲弹簧
9—单向阀　10—挺柱从动件　11—弹簧座圈
12—气门内外弹簧　13—气门杆　14—凸轮廓线
15—凸轮轴　16—锁夹　17—摇臂触头
18—压力腔

2. 推杆

推杆主要用在下置凸轮轴顶置气门结构中，要求有足够的刚度，质量要小，直线度误差不超过 0.1~0.2mm。为保证压杆的稳定性，应采用空心钢管结构，一般在推杆两端焊接装配球头，实现与摇臂或挺柱的接触。

3. 摇臂及其支承

1) 摇臂要有足够的抗弯刚度，采用 T 形断面，摇臂轴采用空心轴。

2）摇臂应尽量避免悬臂安装，与气门接触面要淬硬。

3）注意加强支座刚度（实际上就是支座螺栓的刚度）。

摇臂除了中间支承形式外，还有末端支承形式（图 5-39）。其末端支承除固定形式之外，还有液压挺柱形式。

4. 气门

气门是关键零部件（图 5-40），其设计的好坏直接影响发动机的动力性、经济性、可靠性和耐久性，其中进气门的大小、形状及最大升程直接影响气缸的充气效率。因此，保证足够的流量是进气门设计的重点。此外，还要综合考虑气门的运动平稳性、落座冲击载荷、工作温度、密封性和缺少润滑条件下的耐磨损性能。

图 5-39　末端支承形式

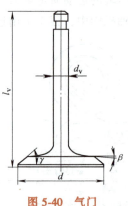

图 5-40　气门

一般对气门的设计要求为：

（1）进气门

1）有足够的进气流量，流动阻力小。

2）质量小。

3）耐磨性好。

4）密封性好。

其中，保证足够的进气流量是进气门的设计重点。因此，进气门的直径都要大于排气门的直径。这一要求带来的问题是运动质量比较大，动力特性相对于排气门较差，振动大，气门容易飞脱，落座时对气门座的冲击力也比较大，可达 10000~30000N。

（2）排气门

1）散热能力强，有较低的温度，耐热性好。

2）耐磨性好。

3）密封性好。

排气门由于承受高温高速排气的冲刷，其工作温度很高，一般可达 500~800℃。因此，排气门的设计重点应是努力降低工作温度。柴油机与汽油机相比排气温度较低，因此柴油机排气门的工作温度也低于汽油机排气门的工作温度。排气门除采用高温下仍有良好热稳定性和强度的材料外，在高速强化的发动机中有时还采用钠作为气门内部携热剂，这样能使排气门最高温度下降 10%~15%。气门头部的热量有 75% 是由气门与气门座的贴合面传出去的，这主要是因为在气门弹簧预紧力的作用下，气门与气门座贴合得比较紧。

（3）气门的主要尺寸

1) 气门杆长度 l_v。气门杆长度完全取决于缸盖厚度和气门弹簧的安装高度,只要不引起气门弹簧在设计上的困难,应尽可能缩小气门总长,以降低发动机总高度。一般 $l_v = (1.1 \sim 1.3) D$。

2) 气门直径 d。气门直径受限于缸盖上与缸套内径对应的空间尺寸。总的原则是尽量增大进气门的流通面积,可以通过增加气门直径或气门数达到。对于每缸一进一排结构,气门直径有如下统计范围。

$$d_i = (0.32 \sim 0.5) D$$
$$d_e = (0.8 \sim 0.85) d_i$$

d_e 小时,受热少,但泵气损失大,对于增压发动机,会影响排气能量的利用。

对于每缸多气门结构,要根据实际情况进行具体布置。如果采用每缸两进两排结构,虽然每个进气门的直径比较小,但是由于两个进气门的周长大于一个进气门的周长,气体的流通面积增加很多,因此充气效率可以得到增加。从几何学角度来说,每缸五气门结构能够最充分地利用气缸顶部面积,但是驱动机构的布置比较复杂。

在确定气门直径 d 时,还应注意,为了保证密封锥面磨损后仍能可靠地密封,对于气门硬度低于气门座硬度及气门磨损较大的情况,d 应等于或小于气门座密封锥面的最大直径(图 5-41b、c)。若按照图 5-40a 设计,则不能保证长期密封,因为这种结构使气门密封面在磨损后出现台肩。相反的,如果工作中气门座磨损大于气门磨损,就应设计成 $d > d_1$(图 5-41a)。

一般来讲,气门的硬度大于气门座硬度,所以两者的配合情况应该如图 5-42 和图 5-47 所示,即气门密封锥面并不是以全宽与气门座配合,而是实际接触带宽度 b' 比 b 小得多。b' 越大,越利于散热,但当 b' 过大时,工作面比压会下降,积于气门与气门座密封锥面之间的杂物和颗粒就不能很好地被碾碎,从而妨碍了密封性,因此 b' 应该取比较适中的数值。一般当 $d = 32 \sim 35$ mm 时,$b' = 1.6 \sim 2.4$ mm;当 $d > 35$ mm 时,$b' = 2.4 \sim 2.8$ mm。为了保证密封可靠,只允许气门座锥角比气门锥角大 $0.5° \sim 1°$(研磨前),而不允许有相反的关系。气门密封锥面宽度一般可取 $b = (0.05 \sim 0.12) d$。

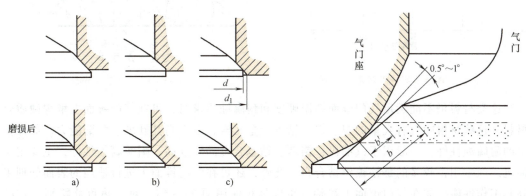

图 5-41 气门密封锥面与气门座的配合　　图 5-42 气门密封锥面的实际接触情况

3) 气门杆直径 d_v。气门杆直径大时,外表面积大,有利于传热。一般进、排气门杆的直径一样。但是气门杆直径过大则会使气门质量变大,运动惯性力变大,不利于高速动力性。气门杆直径一般为

$$d_v = (0.2 \sim 0.25)d_i$$

4) 气门锥角 γ 和气门头部背锥角 β。气门锥角对气体流动阻力、气门通道截面积、气门密封锥面比压和气门头部刚度都有影响。一般来讲，气门锥角 γ 小，气体流通断面积大，但是随着气门升程的增大，气体流动方向受气门锥角的影响越来越小，甚至气门锥角大的流动阻力反而更小。另外，气门锥角 γ 大时，气门的自位作用好，有利于碾碎杂质，保证密封性。因此，一般发动机的气门锥角 γ = 45°。对于增压柴油机，气门锥角 γ = 30°，这是因为增压发动机缸内压力高，气门盘受力变形大，与气门座的相对滑移量大，而且不同于非增压发动机，完全排除了从气门导管获得机油的可能，因此气门与气门座磨损的问题更加突出。增压发动机采用较小的气门锥角，就是为了减少其与气门座的相对滑移量，从而减轻磨损。

气门头部背锥角 β 除影响气门刚度外，还影响进气阻力。某项试验（图 5-43）表明，β = 20°时有最大的进气流量。

5) 气门的材料。进气门的工作温度较低，一般为 300~400℃，可用 40Cr、35CrMo、38CrSi、42Mn2V 等合金结构钢制造。

排气门的工作温度较高，为 500~650℃，如图 5-44 所示。故要求采用高温下仍有良好热稳定性和强度的材料，常用材料有 4Cr9Si2、4Cr10Si2Mo、4Cr14Ni14W2Mo 等。奥氏体钢允许最高工作温度达到 880℃，在高负荷强化的发动机或气体燃料发动机上得到了应用。一些高负荷强化发动机趋于采用 21-4N 奥氏体钢和 4Cr14Ni14W2Mo 高强度耐热钢，这类材料允许气门在 650~900℃下工作，不仅高温强度好，而且耐腐蚀，抗氧化性也好。膨胀系数大，硬度低是这类钢的缺点。

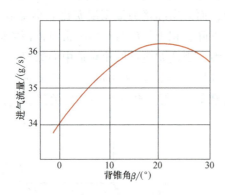

图 5-43 背锥角与进气流量的关系

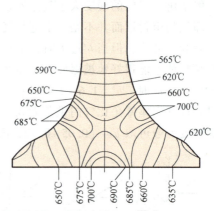

图 5-44 排气门温度分布

当这类材料仍不能满足气门锥面高温硬度和耐腐蚀要求时，可在气门锥面上堆焊硬质合金材料，这些材料中含有大量的镍、铬、钴等合金元素，以提高其硬度、耐磨能力。如镍基合金的耐腐蚀性好，一般用于汽油机；铬基、钴基合金的硬度高，耐酸腐蚀性好，主要用于柴油机。通常用得较多的是铬镍钨钴合金。此外，还可在气门锥面上进行适当的表面处理来提高其工作性能，如在气门锥面上渗铝，可以延长使用期 2~3 倍。对于热负荷特别严重的排气门，还可以采用气门杆中空、注入钠作为冷却剂的结构，如图 5-45 所示。这种结构可以使排气门最高温度下降 10%~15%。

图 5-46 所示为几种常用气门头部结构。为了减少气门从燃气中接受的热量，改善排气门的工作条件，绝大多数采用平顶气门（图 5-46a）。凹顶气门（图 5-46b）由于杆部以较大

半径过渡到气门头部，因此能够改善进气的流动性，又因为这种结构能够减轻气门质量，所以多用于进气门。凸顶气门（图 5-46c）能够改善气体流出气缸的性能，而且气门头部刚度比较大，因此用于排气门比较理想。

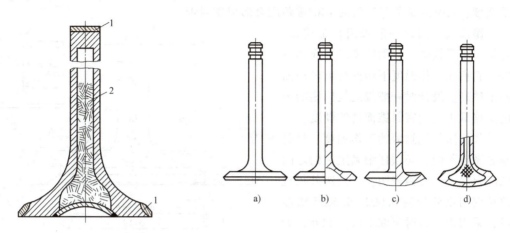

图 5-45 气门杆中空、钠冷却的结构

1—浇注的耐磨耐热合金 2—钠冷却剂

图 5-46 常用气门头部结构

在使用气体燃料时，由于没有液体燃料的润滑，气门的磨损比较严重，因此需要仔细选配气门和气门座圈的材料。

气门杆部的工作温度比头部低，主要要求它在润滑不良情况下能耐磨。为了节约成本昂贵的高强度耐热钢，可以采用头部用耐热钢，杆部采用滑动性、耐磨性均比耐热钢好的合金结构钢的组合式排气门，此时一般采用激光焊接保证焊接强度。但是应当注意，气门处于落座位置时，对接焊缝应在气门导管以内。

5. 气门座与气门导管

气门的工作可靠性还与气门座、气门导管的设计有很大关系。与气门头部锥面配合起密封作用的气门座可直接在缸盖中镗出，也可做成单独的环形零件压入气缸盖中。

气门座的主要问题是扭曲变形，不论是由于气压力负荷与热负荷引起的瞬时扭曲，还是由于装配时的机械应力和发动机各零件蠕变引起的永久变形，均将影响气门的导热，使气门温度升高，并在气门颈部产生弯曲应力。为了减少这种变形，必须对气缸盖的刚度、冷却情况及气缸盖衬垫压紧力的分布等多加注意。

镶圈式气门座可以采用较好的材料，并且磨损后还可以更换，因此使用耐久方便。但是试验表明，由于采用镶圈式气门座后，气门座的导热性变差，排气门座的工作温度会比不镶圈式的高 50~60℃，同时由于加工精度要求提高，成本也提高了。而如果公差增大，压配不当，工作时气门座松脱，将会出现很大事故。因此，当直接在气缸盖上加工出气门座面便能保证工作可靠时，最好不用镶圈式气门座。在铝合金缸盖中，进、排气门全部镶座圈。在非铝合金缸盖的汽油机中，多数是排气门镶座，因为汽油机常在部分负荷下工作，进气管内的真空度有利于机油从气门导管漏入，去润滑进气门，因此工作条件比排气门好。而在柴油机中，进气管的真空度小，机油难以进入导管润滑进气门，同时因为工作过程不同，排气门与气门座反而常得到由于燃烧不完全而夹杂在废气中的柴油、机油以及烟粒等的润滑，因此这时进气门更需要镶座。基于同样的理由，并且在气体压力的作用下，由进气门挠曲变形引起的气门在密封锥面上的微量相对滑动也大，因此增压发动机的进气门磨损更大，更应该镶座。图 5-47 所示为一个增压柴油机的实际气门座圈与气门配合图。由图可知，气门座圈的内锥角有两个，分别为 120°和 60°。其中，60°的锥角是为了减小气体流动阻力和减少密封带宽度；120°的锥角与气门的 140°锥角配合形成密封带。

镶圈式气门座一般采用合金铸铁、青铜、可锻铸铁、球墨铸铁或奥氏体钢等，它们在工作温度下塑性变形较小而硬度较高。设计时一般规定气门座的硬度应略低于气门密封锥面处的硬度。

气门座与气缸盖的工作温度、材料膨胀系数不同，必须仔细确定它们之间的配合尺寸。经验表明，气门座外径过盈达气门座外径的 0.002~0.0035 倍即可，采用铝缸盖时应取上限。此外，为了保持这一过盈量，气门座圈还应该有足够的断面尺寸，一般取其壁厚为座圈内径（即喉口直径）的 0.1~0.15 倍，

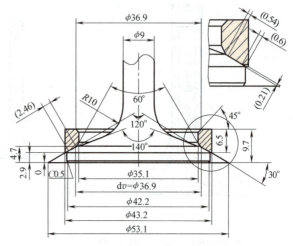

图 5-47　增压柴油机的实际气门座圈与气门配合图

取气门座高度为气门座外径的 0.16~0.22 倍。但是依靠很大的过盈量来防止气门座的松脱可能会导致很大的变形，所以有时利用铝气缸盖或钢气门座的局部塑性变形（敛缝）来提高防松的可靠性，这时允许取较小的配合过盈量。

目前最先进的座圈技术，是在铝合金缸盖上采用激光堆焊的办法得到断面尺寸很小、工作十分可靠的气门座圈。断面尺寸小可以有效地提高气门的通过面积。又因为是直接堆焊在铝缸盖上，以及铝缸盖的导热性能很好，从而避免了镶入的座圈导热性变差的问题。

发动机的气门导管大多为灰铸铁、球墨铸铁、铁基粉末冶金导管，在不良的润滑条件下，其工作可靠、磨损小，同时工艺性好、造价低。在大量生产的条件下，导管一般都设计成没有任何台肩的圆柱形，以便于用无心磨床加工。这时导管压入气缸时的正确位置要用专用工具保证。为使气门在导管中得到良好的导向，希望导管导向长度为气门杆直径的 7 倍左右，这样能使由于摇臂与气门尾端面的偏心接触而造成的导管侧压力最小。导管壁厚一般为 3mm，导管座套壁厚为 3~5mm。导管在导管座套中的过盈量达到外径的 0.003~0.005 倍，采用铝气缸盖时取上限。若导管有台肩，则过盈量为导管外径的 0.001~0.003 倍。导管压入气门座后会发生变形，这将影响气门杆与杆管的配合，设计时应该将这个变形量考虑进去。气门杆与导管间的间隙取决于气门的温度。间隙过大会使气门温度上升，并促使沉积物积集，润滑效果降低，导致气门杆刮伤、磨损，这可能引起气门头部过渡带的疲劳破坏。根据经验，气门杆与导管的间隙应为（0.003~0.007）d_v（进气门）和（0.005~0.010）d_v（排气门）。

为了减少进入气门杆与导管间隙的机油，导管的上端内口不应设计出倒角。导管的具体结构如图 5-48 所示。

6. 气门弹簧

气门驱动机构中的各构件一般只能传递压紧力，不能传递拉力。所以气门机构必须用回

位弹簧维持机构各零件间的正常接触,这种回位弹簧一般布置在气门上,称为气门弹簧。其次,气门弹簧还有增大气门对气门座圈的压力、提高气门密封性的作用。

配气机构传动件的往复运动使气门弹簧承受交变载荷,它们在负加速段工作期间的惯性力会使机构脱开。凸轮运动的谐振又会激起气门弹簧颤振,这将使弹簧的应力幅增大,而有效的弹簧力减小,气门反跳。故在工作中不仅要求气门弹簧力始终大于机构因负加速度运动及附加振动所产生的惯性力,而且要求弹簧颤振尽量小,以保证机构正常工作。但是由于结构布置所限,气门弹簧尺寸又不能很大,故其应力状态严重。目前,很多轿车发动机气门弹簧的工作应力已超过 800MPa($800N/mm^2$)。同时为了保证发动机的可靠度,通常要求气门弹簧的疲劳寿命 $\geq 2\times 10^7$ 次(安全行驶 2×10^4 km),因此要求使用弹性极限和疲劳极限都很高的材料。车用发动机气门弹簧目前较多采用由日本神户开发的 SWOSC-V(钢号相当于美国牌号 SAE9254、中国的 55SiCrA)铬硅气门弹簧钢盘条作为材料。图 5-49 所示为日本气门弹簧钢的发展趋势。典型气门弹簧钢的化学成分见表 5-3。

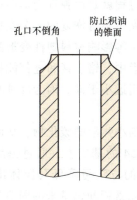

图 5-48　导管的具体结构

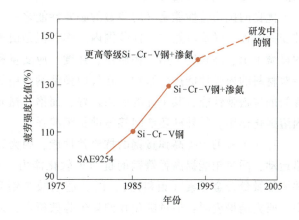

图 5-49　日本气门弹簧的发展趋势

[疲劳强度比值以 SAE9254 的值(100%)为基准]

* 表 5-3　典型气门弹簧钢的化学成分

国家	牌号	化学成分(质量分数,%)							
		C	Si	Mn	P	S	Cr	V	Ni
美国	SAE9254	0.51~0.59	1.20~1.60	0.60~0.80	≤0.035	≤0.040	0.60~0.80	—	—
日本	SWOSC-V	0.50~0.60	1.20~1.60	0.50~0.80	≤0.025	≤0.025	0.50~0.80	—	—
	SWOCV	0.60~0.65	1.30~1.60	0.50~0.70	≤0.025	≤0.025	0.50~0.70	0.08~0.18	—
	KHV10N	0.56~0.61	1.80~2.20	0.70~1.00	—	—	0.85~1.05	0.05~0.15	0.20~0.40
瑞典	Oteva70	0.50~0.60	1.20~1.60	0.50~0.80	≤0.025	≤0.020	0.50~0.80	—	—
	Oteva75	0.50~0.70	1.20~1.65	0.50~0.80	≤0.020	≤0.020	0.50~1.00	0.05~0.25	<0.02
	Oteva90	0.50~0.70	1.80~2.20	0.70~1.00	≤0.020	≤0.020	0.85~1.05	0.05~0.15	0.20~0.40

(续)

国家	牌号	化学成分(质量分数,%)							
		C	Si	Mn	P	S	Cr	V	Ni
德国	C72	0.60~0.75	0.15~0.30	0.60~0.90	≤0.030	≤0.025	—	—	—
	50CrV4	0.45~0.55	0.15~0.30	0.60~0.90	≤0.030	≤0.025	0.80~1.10	≥0.015	—
	55SiCr6	0.50~0.60	1.20~1.65	0.50~0.80	≤0.030	≤0.025	0.50~0.80	—	—
中国	65Mn	0.63~0.70	0.17~0.37	0.90~1.20	≤0.025	≤0.020	—	—	—
	50CrV	0.46~0.54	0.17~0.37	0.50~0.80	≤0.030	≤0.030	0.80~1.10	0.10~0.24	—
	55CrSiA	0.50~0.60	1.20~1.60	0.50~0.80	≤0.030	≤0.030	0.50~0.80	—	—

  铌、钒均是强碳化物形成元素，在钢中可起到沉淀强化和细晶强化的作用。在 SAE9254 弹簧钢中加入 0.21% 的钒，可提高其塑性和疲劳极限；铌可以抑制弹簧钢在热处理过程中的晶粒粗化，提高其韧性。

  优良的抗松弛性能是气门弹簧的必要性能之一。松弛的过程就是由弹性变形向塑性变形转变的过程，弹簧虽然在弹性范围内工作，但是由于松弛将发生不可恢复的永久变形。材料的显微组织、晶粒度、第二相质点、强度、应变量和应变速率等影响材料塑性变形的因素均会对材料的松弛性能产生影响。在气门弹簧钢常用的合金元素中，铬、锰和硅都能提高气门弹簧的抗松弛性能，其中硅的效果最好，而铬、锰元素的作用远小于硅。因为硅具有显著的固溶强化作用，另外硅还能间接地助长沉淀强化。

  加入钼有助于提高弹簧钢的抗松弛性能，因为钼能生成细小弥散的碳化物，从而阻止位错运动，同时钼能提高弹簧钢的抗回火软化能力。在 SAE9254 的基础上，通过提高碳含量并添加微量合金元素（钼和钨），以及适当减少铬和锰含量的方法可降低马氏体出现的概率。研究结果表明：通过碳化物的均匀弥散析出，以及微量元素钼和钨带来的固溶强化，可以得到具有更高强度、优良抗松弛性能和长的疲劳寿命，同时又具有良好抗软化性能的气门弹簧钢。在设计气门弹簧时，通常以弹簧丝的切应力 τ 来衡量工作强度，以 $\tau \leq [\tau]$ 为准，许用切应力 $[\tau]$ 按照抗拉强度 R_m 的 40% 计算。日本常用气门弹簧材料的抗拉强度见表 5-4。

* 表 5-4 日本常用气门弹簧材料的抗拉强度

弹簧线径/mm	抗拉强度/MPa		
	SWO-V	SWOCV-V	SWOSC-V
0.50	—	—	2010~2160
0.60	—	—	2010~2160
0.70	—	—	2010~2160
0.80	—	—	2010~2160
0.90	—	—	2010~2160
1.00	—	—	2010~2160
1.20	—	—	2010~2160
1.40	—	—	1960~2110
1.60	—	—	1960~2110

(续)

弹簧线径/mm	抗拉强度/MPa		
	SWO-V	SWOCV-V	SWOSC-V
1.80	—	—	1960~2110
2.00	1620~1770	1570~1720	1910~2060
2.30	1620~1770	1570~1720	1910~2060
2.60	1620~1770	1570~1720	1910~2060
2.90	1620~1770	1570~1720	1910~2060
3.00	1570~1720	1570~1720	1860~2010
3.20	1570~1720	1570~1720	1860~2010
3.50	1570~1720	1570~1720	1860~2010
4.00	1570~1720	1520~1670	1810~1960
4.50	1520~1670	1520~1670	1810~1960
5.00	1520~1670	1470~1620	1760~1910
5.50	1470~1620	1470~1620	1760~1910
5.60	1470~1620	1470~1620	1710~1860
6.00	1470~1620	1470~1620	1710~1860
6.50	—	1420~1570	1710~1860
7.00	—	1420~1570	1660~1810
7.50	—	1370~1520	1660~1810
8.00	—	1370~1520	1660~1810
8.50	—	1370~1520	—
9.00	—	1370~1520	—
9.50	—	1370~1520	—
10.0	—	1370~1520	—

气门弹簧的特性如图 5-50 所示，要保证高转速时的弹簧作用力 F_{max}（N）始终大于气门机构惯性力，即

$$F_{max} = km\ddot{y} = km y''_A \omega_c^2 \times 10^3, \quad 1 < k \leq 1.5$$
(5-56)

式中，y''_A 为气门的几何加速度 [mm/rad² 或 mm/(°)²]，对应的凸轮角速度 ω_c 为 $n_c\pi/30$ 或 $6n_c$。

当气门关闭时，气门弹簧还应保持一定的装配预紧压缩力，以防止进气初期排气门

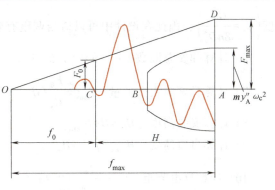

图 5-50 气门弹簧特性图

在排气道与气缸内气体压力差的作用下自动打开，一般这个压力差 Δp_1 可达 0.2~0.5MPa。而在增压发动机中，还应防止排气冲程中由于进气道内增压压力与气缸压力差 Δp_2 的作用而使进气门提前打开，计算时通常取排气压力为 0.105~0.120MPa。

一般可取

$$F_0 = \frac{1}{1.2 \sim 3.0} F_{max} \tag{5-57}$$

实际制造中，建议取 $F_{max} = (1.6 \sim 2.0) F_0$，以使弹簧结构紧凑。对于增压发动机，一般应加大预紧力 F_0，为了不至于使 F_{max} 过大，应该取较小的比例系数。

弹簧的刚度为

$$C_s = \frac{F_{max} - F_0}{H}$$

在校核点 B 处，要保证弹簧恢复力 $F_B > m\ddot{y}_B$，因为此时为正、负加速度过渡段，惯性力比较大，但是由于气门开度不大，弹簧力比较小，所以容易发生飞脱。气门弹簧一般为等节距圆柱螺旋弹簧，在发动机转速很高或安装条件受到限制的情况下，也可以采用不等节距圆柱螺旋弹簧。在气门升程增加的过程中，不等节距圆柱螺旋弹簧靠近缸盖一端的小螺距部分逐渐并圈，使弹簧的工作长度变短，弹簧的刚度增加，从而保证了弹簧力大于气门机构惯性力。

弹簧基本尺寸的确定步骤如下：

1) 设计气门弹簧时，应首先确定一些基本参数。例如，根据结构布置确定气门弹簧内径 D_1、最大弹簧力 F_{max}，初定弹簧线径 d_s、弹簧工作变形 H、压缩高度 H_{min}。

2) 计算预紧力 $F_0 = \frac{1}{1.2 \sim 2.0} F_{max}$。

3) 计算气门弹簧中径 D_s 和外径 D_2　$D_s = D_1 + d_s$，$D_2 = D_s + d_s$。

4) 计算弹簧刚度 $C_s = \frac{F_{max} - F_0}{H}$。注意，这是按照工作要求计算的弹簧刚度，不是按照弹簧线径等结构参数设计出来的刚度，后面要进行核算。

5) 计算弹簧有效圈数 $n = \frac{G d_s^4}{8 C_s D_s^3}$。$G$ 是弹簧钢丝的机器内切弹性模量，一般 $G = 80000 \sim 830000 \text{N/mm}^2$；当 $d_s = 2 \sim 3 \text{mm}$ 时，G 值可取上限。弹簧的有效圈数直接影响弹簧刚度 $\left(C_s = \frac{G d^4}{8 n D_s^3}\right)$，因此在设计中可以适当调整有效圈数来得到需要的 F_{max}。

6) 计算弹簧总圈数　$n_1 = n + (1.5 \sim 2.5)$。

7) 计算弹簧最大变形量　$f_{max} = \frac{F_0}{C_s} + H$。

8) 计算安装高度　$H_0 = H + H_{min}$。

9) 计算自由高度　$H_{max} = f_{max} + H_{min}$。

10) 计算自由节距　$t = d_s + \frac{f_{max}}{n} + 0.2 d_s$。

11) 计算弹簧旋绕比　$C = \frac{D_s}{d_s}$。

12) 计算弹簧补偿系数　$K = \frac{4C - 1}{4C - 4} + \frac{0.615}{C}$。

13) 估算弹簧线径 $d'_s \geqslant 1.365\sqrt[3]{\dfrac{KF_{max}D_s}{[\tau]}}$。如果 d'_s 与 d_s 相差较大，则需要重新选定 d_s，重复计算，直至两者接近。

14) 计算弹簧切应力 $\tau = K\dfrac{8CF_{max}}{\pi d_s^2} \leqslant [\tau]$。

在采用内、外双弹簧的情况下，内、外弹簧的取值范围一般为

$$D_w = (0.3 \sim 0.35)D$$
$$D_n = (0.2 \sim 0.25)D$$
(5-58)

式中，D_w、D_n 分别代表气门外、内弹簧直径。

设计时以保证内、外弹簧不相碰为准。一般柴油机采用两个旋向不同的气门弹簧，以减少弹簧高度和提高工作可靠性。汽油机通常采用一个气门弹簧。

7. 气门与活塞在排气行程上止点是否相碰的计算

活塞在处于排气终了、进气开始阶段的上止点附近时，最容易出现与气门相碰的情况，因此在配气机构各零件的设计基本结束后，还应验算活塞与气门是否相碰。计算的原始数据为曲柄连杆机构、气门组件及正时齿轮传动机构各零件的制造尺寸公差。验算的步骤大体如下：

1) 缸垫按压紧后的厚度计算，除主轴承及活塞销孔以外，曲柄连杆机构的间隙均偏向一侧，使活塞处于最高处，确定活塞在上止点的最高位置（图5-51）。

2) 考虑到活塞的工作温度一般为300℃左右，在确定活塞顶实际高度时要考虑材料的热膨胀量。

3) 活塞在上止点附近时，向上的往复惯性力作用在连杆大头盖上，使大头盖发生弯曲变形，这个变形量也会使活塞与气门间的间隙减小，计算时也要予以考虑。

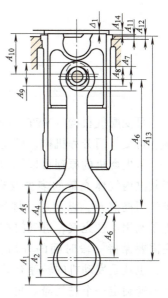

图5-51 计算曲柄连杆尺寸链示意图

4) 在充分考虑了以上因素后，便可确定活塞的实际最高位置，也就是计算活塞顶与缸盖底平面的最小间隙，然后画出活塞位移曲线（图5-52）。

5) 根据进气提前角和排气滞后角，以同一比例画出进、排气门升程曲线（图5-52），注意气门升程对应的角度要换算成曲轴转角，气门间隙为零。还应注意的是，进气门升程曲线（含缓冲段高度）从缓冲段结束、工作段开始的那一点计算，排气门升程曲线计算到工作段结束、缓冲段开始的那一点。

6) 观察气门升程曲线与活塞位移曲线是否相交，相交的最大差值就是活塞与气门的干涉深度。

7) 如果两曲线相交（图5-52中的 B 点），则需要在活塞上开避让坑。为安全起见，避让坑要在干涉深度的基础上留出一个间隙，一般进气门避让坑留1.2mm的间隙，排气门避让坑留1.4mm的间隙。图5-52中 A 点的情况表示气门与活塞相距较近，但是尚有间隙，不会发生干涉；B 点表示两条曲线相交，已经发生干涉。

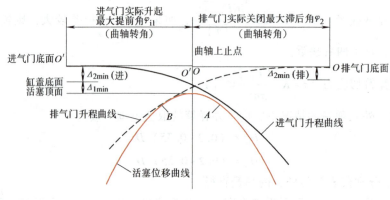

图 5-52 活塞与气门是否相碰的验算

*第五节　可变配气机构

可变配气机构（VVT，Variable Valve Timing）如图 5-53 所示，它包括可变气门正时机构、可变气门升程机构、可变气门开启延续时间机构等。

从内燃机的原理可以知道，内燃机动力性的高低主要取决于其缸内气体充量的多少或充气效率的大小，进气门迟后关、排气门提前开，以及进、排气重叠角的大小是直接影响因素。为了利用惯性充气，进气门在吸气行程结束、压缩行程开始后还需要保持一段时间的开启，这段时间的长短与气体流动速度，也就是发动机的转速有关。通常在内燃机设计中会根据最大转速确定一个进气滞后角，这样的设计只能保证内燃机在某一个工况范围内充气效率较高，在低速时有可能造成进气倒流。如果按照最大转矩点确定进气滞后角，在标定转速时的功率就不能达到最大。另外，内燃机做功的大小也与排气门在活塞到达下止点前开启的角度有关，排气门提前开的角度合适，就能保证活塞推出功小，内燃机的机械损失少。这个角度也与

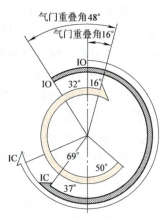

图 5-53 可变配气相位图

发动机的工作转速有关，固定的角度显然满足不了内燃机变工况的需要。VVT 机构分为进气调节、排气调节、进排气同时调节和进排气独立调节几类。现在的发动机多数采用进气 VVT 机构（图 5-54），进排气同时采用 VVT 机构的情况比较少。

为了适应车用内燃机转速和转矩变化范围大的特点，满足在各种工况下都能达到比较大的充气效率的要求，可变配气机构（可变气门正时、可变配气相位、可变气门升程及可变工作气缸）得到了重视和发展。这里对一些典型的可变配气机构进行介绍。

一、VTEC（Variable Valve Timing and Lift Electronic Control System）

采用 VTEC 的发动机，在低速时能够自动减小进气门升程，在高速时能够自动增大进气门升程，使得发动机在低速时具有二气门发动机的经济性，而在高速时具有四气门发动机的动力性。本田雅阁汽车采用的可变配气机构的工作原理如下：

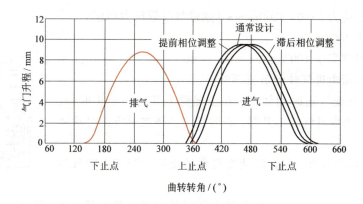

图 5-54　可变配气相位的进排气气门升程关系

本田雅阁发动机为四气门发动机，每缸采用两个进气门、三个驱动凸轮、三个摇臂。如图 5-55 所示，三个驱动凸轮 C 的外廓曲线不同，其中中央凸轮 C 的高度最大。三个摇臂可以独立运动或连成一体运动，它们的接合或分离由同步活塞控制。同步活塞的控制油压受控于发动机电子控制单元（ECU）。在发动机低速工作时，如图 5-55 所示，主、次摇臂并没有与中间摇臂连成一体，它们由主凸轮 A、次凸轮 B 分别驱动。此时主进气门按正常高度打开，由于次凸轮 B 的上升高度很小，故次进气门只稍打开，以预防燃油阻塞于进气口。中间摇臂随中央凸轮 C 运动，但它对气门的开启无任何作用。此时，气门重叠角较小，满足发动机低速工况的需要。

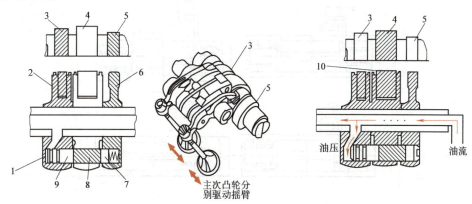

图 5-55　VTEC 机构

1—正时活塞　2—主摇臂　3—主凸轮 A　4—中央凸轮 C　5—次凸轮 B　6—次摇臂
7—阻挡活塞　8—同步活塞 B　9—同步活塞 A　10—中间摇臂

当发动机高速运转时，ECU 打开 VTEC 电磁阀，来自发动机机油泵的油压作用在正时活塞上，正时活塞、同步活塞 A 和 B、阻挡活塞克服弹簧力一起向右移动，从而把主、次摇臂和中间摇臂连成一体。此时，三个摇臂均在中央凸轮 C 的驱动下一同动作，改变配气正时，增大气门重叠角和进气量，使之适合发动机的高速工况。

发动机的 ECU 根据发动机转速、负荷、冷却水温度和汽车车速随时监测发动机运转工况。

当满足设定的条件时，ECU 提供 VTEC 电磁阀电压，VTEC 电磁阀打开，给正时活塞提供油压，进行配气正时的切换。设定的条件大致如下：

1）发动机转速为 2300~3200r/min（依进气歧管压力而定）。
2）车速大于 100km/h。
3）冷却水温度高于 100℃。
4）发动机负荷由进气歧管负压判断。

为了帮助实现配气正时的切换，在主摇臂上装有一个正时板，如图 5-56 所示。当主进气门上升时，正时板 1 会随之退出正时活塞 2 的啮合槽。

当 VTEC 电磁阀打开，向正时活塞提供油压后，配气正时气门的切换过程如下：

（1）气门升程为 0 由于正时板进入正时活塞啮合槽位置，因此正时活塞无法运动，切换无法进行，如图 5-57a 所示。

（2）气门升程改变 正时板退出啮合槽位置，正时活塞开始移动。但由于摇臂上有负荷，摇臂互相错位，因此同步活塞无法移动，如图 5-57b 所示。

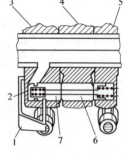

图 5-56 VTEC 同步活塞内部结构

1—正时板 2—正时活塞
3—主摇臂 4—中间摇臂
5—次摇臂 6—同步活塞 B
7—同步活塞 A

（3）气门升程为 0 正时板被拉出后，由于摇臂对正，同步活塞在油压下开始移动，直到正时板在弹簧作用下进入正时活塞的另外一个啮合槽为止，此时三个摇臂连接成一体，配气正时的切换完成，如图 5-57c、d 所示。当 VTEC 电磁阀关闭、泄压后，反向配气正时的切换与上述类似。图 5-58 所示为不同发动机转速所需要的气门升程。

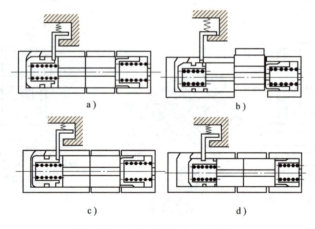

图 5-57 可变正时气门切换过程

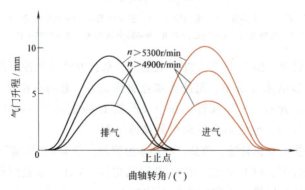

图 5-58 不同发动机转速所需要的气门升程

二、智能可变配气机构（VVT-i）

智能可变配气机构能够根据发动机的转速、负荷调整进气凸轮与曲轴的相对转角位置，从而改变进气门的开启和关闭时刻，达到各工况下动力性最佳。

图 5-59~图 5-61 所示为丰田发动机上采用的 VVT-i。在进气凸轮前端套有一个由液压和弹簧驱动的 VVT 调整机构，该机构由驱动链轮、内斜齿花键链轮套、内直外斜齿花键套（正时活塞）、外直齿花键中心轴、回位弹簧、外部定位螺栓、端面支承盘等部件组成。如图 5-60 所示，VVT-i 有两个工作位置，图 5-60a 所示为最小气门重叠角位置，图 5-60b 所示为最大气门重叠角位置。其工作原理如下：当外部定位螺栓将控制机活塞推进端面支承盘，封住泄油孔时，液压油进入正时活塞顶端空间，推动正时活塞沿外部直齿花键中心轴向右移动，同时由于正时活塞外部斜齿花键的作用，迫使正时活塞还要产生相对于内部斜齿花键套的转动。正时活塞的转动带动凸轮轴相对于驱动链轮产生了转角位移，也就是产生了相对于曲轴的角度变化，因此改变了凸轮轴的工作相位，从而改变了气门的开启和关闭时刻。具体改变多少角度，可通过液压机构的压力变化来控制。

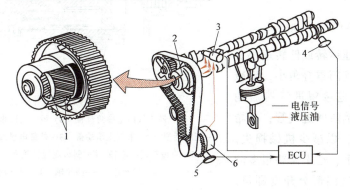

图 5-59　VVT-i

1—斜齿花键　2—VVT-i 带轮　3—液压油控制转换阀　4—凸轮轴位置传感器　5—曲轴位置传感器　6—发动机机油泵

三、张紧轮式可变配气机构

德国大众公司在奥迪轿车上采用了张紧轮式可变配气机构，如图 5-62 所示。此机构固定在排气凸轮一端，在高速工况，当张紧轮向上张紧时，排气凸轮不动，进气凸轮沿逆时针方向转过一个角度，进气门延迟关闭，用于增加功率（图 5-63a）；在中低速工况，张紧轮向下张紧，进气凸轮顺时针转过一个角度，进气门提前关闭，用于提高中低速转矩（图 5-63b）。张紧机构的变化由液压系统控制（具体的机构动作原理这里不再介绍）。

四、叶片式可变配气机构

叶片式可变配气机构（图 5-64）实际上是一个摆动液压缸机构，它由内转子、外转子、链轮、VVT 螺栓、端盖及密封件组成。外转子与链轮做成一体或用紧固件连成一体，与链条、曲轴链轮同步转动；内转子由 VVT 螺栓与凸轮轴连成一体。

内、外转子之间形成数对进角油腔和迟角油腔，这些油腔通过凸轮轴和缸盖上的油道分别与 OCV 电磁控制阀的进角油腔、迟角油腔相通。

通过控制内转子两侧的机油流量，使其相对于外转子发生相对旋转，进行相位调节。机油由发动机的机油泵经四通 OCV 电磁控制阀控制后供应到油腔内，根据曲轴和凸轮轴位置传感器信号，由控制软件决定内转子和外转子的相对位置，并通过液压控制锥形锁止销结构使转子和定子锁死，保持中间位置。这种 VVT 机构可以达到 35°的凸轮角度变化。VVT 机构的结构简单，是目前最为普遍的可变配气机构。

五、可变气门升程机构

当发动机怠速运转或低转速小负荷运转时，希望气门重叠角小，以减少进排气窜气；也希望进气滞后角小，以避免进气倒流回进气管；还希望排气提前角小，以减少机械损失。同时在上述工况下，也不需要很多的缸内气体充量，气门部分开度即可。

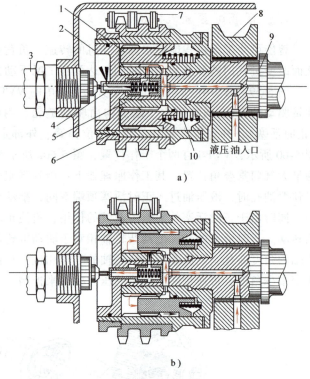

图 5-60　VVT-i 工作原理

a) 最小气门重叠角位置　b) 最大气门重叠角位置
1—正时活塞　2—末端支承端盖　3—外部电磁线圈　4—控制柱塞
5—直齿花键中心轴　6—斜齿花键链轮套　7—驱动链轮
8—轴承座　9—凸轮轴　10—回位弹簧

上述要求都可以通过减小气门升程来达到。减小气门升程的方法有很多，下面仅列出一种供参考，即可变摇臂比机构。

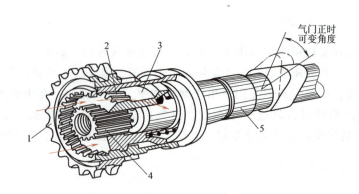

图 5-61　VVT-i 工作原理示意图

1—链轮　2—外部斜齿花键　3—正时活塞　4—内部直齿花键　5—凸轮轴

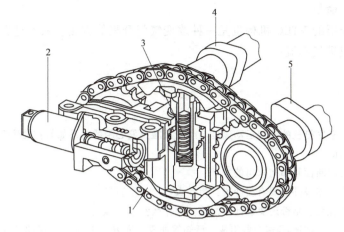

图 5-62　张紧轮式可变配气机构

1—链条张紧支架　2—控制电磁阀　3—液压油腔　4—排气凸轮　5—进气凸轮

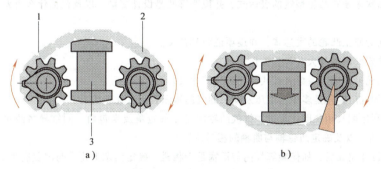

图 5-63　张紧轮式可变配气机构工作原理

1—排气凸轮　2—进气凸轮　3—张紧机构

可变摇臂比机构如图 5-65 所示，其摇臂轴可以移动，这样摇臂比就会随之发生变化。当摇臂轴向气门侧移动时，摇臂比变小，气门升程变小；反之，气门升程变大。这种机构最大的优点是气门的开启和落座可以始终在凸轮缓冲段实现，气门开启和落座的冲击小、噪声

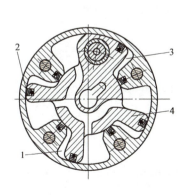

图 5-64　叶片式 VVT 机构示意图

1、3—液压油　2—密封条　4—叶片

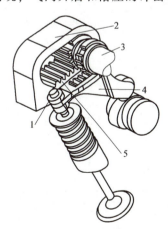

图 5-65　可变摇臂比机构

1—气门间隙调节器　2—移动枢轴套
3—移动枢轴　4—摇臂　5—固定齿条

173

小，机构零件的寿命长。

实际上前面介绍的 VTEC 机构也是一种改变气门升程的方法，只不过它只改变一个进气门的升程，以形成进气涡流。

思考及复习题

5-1 配气机构中平底挺柱的几何运动速度与凸轮接触点偏心距的关系如何？设计平底挺柱时，挺柱底面半径要满足什么要求？

5-2 气门通过时间断面是如何求出的？

5-3 配气凸轮除工作段外都要有缓冲段，为什么？

5-4 采用液压挺柱后，是否还要设计缓冲段？为什么？

5-5 凸轮缓冲段由等加速-等速两段组成，已知缓冲段高度 H_0、速度 v_0、缓冲段包角 ϕ_0，等加速段包角 ϕ_{01}，请写出缓冲段各段的方程式。

5-6 写出高次多项式凸轮型线的表达式，并说明哪些是设计变量，以及根据什么边界条件和方法可以得到此式。

5-7 写出动力修正凸轮的表达式，并逐项说明其含义。

5-8 如何确定气门的最大升程？为什么？

5-9 写出凸轮型线丰满系数表达式，并陈述其含义。

5-10 通常的气门锥角是多少？增压发动机的气门锥角有何变化？为什么？

5-11 如何利用配气相位图计算进、排气凸轮的工作段包角及半包角，同缸异名凸轮相对夹角，同名异缸凸轮相对夹角，以及确定凸轮轴与曲轴的相对位置？

5-12 凸轮设计完成后，如何验算气门与活塞是否相碰？确定活塞上止点与缸盖底平面的最小间隙时，要考虑哪些因素？

5-13 配气相位指的是什么？

5-14 设计气门弹簧时，根据什么确定弹簧预紧力和最大弹簧力？增压发动机的气门弹簧与自然吸气气门弹簧在设计上要考虑哪些不同问题？

第六章

曲轴飞轮组设计

> **本章学习目标及要点**
>
> 本章的学习要求以曲轴的工作情况和设计要求为主线,掌握曲轴的结构设计要点和强度分析重点,提高曲轴疲劳强度的措施以及材料的选取方法;掌握以盈亏功概念设计飞轮的原则。

第一节 曲轴的工作情况、设计要求和材料选择

曲轴是发动机最重要的机件之一,它的尺寸参数在很大程度上不但影响着发动机的整体尺寸和质量,而且影响着发动机的可靠性与寿命。曲轴的破坏事故可能引起其他零部件的严重损坏,在发动机的改进中,曲轴的改进也占有重要地位。随着内燃机的发展与强化,曲轴的工作条件愈加苛刻,因此,曲轴的强度和刚度问题就变得更加严重。设计曲轴时,必须正确选择曲轴的尺寸参数、结构形式、材料与工艺,以求获得最经济、最合理的效果。

一、工作条件、设计要求

曲轴是在不断周期变化的气体压力、往复和旋转运动质量的惯性力及其力矩(转矩和弯矩)共同作用下工作的,这使曲轴既弯曲又扭转,从而产生疲劳应力状态。实践表明,对于各种曲轴,弯曲疲劳载荷具有决定性作用,而扭转载荷仅占次要地位(不包括因扭转振动而产生的扭转疲劳破坏)。关于曲轴破坏的统计分析表明,80%左右的破坏是由弯曲疲劳产生的。因此,曲轴结构强度研究的重点是弯曲疲劳强度。

曲轴的形状复杂,应力集中现象严重,特别是在曲轴轴颈与曲柄的圆角过渡区、润滑油孔附近及加工粗糙的部位,应力集中现象更为突出。图6-1为曲轴应力集中示意图,疲劳裂纹的发源地几乎全部产生于应力集中最严重的圆角过渡区和润滑油孔处。图6-2所示为曲轴弯曲疲劳破坏和扭转疲劳破坏的情况。弯曲疲劳破坏裂纹从轴颈根部表面上的圆角处发展到曲柄上,基本上成45°折断曲柄;扭转疲劳破坏通常从机械加工不良的润滑油孔边缘开始,

约成45°剪断曲柄销。所以在设计曲轴时,要想使其具有足够的疲劳强度,特别要注意强化应力集中部位,设法缓和应力集中现象,也就是采用局部强化的方法解决曲轴强度不足的问题。

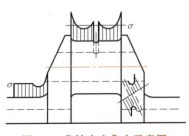

图6-1 曲轴应力集中示意图

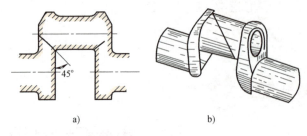

图6-2 曲轴的疲劳破坏形式
a) 弯曲疲劳破坏　b) 扭转疲劳破坏

曲轴轴颈在很高的比压下,以很大的相对速度在轴承中发生相对滑动摩擦。而且曲轴运转工况变化剧烈,有时不能保证液体润滑。再加上润滑油的不清洁和磨下来的金属碎屑会形成磨料磨损,导致曲轴的实际使用寿命大大下降。

曲轴是曲柄连杆机构的中心环节,其刚度也是非常重要的。如果弯曲刚度不足,就会大大恶化活塞、连杆、轴承等重要零件的工作条件,影响它们的工作可靠性和耐磨性,甚至会使曲轴箱局部损坏。曲轴的弯曲刚度还直接影响发动机运动部件的摩擦功,如果弯曲刚度大,会减少轴承的磨损,提高机械效率,使经济性得到提高。曲轴的扭转刚度不足则可能在工作转速范围内产生强烈的扭转共振,轻则引起噪声,加速曲轴上齿轮等传动件的磨损;重则使曲轴断裂。所以设计曲轴时,应保证它有尽可能大的弯曲刚度和扭转刚度。

总结起来,曲轴的工作条件为:

1) 受周期变化的力、力矩共同作用,曲轴既弯曲又扭转,承受交变疲劳载荷,重点是弯曲载荷。曲轴的破坏80%是弯曲疲劳破坏。

2) 由于曲轴形状复杂,因此应力集中严重,特别是在曲柄与轴颈过渡的圆角部分。

3) 曲轴轴颈比压大,摩擦磨损严重。

因此,设计曲轴时有以下要求:

1) 有足够的疲劳强度,以弯曲疲劳强度为主。

2) 有足够的承压面积,轴颈表面要耐磨。

3) 尽量减少应力集中。

4) 刚度要大,变形小,否则会使其他零件的工作条件恶化。

二、材料要求

要根据用途和强化程度正确选用曲轴材料。

1) 中碳钢。如选用45钢(碳的质量分数为0.42%~0.47%),绝大多数采用模锻制造。

2) 合金钢。在强化程度较高的发动机中采用,通常加入Cr、Ni、Mo、V、W等合金元素,以提高曲轴的综合力学性能。

3) 球墨铸铁。球墨铸铁的力学性能和使用性能优于一般铸铁,在强度和刚度能够满足的条件下，使用球墨铸铁材料能够减少制造成本，而且由于材料本身的阻尼特性，还能够减小扭转振动的幅值。

所有这些要求，在高速内燃机的条件下，都应该在比较小的结构质量下实现。同时，随着内燃机的不断发展和各项指标的强化，曲轴的结构也应留有发展的余地。

不难看出，上述强度、刚度、耐磨、轻巧的要求之间是存在矛盾的。例如，为了提高曲轴的刚度而增大主轴颈和曲柄销直径，对轴承而言，可以降低轴承比压，但高转速下轴颈圆周速度变大，从而使摩擦功率损失增大、轴承温度升高，降低了轴承工作的可靠性。

此外，曲柄销的增大，使得连杆大头以更大的比例加大加重，轴承的离心负荷加大。这时，可能会采用斜切口连杆，但这种连杆刚性较差，而且制造成本较高。曲柄销加大带来的曲轴连杆系统旋转质量的加大，可能会使刚度给扭振带来的好处得而复失。正是这些内在的矛盾推动着曲轴设计的发展，而在曲轴强度矛盾的总体中，应力集中处的最大应力与该力作用点的材料抗力的矛盾是主要矛盾。影响这个主要矛盾的主要因素有曲轴的结构、材料和加工工艺，这三个因素各自有独立的作用，又相互影响，必须综合地进行分析，在设计曲轴时，不应只注重结构尺寸的设计。

第二节 曲轴的结构设计

曲轴的结构与其制造方法有直接关系，在进行曲轴结构设计时必须同时考虑。曲轴分整体式和组合式两大类。

一、整体式曲轴

整体式曲轴（图 6-3，图 6-4）的结构是整体的，它的毛坯由整根材料锻造或用铸造方法浇注而成。整体式曲轴具有工作可靠、质量小的特点，而且刚度和强度较高，加工表面也比较少，是中小型发动机曲轴广为应用的结构形式。只要工厂有条件制造，设计上总是尽量采用整体结构。但是，当曲轴尺寸较大，曲拐数较多时，这种曲轴的加工比较困难，需要用大的专用设备，而且容易因某一部分加工不合格或使用中损坏，而导致整根曲轴报废。

图 6-3 四拐平面曲轴三维实体图

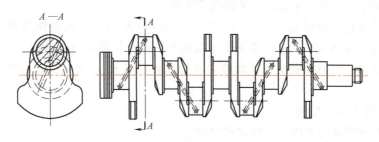

图 6-4 四拐平面曲轴简图

整体式曲轴一般与滑动轴承配合。但是，单缸发动机的整体式曲轴却往往与滚动轴承配合，借以提高机械效率和降低对轴承的润滑要求。

二、组合式曲轴

组合式曲轴（图6-5）是指先把曲轴分成很多便于制造的单元体，然后将各部分组合装配而成。按划分单元体的不同，又可分为全组合式曲轴与半组合式曲轴。

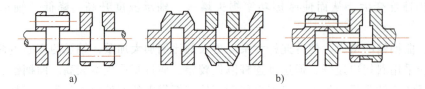

图6-5　组合式曲轴
a) 全组合式　b) 半组合式

大功率柴油机和小型发动机上常采用组合式结构的曲轴。因为大功率柴油机的曲轴粗而长，采用整体式结构则加工困难，有的甚至无法加工。这时只得采用组合式结构。

小型单缸发动机因结构与润滑系统的简化，连杆轴承一般采用滚针（柱）轴承，这时把连杆大头做成整体式，其曲拐必须采用可开的组合结构才能进行装配。在中型高速内燃机上，这种组合式曲轴用得不多。

三、曲轴的长度

曲轴的长度都是由总体布置决定的，主要取决于缸心距 L_0、气缸直径 D 及曲轴的支承形式。当曲轴采用全支承时，曲轴的长度就要大一些。曲轴总长度定下来后，曲轴其他部位长度的确定就是如何合理分配的问题了。

四、曲柄销直径 D_2 和长度 L_2

在设计曲轴轴颈时，首先应该考虑连杆轴颈，因为连杆轴颈的负荷比主轴颈的负荷大。在现代发动机设计中，一般趋向采用较大的 D_2 值，以减小连杆轴颈比压，提高连杆轴承的工作可靠性和刚度。

因此当前的设计趋势是增大 D_2，减小 L_2。这样设计的优点是：

1) L_2 一定时，D_2 增大，比压下降，耐磨性提高。

2) D_2 增大时，弯曲刚度增大，扭转刚度增大。

3) L_2 减小时，纵向尺寸减小，曲轴刚度增大。

从润滑理论来讲，希望 $L_2/D_2 \approx 0.4$。因为如果 L_2/D_2 过小，润滑油很容易从滑动轴承两端泄掉，油膜压力建立不起来，轴承的承载能力下降；如果 L_2/D_2 过大，则润滑油流动不畅，导致油温升高，润滑油黏度和承载能力减小。而且当 L_2 过大时，曲轴变形大，容易形成棱缘负荷。

增大 D_2 还受到两个限制：

1) D_2 增大导致离心力增大，转动惯量增大。

2) 受到连杆大头及剖分面形式的影响，一般 D_2/D 的取值为

$$\frac{D_2}{D} \leq \begin{cases} 0.65 & 平切口 \\ 0.65 \sim 0.7 & 斜切口 \end{cases}$$

承压面积（cm^2）$A_2 = 0.01 D_2 L_2$，一般与活塞顶投影面积 A 的比值为 $A_2/A = 0.2 \sim 0.5$，对于汽油机取值偏下。

五、主轴颈直径 D_1 和长度 L_1

从曲轴全长等刚度的角度出发，应该设计成 $D_1 = D_2$；从曲轴等强度的角度出发，应该设计成 $D_1 < D_2$。但是在实际结构中，D_1（主轴颈）都大于 D_2（连杆轴颈），这样做的原因是：

1）D_1 增大，可以增大曲轴轴颈的重叠度，从而增大曲轴刚度，而不增大离心力。加粗主轴颈后，可以相对缩短其长度，从而可以增大曲柄厚度，即增大了曲柄刚度。这点非常可贵，因为大多数曲轴最薄弱的部分就是曲柄，很多断裂都发生在此处。

2）D_1 增大，可增大扭转刚度，固有频率 ω_e 增大，转动惯量 I 增大不多。

但是，D_1 增大，主轴承圆周速度增大，摩擦损失增大，油温升高。一般 $D_1/D_2 \approx 1.05 \sim 1.25$，$L_1 < L_2$，$L_1/D_1 \geq 0.3$。

多缸发动机的曲柄销长度是相等的，但是主轴颈的长度则不一定相等。负荷较大的主轴颈应该长一些，安装推力轴承的主轴承也要长一些。

六、曲柄

曲柄应选择适当的厚度、宽度，以使曲轴有足够的刚度和强度。曲柄的形状应合理，以改善应力的分布。在确定曲柄的尺寸时，应该考虑到曲柄往往是整体式曲轴中的最薄弱环节。如果在曲轴设计时注意到了防止扭振，那么曲轴经常遇到的破坏形式便是沿曲柄的弯曲疲劳破坏。疲劳裂纹往往起源于高度应力集中的过渡圆角处。曲柄形状对曲轴疲劳强度的影响如图 6-6 所示。

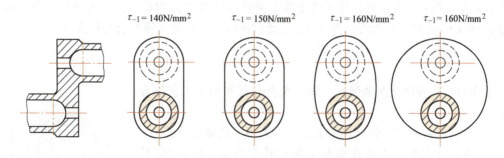

图 6-6 曲柄形状对曲轴疲劳强度的影响

曲柄在曲拐平面内的抗弯能力以其矩形截面的抗弯截面系数来衡量，曲柄横截面的抗弯截面系数为

$$W_\sigma = \frac{bh^2}{6} \tag{6-1}$$

式中，h 为曲柄厚度；b 为曲柄宽度。

为了提高曲柄的抗弯能力，增大曲柄厚度 h 要比增大曲柄的宽度 b 好得多。据统计表明：

1) h 增大 10%,W_σ 理论上增大 20%,实际上增大 40%,因为 h 增大,则圆角处应力集中现象减轻,使应力分布趋于均匀。但是在缸心距一定的条件下,增大曲柄厚度的代价是缩短轴颈的长度,可见 h 的增大受到限制。

2) b 增大 10%,W_σ 理论上增大 10%,实际上增大 5%,这是由于 b 增大,应力分布不均匀更加严重。

现代发动机曲轴大多数采用椭圆形曲柄,这样既可以尽量减小曲轴质量,又可以最大限度地保证曲柄应力分布均匀。

七、平衡重

平衡重的作用在内燃机的平衡一章中已经做过详细介绍,这里只讲平衡重的结构设计原则。

平衡重一般布置在连杆轴颈两侧,与连杆轴颈相对的方向。现在大多数发动机曲轴的平衡重都是与曲轴整体铸造的,只有少部分因考虑到锻造成本等问题而与曲轴分开制造,然后通过螺钉紧固在曲轴上。

设计平衡重时,应尽可能使平衡重的质心远离曲轴旋转中心,即用较轻的平衡块达到较好的平衡效果,以便尽可能减小曲轴的质量。平衡重的形状一般为扇形,其最大圆心角不能大于 180°。平衡重的径向尺寸以不碰活塞裙底部,两块平衡重之间的宽度以连杆大头能通过为限度。以单拐曲轴平衡重的设计为例,如果只考虑旋转惯性力的平衡问题,则由第三章内容可知,单拐的旋转惯性力为

$$F_r = m_r r \omega^2$$

曲柄上的两个平衡块的质径积应该满足以下关系式,即

$$m_p r_p = \varepsilon \frac{1}{2} m_r r$$

式中,ε 为平衡率,表示所设计平衡重要平衡掉旋转惯性力的百分比,由设计者事先确定,一般 $\varepsilon = 0.65 \sim 0.85$,最大可以等于 1,但此时曲轴质量和转动惯量会比较大。

八、油道设计及油孔位置

油孔的布置应该由曲轴强度、轴承负荷分布和加工工艺综合确定。

1) 设在低负荷区,保证润滑油出口阻力小,供油充分。

2) 从强度来讲,应选在曲拐平面运转前方 $\varphi = 45° \sim 90°$ 处(图 6-7),即弯曲中性面上。这样可使加工方便,曲轴切应力最小。

曲轴油孔边缘是容易产生应力集中的地方,锐角壁上应力最大,尤其是当倾斜角大时更是如此。为了减轻应力集中的影响,油道壁应该光滑,出口边缘处应做出圆角并抛光。圆角半径一般为油孔直径的 1/2 左右,不应太大,不能超过油孔直径,否则会由于去除了过多的金属而削弱了轴的强度。用挤压工具

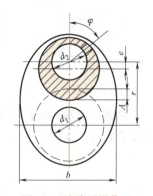

图 6-7 油孔开设位置

挤压油孔边缘，也能够有效地改善这些地方的表面质量并形成表面残余压应力层，有助于减轻应力集中，提高疲劳强度。斜油道的形式如图6-8所示，其出口应力分布举例如图6-9所示。

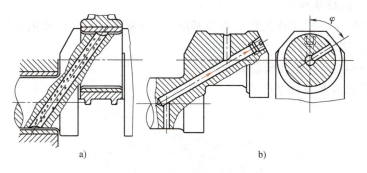
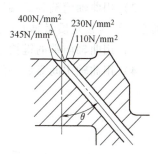

图6-8　斜油道的形式　　　　　　　图6-9　斜油道的出口应力举例

九、曲轴基准相关问题

1. 曲轴的设计基准

还是以直列四缸机为例，曲轴的设计基准由两个面和两根轴线组成，如图6-10所示。对于全支承的四拐曲轴，一共有5个主轴颈，经常是将垂直于第三主轴颈轴线，也就是中间主轴颈一半长度处的平面作为第一个基准面B，再将曲轴主轴颈中心线与连杆轴颈中心线组成的平面作为第二个基准面M；两轴线就是曲轴中心线C和连杆轴颈中心线G。曲轴成品图样上的所有标注尺寸都以这4个基准为准。

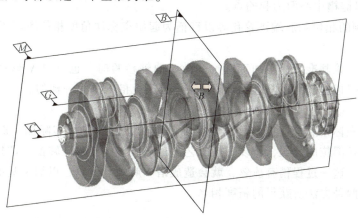

图6-10　曲轴设计基准示意图

2. 曲轴粗基准

曲轴的粗基准（图6-10）实际上与设计基准基本重合，也是用来确定曲轴的加工基准，它对于曲轴的轴向和径向精度有重要影响。

（1）基准C　第一主轴颈与最后一道主轴颈的外圆毛坯面，这个毛坯面用来模拟主轴颈公共轴线。

（2）基准G　第一连杆轴颈外圆毛坯面模拟第一连杆轴颈轴线。

（3）基准M　第一连杆轴颈轴线（即基准G）与基准C组成的平面。

(4) 基准 B 中间主轴颈中间平面。

3. 曲轴加工基准

1) 如图 6-11 所示，在粗基准确定之后，依据粗基准加工出前、后两个顶尖孔和前端的键槽或定位销孔，作为后续加工的精基准 D。

2) 用曲轴前端和后端设置的中心孔（顶尖孔）模拟基准 C。此轴线不仅是曲轴的几何轴心，更应该是质量轴心以及旋转质量轴心。

3) 用曲轴前端的键槽中心面或定位销孔模拟基准 M。

4) 用曲轴中间靠后端的止推面 N 替代基准 B。

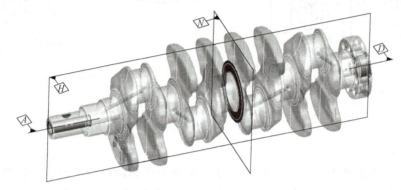

图 6-11　曲轴的加工基准

4. 曲轴的尺寸标注

1) Y 方向以靠后的止推面 N 为起始点。

2) X 方向以键槽中心面为起始点。

3) 连杆轴颈的相位和后端飞轮孔等以键槽为起始点标注角度相位和距离轴心的尺寸。

5. 检验基准

所有零件的检验基准应该与加工基准一致。曲轴检验时，也可以 V 形铁支承第一及最后一道主轴颈以模拟基准 C，理论上与使用支承顶尖孔的效果是一样的。

6. 产品工程图上的尺寸标注

尺寸标注的坐标原点（O 点）可以取设计基准的原点。但是实际加工时，都要用加工基准来确定零件各部位的位置，所以一般工艺部门还要做一次基准转换，即把尺寸的起始点转换到加工基准，这一过程稍有疏忽，就会造成诸多麻烦。所以，以加工基准为尺寸标注的原点更好一些，两种方法所获得的精度相当。

第三节　曲轴的疲劳强度校核

一、曲轴的损坏形式和强度的有限元计算方法

1) 主要是弯曲疲劳破坏（80%）和扭转疲劳破坏。

2) 现在绝大部分采用有限元方法，极少采用简支梁法。

有关曲轴有限元计算的研究已经比较成熟了，现在多是对一个曲拐进行计算，因为认为其他曲拐上的力对这一拐没有影响。曲轴的有限元模型如图 6-12 所示，可以用来进行曲轴

的刚度计算、强度计算和振动模态计算,现在有很多现成的有限元工程分析软件,只要有三维实体模型,就能很容易得到曲轴的三维有限元模型,但是要想得到符合实际的计算结果,关键是如何处理曲轴的位移约束条件和加载方式。位移约束条件和加载方式的不同,会得出差别非常大的结果,这需要详细了解曲轴的工作情况和受力状况。另外,在形状变化剧烈的圆角处,要进行网格细化,否则计算结果会不准确。

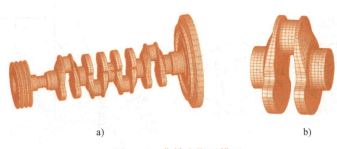

图 6-12 曲轴有限元模型

a)整体曲轴模型 b)单拐曲轴模型

二、疲劳强度校核

曲轴圆角处和油孔处的应力集中严重,是校核的重点。

要想使计算结果准确,就必须弄清楚曲拐上的作用力及其作用效果,以便在有限元模型上施加正确的载荷边界条件。下面以第 i 个曲拐所受的作用力为例进行(图 6-13)说明:

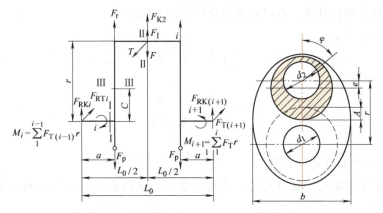

图 6-13 单个曲拐受力及油孔开设位置示意图

1)沿曲拐半径方向作用的径向力。其中包括由气压力和活塞连杆组往复运动惯性力产生的径向力 F_K,连杆旋转质量的离心力 F_{K1},曲柄销的离心力 F_{K2}。设使曲柄受压的力 F_K 为正。

2)沿垂直于曲柄半径方向的切向力 F_T,设指向旋转方向为正。

3)由前面气缸传来的转矩 $M_i = \sum_{1}^{i-1} F_{T(i-1)} r$。

4)由右边主轴颈传出的转矩 $M_{i+1} = M_i + F_{Ti} r$。

5)曲柄的离心力 F_r。

6）平衡重的离心力 F_p。
7）主轴承的垂直支反力 F_{RKi} 和 $F_{RK(i+1)}$。
8）主轴承的水平支反力 F_{RTi} 和 $F_{RT(i+1)}$。

图 6-14 所示为第 i 个曲拐在前面气缸传来的转矩 M_i 和 F_{RKi}、F_{RTi}、F_p 各力的单独作用下，曲柄横断面上应力分布示意图。

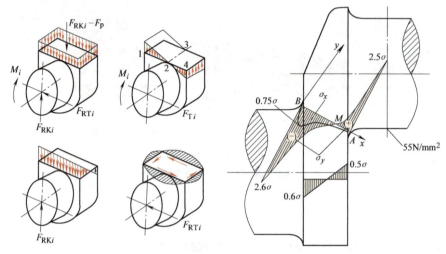

图 6-14 曲柄受力及应力分布示意图

目前，都采用有限元方法和可靠性方法进行强度分析。

在进行具体结构设计时，有时采用优化设计的方法：

1）建立目标函数。

$$\min\sigma = \sigma(D_1, D_2, L_1, L_2, h, b, r_1, r_2, \cdots)$$

2）确定约束条件

$$g_1 = D_1 - b_1 \geqslant 0$$
$$g_2 = h - b_2 \geqslant 0$$
$$\cdots$$

3）确定设计变量和设计参数。

4）采用适当的算法（复合形法，惩罚函数法，单纯形法）求解目标函数，确定设计变量。

在生产实际中，一般用曲轴的安全系数来评价曲轴的可靠性，这也是简单实用的方法。虽然该方法与可靠性设计的概念不太相同，但是概念简单，应用方便，所以目前还在普遍使用。

一般在制造工艺稳定的条件下，钢制曲轴的安全系数 $n \geqslant 1.5$。对于高强度球墨铸铁曲轴，由于材料质量不均匀，而且疲劳强度的分散度比较大，应取 $n \geqslant 1.8$。

第四节　提高曲轴疲劳强度的结构措施和工艺措施

在载荷不变的条件下，要降低最大弯曲应力值，提高曲轴的抗弯强度，就应设法降低轴的应力集中效应，适当减小单拐中间部分的弯曲刚度，使应力分布较为均匀，即采用结构措施使形状弯曲部分的应力集中最大限度地下降。

一、结构措施

以下结构措施可以降低轴颈圆角处的应力集中。

1. 加大曲轴轴颈的重叠度 A

采用短行程是增加曲轴轴颈重叠度的有效办法。曲轴重叠度增加，曲轴抗弯刚度和抗扭刚度增加。重叠度 A 为

$$A = \frac{D_1 + D_2}{2} - r$$

$$\varphi = 1 + \frac{A}{S/2} = \frac{D_1 + D_2}{S} \tag{6-2}$$

式中，φ 为曲轴重叠度系数，可以进行不同发动机的比较；S 为活塞行程，$S = 2r$。

2. 加大轴颈附近的过渡圆角

过渡圆角的尺寸、形状、材料组织、表面加工质量和表面粗糙度等对曲轴应力的影响十分明显。为了减小圆角部位的应力集中效应，必须增大圆角半径。但随着圆角半径的增大，轴颈有效承压长度会缩短。为解决这一矛盾，人们设计了变曲率过渡曲线（如用 1/4 椭圆弧）的方法，或者用几段互相相切的圆弧近似代替，如图6-15所示。但是，这种过渡曲线要求对精磨圆角的砂轮进行专门的修整，因此工艺复杂。如果砂轮修整得不准，可能会弄巧成拙，所以应用得不广。

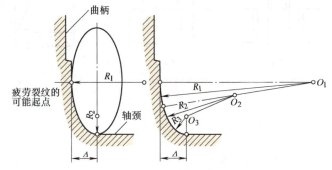

图 6-15　圆角过渡曲线形式

3. 采用空心曲轴

若以提高曲轴抗弯强度（降低曲柄销圆角最大弯曲应力）为主要目标，则采用主轴颈为空心的半空心结构就可以了。若要同时减小曲轴的质量和减小曲柄销的离心力，从而降低主轴承负荷，则宜采用全空心结构（图6-16），且将曲柄销内孔向外侧偏离。一般空心度 $d/D = 0.4$ 左右的效果最好。

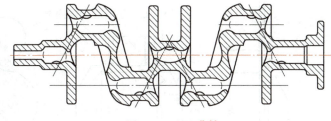

图 6-16　空心曲轴

4. 沉割圆角和开卸载槽

为了在增加圆角半径 R 的同时保证轴颈有效承压长度，可采用曲轴沉割圆角（图6-17）。图 6-17a 所示为把过渡圆弧移到曲柄里形成的组合内凹圆角，这时最大应力点移向曲柄内侧，因此要注意内凹圆角不能太深，否则会过多地削弱曲柄的强度，反而使曲轴的强度降低。图 6-17b 所示为一般沉割圆

角。图 6-17c 所示为偏心沉割圆角，其偏心率的选择应使沉割圆角能逐渐过渡到原始圆角半径上。它既可增大应力集中部位的圆角半径，又不会减小受载最严重区域的承载面积。一般圆角半径与气缸直径的比值 $R/D = 0.05 \sim 0.07$，当 $R > 0.07D$ 时，虽然 R 增加，但应力集中减少已不明显。出于工艺上的考虑，在任何情况下，R 的绝对值不应小于 2mm（沉割的滚压圆角除外）。为使曲轴工作可靠，圆角表面粗糙度值要尽量降低，不允许存在材料组织上的缺陷。

所谓卸载槽，就是在曲柄销下方或主轴颈上方曲柄内挖一凹槽（图 6-18）。一般称前者为曲柄销卸载槽，称后者为主轴颈卸载槽。适当地选择槽的形状、边距、槽深、圆角及张角，在相同的载荷条件下，可使曲柄销圆角最大应力值有所降低。因为卸载槽挖去的金属比空心结构少，对曲柄的弯曲刚度影响不大，所以对其应力状态几乎没有影响。

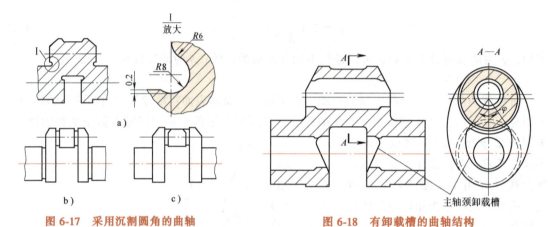

图 6-17 采用沉割圆角的曲轴

图 6-18 有卸载槽的曲轴结构

二、工艺措施

1. 圆角滚压强化

圆角滚压强化（图 6-19）的原理：使表面产生剩余压应力，抵消部分工作拉伸应力，提高曲轴的疲劳强度。钢轴的疲劳强度可提高 30%，球墨铸铁轴的疲劳强度可提高 30%~60%。

进行圆角滚压强化之后，还可以降低圆角的表面粗糙度值，消除显微表面裂纹和针孔、

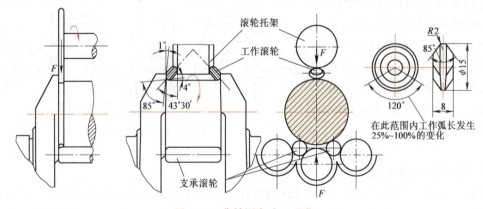

图 6-19 曲轴圆角滚压强化
（GCr15°，60~65HRC）

气孔等表面缺陷。

2. 圆角淬火强化

用热处理的方法使金属发生组织相变,如产生马氏体相、贝氏体相,发生体积膨胀而产生残余压应力,曲轴的疲劳强度可提高30%~50%,同时可提高硬度及表面耐磨性。淬火层深度一般为3~7mm,硬度为55~63HRC。圆角淬火强化是最常用的曲轴表面强化处理方法,如图6-20所示。需要注意的是,在曲轴进行淬火

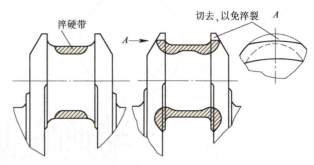

图6-20 曲轴表面淬火示意图

处理时,一定要连同圆角同时进行淬硬处理,否则未被淬硬的圆角部分会形成回火区,出现残余拉应力,反而降低了曲轴的疲劳强度。连同曲轴圆角一同淬硬需要专门的工艺措施,例如,采用能够连同曲轴圆角一同加热的感应线圈。圆角淬火产生的残余压应力可以使曲轴的疲劳强度提高30%~50%。一般锻钢曲轴的感应淬火效果比球墨铸铁曲轴的好。但是曲轴圆角淬火容易引起曲轴变形,所以要在粗磨后进行感应淬火,再通过精磨消除变形。

从上面的叙述可以发现,曲轴在表面淬火处理之后,其表面材料发生了变化。而一般在利用有限元方法进行曲轴强度模拟时,曲轴内外都是同一种材料,这样会与经过工艺处理的实际曲轴的疲劳强度产生很大的区别。为了真实地模拟曲轴的疲劳强度,应该在曲轴有限元模型中考虑淬火硬化的过程和效果。图6-21和图6-22所示是吉林大学利用有限元方法进行曲轴疲劳强度分析的最新模型。该模型先是利用仿真模拟的方法模拟曲轴高频淬火过程,在曲轴表面形成残余应力,然后用带有残余应力的曲轴有限元模型进行疲劳强度的计算分析。而以往的曲轴有限元模型都采用单一材质,只能考虑结构参数,不能考虑工艺过程,与实际曲轴的工作状态差别较大。

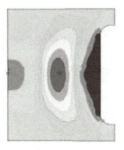

图6-21 曲轴淬火残余应力仿真模型

图6-22 考虑表面淬火的曲轴强度分析模型

3. 喷丸强化

喷丸强化(图6-23)与滚压强化的道理一样,属于冷作硬化变形,在金属表面留下压应力,而且使表面硬度提高,从而提高曲轴的疲劳强度。

4. 氮化处理

氮化处理是指利用辉光离子氮化或气体软氮化方法,使氮气渗入曲轴表面,通过氮的扩散

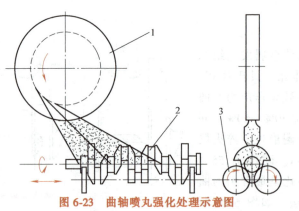

图 6-23 曲轴喷丸强化处理示意图

1—喷丸装置　2—曲轴　3—滚轮

作用，使金属体积增大，从而产生挤压应力。曲轴经氮化处理后，其疲劳强度可提高 30%。

第五节　飞轮的设计

一、飞轮（图 6-24）的作用

当发动机的输出转矩 M 大于阻力矩 M_R 时，飞轮吸收多余的功，使转速增加较少。

当发动机的输出转矩 M 小于阻力矩 M_R 时，飞轮释放储存的能量，使转速减少较小。

总之，飞轮的作用就是调节曲轴转速变化，稳定转速。通常用发动机转矩不均匀系数 μ 和运转不均匀系数 δ 评价发动机运转的稳定性：

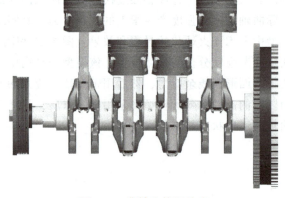

图 6-24　曲轴飞轮组总成

发动机转矩不均匀系数

$$\mu = \frac{M_{max} - M_{min}}{M_m} \quad (6\text{-}3)$$

发动机运转不均匀系数

$$\delta = \frac{\omega_{max} - \omega_{min}}{\omega_m} \quad (6\text{-}4)$$

曲轴角速度变化率为

$$\frac{d\omega}{dt} = \frac{M - M_R}{I_0} \quad (6\text{-}5)$$

式中，I_0 为曲轴系统的总转动惯量。

可以明显地看出，要想提高发动机运转的稳定性，降低曲轴角速度 ω 波动的措施有：

1) 增加气缸数，使点火均匀，从而减少气缸间歇性工作带来的冲击。

2) 增加发动机转动惯量 I_0，使角速度波动率减小。最有效的方法就是安装飞轮。

由于发动机低速时的运转均匀性较差，所以低速时的转速波动较为明显（参见第四章），这也常是变速器出现异响的主要原因。

二、飞轮转动惯量 I_f 的确定

在与 ω_{min} 和 ω_{max} 对应的转角 φ_1 和 φ_2 范围内，对式（6-5）积分得

$$\Delta E = \int_{\varphi_1}^{\varphi_2}(M - M_R)\mathrm{d}\varphi = \int_{\varphi_1}^{\varphi_2} I_0 \frac{\mathrm{d}\omega}{\mathrm{d}t}\mathrm{d}\varphi = \int_{\omega_{min}}^{\omega_{max}} I_0 \omega \mathrm{d}\omega = \frac{I_0}{2}(\omega_{max}^2 - \omega_{min}^2)$$

$$= \frac{I_0(\omega_{max} - \omega_{min})}{(\omega_{max} + \omega_{min})/2} \frac{(\omega_{max} + \omega_{min})^2}{4} = I_0 \delta \omega_m^2 \quad (6\text{-}6)$$

$$\delta = \frac{\omega_{max} - \omega_{min}}{(\omega_{max} + \omega_{min})/2} = \frac{\omega_{max} - \omega_{min}}{\omega_m} \quad (6\text{-}7)$$

式中，ΔE 为在曲轴角速度从 ω_{min} 到 ω_{max} 所对应的曲轴转角之间，发动机转矩曲线与阻力矩曲线所包围的面积（图 6-25）称为盈亏功（N·m）；δ 为发动机运转不均匀系数，或称变速率；ω_m 为平均角速度。

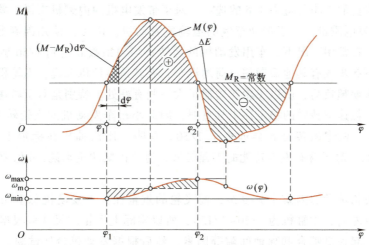

图 6-25 发动机转矩与曲轴角速度的变化情况

如果
$$\Delta E = \xi E = \xi \times 12 \times 10^4 \frac{P_e}{n}$$

式中，E 为一循环的有效功；ξ 为盈亏功系数，主要与气缸数有关；P_e 为有效功率（kW）；n 为转速（r/min）。
则可根据 ξ 算出盈亏功 ΔE。

表 6-1 中列出了各种四冲程发动机的转矩不均匀系数和盈亏功系数。

在发动机的总转动惯量中，飞轮的转动惯量占一大部分。令飞轮的转动惯量 $I_f = \psi I_0$，ψ 为飞轮的转动惯量占发动机总转动惯量的比例，一般 $\psi = 0.8 \sim 0.9$，多缸发动机一般取较小的数值。再引用前面的结果，则飞轮的转动惯量（kg·m²）为

$$I_f = \psi \frac{\Delta E}{\delta \omega_m^2} \approx 10.8 \times 10^6 \frac{\psi \xi}{\delta} \frac{P_e}{n^3} \quad (6\text{-}8)$$

表 6-1　四冲程发动机的转矩不均匀系数和盈亏功系数

气缸数 Z	μ	ξ
1	10～20	1.1～1.3
2	8～15	0.5～0.8
3～4	5～10	0.2～0.4
6	1.5～3.5	0.06～0.1
8	0.6～1.2	0.01～0.03
12	0.2～0.4	0.005～0.01

在实际工程中，习惯上还引用飞轮矩 $G_f D_m^2$（N·m²）来讨论飞轮的转动惯量

$$G_f D_m^2 = \frac{\pi b \rho}{8}(D_2^2 - D_1^2)g = 4g I_f \tag{6-9}$$

式中，G_f 为飞轮重量（N）；D_m 为飞轮平均直径（m）；ρ 为材料密度（kg/m³）；g 为重力加速度（m/s²）；b 为飞轮厚度（m）。

飞轮转动惯量的大小关键在于 δ 的选择。对于带发电机的内燃机来说，要求 $\delta = 1/150 \sim 1/200$，以保证发电质量。对于带动车辆的运输式发动机，由于其使用因素非常复杂，δ 的选择非常分散。在常用工况下，车用发动机的运转不均匀系数 δ 达到 1/50 就可以了。对于可能在大阻力下起步或有其他短期超负荷的汽车，尤其是拖拉机来说，飞轮积聚的动能有助于起步和克服短期超负荷，所以飞轮转动惯量大一些有好处。特别是对于高速内燃机，如小轿车的发动机，低速空转时的稳定性十分重要，因此小轿车发动机的飞轮转动惯量大一些，δ 值也就小一些，高速运转时 δ 会远小于 1/50。有些车用汽油机在标定工况下的 δ 小到 1/200 甚至 1/300。对于含有发电功能的工程机械和拖拉机柴油机来说，δ 值要根据发电的要求来选择。

由于影响飞轮重量的因素十分复杂，而飞轮的重量往往占发动机总重相当大的一部分（四缸机为 1/10 左右，六缸机为 1/20～1/15），所以实际上飞轮的尺寸多根据经验选择，要考虑布置空间、起动机啮合和离地间隙等因素，然后根据发动机台架试验、道路试验进行修正。

三、飞轮结构的设计要点

飞轮都是圆盘形状，其关键尺寸是飞轮的外径。外径越大，在同样的转动惯量下飞轮就可以越轻。确定飞轮的外径时，除了要考虑空间条件外，还要考虑外圆的圆周速度，尤其对于灰铸铁飞轮，建议圆周速度不超过 35～50m/s。否则，会由于离心惯性力过大，造成材料的抗拉强度不足而使飞轮损坏及飞轮材料碎裂飞出的事故。

根据统计，高速内燃机飞轮外径 $D_2 = (3 \sim 4)D$（D 为气缸直径）。实际上，车用汽油机的 $D_2 = 300 \sim 400$mm，高速柴油机的 $D_2 = 400 \sim 600$mm。飞轮主要尺寸简图如图 6-26 所示。

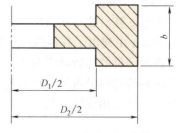

图 6-26　飞轮主要尺寸简图

汽车发动机的飞轮一般用螺栓和定位销与曲轴后端连接，连接元件的布置是不对称的，以保证飞轮与曲轴之间有固定不变的角位置。这是因为曲轴与飞轮是装在一起检验动平衡的，动平衡性能在拆装之后不应遭到破坏。同时，飞轮上往往刻有各种定时记号，也不允许改变曲轴与飞轮的相对位置。

计算飞轮连接螺栓的强度时，必须注意转矩是靠接合面的摩擦力矩传递的，螺栓只受拉伸，不受剪切。所以曲轴后端面必须平整，只许略为中凹，不许中凸，同时要严格控制其垂直度误差。这里所传递的力矩，除了输出转矩曲线上的最大值 M_{max} 外，还有由扭转振动引起的附加力矩 M_d，一般认为 M_d（N·mm）的最大许用值为

$$M_d = 40 W_\sigma \qquad (6\text{-}10)$$

式中，W_σ 为曲轴主轴颈的抗扭断面系数。

紧固飞轮的螺栓的计算面积 A（mm^2）为

$$A = \frac{M_{max} + M_d}{Rfi [\sigma]} \qquad (6\text{-}11)$$

式中，R 为各紧固螺栓中心所在的圆周半径（mm）；f 为摩擦因数，为安全起见可取较小值 $f=0.1$；i 为紧固螺栓的数量；$[\sigma]$ 为螺栓材料的许用应力，一般飞轮螺栓都采用优质结构钢制造，经调质处理后具有很高的屈服强度，所以可取 $[\sigma] = 500MPa$。

四、双质量飞轮的特性及结构设计要点

由于往复式内燃机各气缸间歇工作的特点，曲轴的转速波动是不可避免的，尤其是在缸数少、转速低的情况下更加明显。对于小汽车常用的四缸发动机来讲，其低速（$n<2000$r/min）下的转速波动经常造成变速器齿轮异响和齿轮早期磨损，严重时会造成车身的抖动，影响乘员的舒适性。通常的解决办法是加大飞轮的转动惯量，从而降低运转不均匀系数 δ。这样做虽然有一些效果，但是也会带来另外的问题。例如，由于增加飞轮转动惯量往往受到空间尺寸的限制，因此只能靠增加飞轮的质量来达到目的，而飞轮质量增加过多会使最后一个主轴承的偏心负荷加大，造成轴承严重偏磨，还会影响发动机的加速性，即汽车的加速性能。为解决发动机低速时转速波动的问题，提出了双质量飞轮的设计概念并实际应用到了发动机的设计中。

典型的双质量飞轮结构如图 6-27 所示。

双质量飞轮还是依据盈亏功的概念进行总体设计，然后按照一定的比例确定第一质量飞轮和第二质量飞轮的转动惯量。但是在考虑双质量飞轮对整车运转均匀性的前提下，人们往往将第二质量飞轮与传动系的变速齿轮、传动轴等归为一个转动惯量。这在进行发动机设计时很难考虑，因此很多人认为双质量飞轮的设计应该归入整车传动系考虑。

双质量飞轮实际上就是一个曲轴输出转速的减振器，起到向变速器传递转速和转矩的作用，使发动机系统或整车系统的抗振动能力提高。但是双质量飞轮的价格高于普通飞轮，这是直至目前为止装备双质量飞轮的整机很少的原因之一。

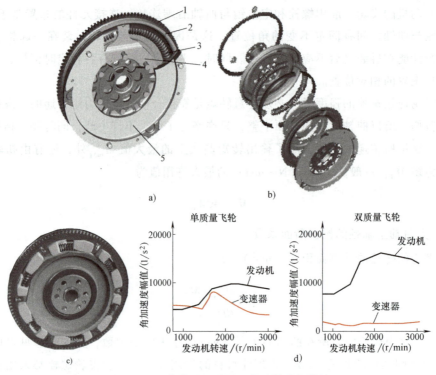

图 6-27 两种典型双质量飞轮及其减振特性
a) 圆弧长弹簧双质量飞轮结构　b) 部件分图　c) 短直线弹簧双质量飞轮结构
d) 单、双质量飞轮传动系角加速度幅值比较
1—起动齿圈　2—主动飞轮　3—弧形弹簧　4—法兰　5—从动飞轮

思考及复习题

6-1　提高曲轴疲劳强度的结构措施和工艺措施分别有哪些？为什么？

6-2　曲轴的连杆轴颈不变，增大主轴颈直径 D_1，有何优点？缺点是什么？

6-3　为什么说连杆轴颈负荷大于主轴颈负荷？实际中主轴颈直径 D_1 和连杆轴颈直径 D_2 哪一个尺寸大？

6-4　多拐曲轴强度最薄弱的环节是曲柄，曲柄的主要结构参数有哪两个？它们各自的变化对其强度有何影响？

6-5　曲轴的工作条件是什么？设计时有什么要求？

6-6　主轴颈与连杆轴颈的重叠度对曲轴强度有什么影响？对于错拐曲轴，连杆轴颈的重叠度是否同样重要？

6-7　曲轴的工作条件是什么？设计曲轴时有什么要求？一般情况下，曲轴的设计安全系数是多少？

6-8　利用有限元方法进行曲轴强度分析时，一般模型与实际曲轴存在哪些差异？

6-9　为什么当曲轴的安全系数比较大时，还是会出现少数曲轴破坏的情况？

6-10　飞轮的主要作用是什么？

6-11　飞轮的转动惯量根据什么来确定？飞轮的转动惯量与气缸数有什么关系？

6-12　飞轮外径受到哪些因素的限制而不能很大？

6-13　发动机低速转动波动有哪些外在表现？

第七章

连杆组设计

> **本章学习目标及要点**
>
> 本章的学习以连杆组的工作情况和设计要求为主线,要求掌握连杆组各零件的设计原则以及保证连杆螺栓疲劳强度的具体结构措施。
>
> (1) 连杆组的组成 连杆组由连杆体(小头、杆身、连杆大头)、连杆盖、连杆螺栓、轴瓦组成。
>
> (2) 连杆组的作用 连杆组将活塞上所受的力传递给曲轴变成转矩,同时将活塞的往复运动变为曲轴的旋转运动。

第一节 连杆的设计

一、工作情况

连杆小头与活塞销相连,与活塞一起做往复运动;连杆大头与曲柄销相连,与曲轴一起做旋转运动。因此,连杆体除了有上下运动外,还左右摆动,即做复杂的平面运动。连杆的基本载荷是拉伸和压缩,最大拉伸载荷出现在进气行程开始的上止点附近,其数值为活塞组和计算断面以上那部分连杆质量的往复惯性力。

$$F'_j = (m' + m'_1)(1 + \lambda)r\omega^2 \tag{7-1}$$

式中,m'、m'_1 分别为活塞组和计算断面以上那部分往复运动的连杆质量。

对于四冲程发动机来说,同样是上止点,排气上止点($\alpha = 0°$)和压缩上止点($\alpha = 360°$)的连杆受力是不一样的:

$\alpha = 0°$ 时,$F_g = 0$,$F_j = F_{jmax}$,$F_L = -F_j$

$\alpha = 360°$ 时,$F_g \approx F_{gmax}$,$F_j = F_{jmax}$,$F_L = F_{gmax} - F_{jmax}$

其中,F_g 和 F_{gmax} 为气压力和最大气压力,F_L 为连杆力,F_{jmax} 为最大往复惯性力。

二、设计要求

根据以上分析可知,连杆主要承受气压力和往复惯性力所产生的交变载荷。因此,在设计时应首先保证连杆具有足够的疲劳强度和结构刚度。如果强度不足,就会发生连杆螺栓、大头盖或杆身的断裂,造成严重事故。同样,如果连杆组刚度不足,也会对曲柄连杆机构的工作带来不好的影响。例如,连杆大头的变形使连杆螺栓承受附加弯曲力;大头的失圆使连杆轴承的润滑受到影响;杆身在曲轴轴线平面内的弯曲会使活塞在气缸内倾斜,造成活塞与气缸及连杆轴承与曲柄销的偏磨,导致活塞组与气缸间漏气、窜机油。经验表明,对强化程度不高的发动机来说,刚度比强度更重要。

显然,为了增加连杆的强度和刚度,不能简单地依靠加大结构尺寸的方法来达到,因为连杆质量的增加会导致惯性力相应增加,所以连杆设计的总体要求是在尽可能轻巧的结构下保证足够的刚度和强度。为此,必须选用高强度的材料,设计合理的结构形状和尺寸,采取提高强度的工艺措施等。

三、连杆材料

连杆材料的选择就是要保证在结构轻巧的条件下有足够的刚度和强度。对于非胀断式连杆,一般有如下材料可供选择:

(1) 中碳钢(45钢,40钢)、中碳合金钢(40Cr,40MnB,40MnVB) 锻造后进行调质,机械加工后探伤。现在连杆辊锻工艺已经很成熟,不需要大的锻压设备,制造成本更低。

(2) 球墨铸铁 其硬度在 210~250HBW 之间,具有 300~500N/mm² 的抗弯强度,与中碳钢差不多。

(3) 铸铝合金 它主要用于小型发动机。

四、主要参数的选择

1. 连杆长度 l

连杆长度 l(图 7-1)由总体布置确定,用连杆比 $\lambda = r/l$ 来说明。

连杆长度 l 的校核:

1)当连杆摆角 β 最大时,连杆是否碰气缸套下沿。

2)当活塞处于下止点时,曲轴平衡重是否碰活塞裙部。

由于连杆长度直接影响压缩比的精度,所以连杆长度精度应该在 ±0.05~±0.1mm 之间。

为使发动机紧凑轻巧,现代高速发动机

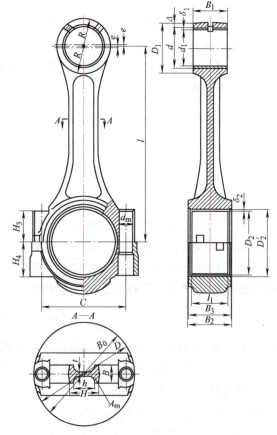

图 7-1 连杆基本参数

设计的总趋势是尽量缩短连杆长度。目前 λ 值已达到 1/3.2，常用范围为 1/4~1/3.2。

从理论上分析，连杆缩短会引起活塞侧压力 F_N 加大，可能增加活塞与气缸的摩擦和磨损。实际中也有通过加长连杆来提高发动机工作可靠性的例子。但是大多数经验证明，直到 $\lambda = 1/3$ 为止，这种影响并不大。

2. 连杆小头孔径 d_1 和宽度 B_1

连杆小头孔径 d_1 和宽度 B_1 由活塞销直径确定，即

$$d_1 = d + 2\delta_1 \tag{7-2}$$

式中，d 为活塞销直径；δ_1 为连杆小头衬套厚度，采用锡青铜衬套时，$\delta_1 = 2~3\text{mm}$，采用冷轧青铜带或钢背-青铜双金属带卷成的薄壁衬套时，厚度仅为 0.75mm，可以使结构更加紧凑。

汽油机的连杆小头宽度 $B_1 = (1.2~1.4) d_1$，柴油机的 $B_1 \approx d_1$。对小头孔径要进行比压校核，即

$$q = \frac{F_g}{d_1 B_1} \leq [q] \tag{7-3}$$

对于汽油机，$[q] \leq 62\text{MPa}$；对于柴油机，$[q] \leq 85~90\text{MPa}$。

3. 连杆大头孔径 D'_2 和宽度 B_2

连杆大头的孔径和宽度由曲柄销的直径 D_2 和长度 L_2 确定，即

$$D'_2 = D_2 + 2\delta_2 \tag{7-4}$$

式中，δ_2 为连杆轴瓦的厚度，对于汽油机，$\delta_2 = 1.5~2\text{mm}$，对于柴油机，一般 $\delta_2 = 2~3\text{mm}$。

汽车用发动机的连杆大头与大头盖通常都是分体式结构，大多数采用平切口形式；一些柴油机由于连杆轴颈较粗而采用斜切口形式，主要是为了保证大头外径尺寸小于气缸直径，即大头外径尺寸 $B_0 < D$（气缸直径），以实现安装。

图 7-2 是某汽油机的连杆简化零件图，上面标出了主要结构尺寸、几何公差和加工精度。

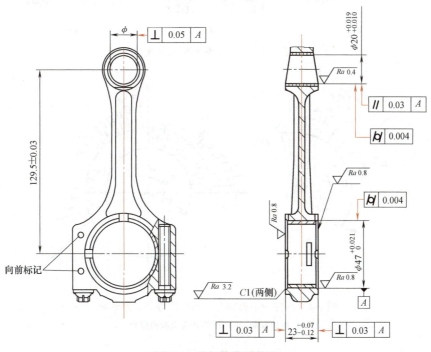

图 7-2 连杆简化零件图

要求，可以作为设计的参考。

五、连杆的结构分析与计算

1. 小头设计

连杆小头的结构形式如图 7-3 所示。连杆小头的应力分布与其和杆身的固定角 ϕ 有很大关系。固定角 ϕ 指的是从连杆大小头孔中心线到小头与杆身的切点的角度。假设连杆小头在拉伸载荷的作用下产生沿上半圆周均匀分布的径向载荷 p'（图 7-4a），并且将小头沿中间 I-I 断面剖开，代之以法向力 F_{N0} 和弯矩 M_0，则由图 7-4b 可以看到，在两种固定角情况下，小头内、外应力分布与固定角的大小有关，但大致趋势不变。例如，内表面应力 σ_{ij} 的最大值一般出现在 $\varphi = 90°$ 处，外表面应力 σ_{aj} 的最大值一般出现在 $\varphi = \phi$ 处，并且 $\sigma_{ajmax} > \sigma_{ijmax}$。还可以看出，当固定角 ϕ 增大时，应力不均匀性增加，σ_{max} 增加。最小的固定角 $\phi_{min} = 90°$。图 7-4c 所示为小头所受的压缩载荷，一般认为压缩载荷沿着半圆周按照余弦规律分布。由

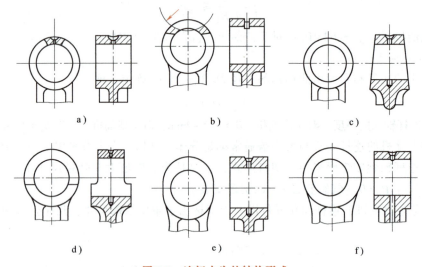

图 7-3 连杆小头的结构形式

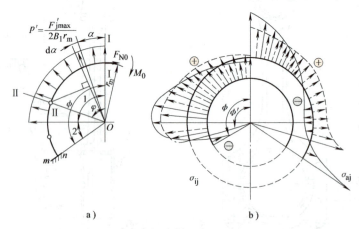

图 7-4 连杆小头固定角对小头应力分布的影响

a) 拉伸载荷 b) 拉伸载荷引起的应力

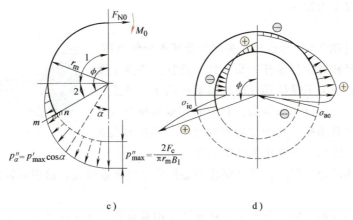

c)   d)

图 7-4　连杆小头固定角对小头应力分布的影响（续）
c)　压缩载荷　d)　压缩载荷引起的应力

于小头下部与杆身相连，所以刚度大。很显然，压缩载荷中的大部分 $[0 \leqslant \varphi \leqslant (180°-\phi)$ 范围内] 直接压在杆身上，并不在小头中引起应力，只有一小部分载荷 $[(180°-\phi) \leqslant \varphi \leqslant 90°]$ 使小头变形。由压缩载荷引起的小头内表面应力用 σ_{ie} 表示，外表面应力用 σ_{ae} 表示（图7-4d）。可见当固定角增大时，应力不均匀性及最大值急剧增长，且比拉伸载荷的情况更加严重。

连杆小头拉伸载荷的计算工况为最高转速（标定转速工况），刚度校核时应保证径向收缩量 $\delta \leqslant \Delta/2$，$\Delta$ 为连杆小头孔与活塞销的装配间隙。

2. 杆身设计

杆身是指连杆大头和小头之间的细长杆部分。杆身承受交变载荷，可能产生疲劳破坏和变形，连杆高速摆动时的横向惯性力也会使连杆弯曲变形，因此连杆必须有足够的断面积，并消除产生应力集中的因素。对工作可靠的发动机的统计表明，现代汽油机连杆杆身平均断面积 A_m 与活塞面积 A_h 之比 $A_m/A_h = 0.02 \sim 0.035$，柴油机为 $0.03 \sim 0.05$。为了在较小的质量下得到较大的刚度，高速内燃机的连杆杆身断面都是工字形的，长轴在摆动平面内，考虑惯性力依不同连杆截面变化，从小头到大头截面逐渐加大，如图7-5所示。

图 7-5　连杆杆身三维模型

若要连杆在相同载荷作用下，在摆动平面和曲轴轴线平面（非摆动平面）两个平面内的压杆稳定性相同，必须使非摆动平面内的惯性矩 $I_x \approx 4I_y$，I_y 为连杆在摆动平面内的惯性矩。据统计，$I_x = (2 \sim 3) I_y$，这就使得连杆在垂直于摆动平面内有较大的抗弯能力。

对于汽油机，工字形断面的平均高度与气缸直径的比值为 $H/D = 0.2 \sim 0.3$；对于柴油机，$H/D = 0.3 \sim 0.4$。工字形断面的高宽比 $H/B = 1.4 \sim 1.8$。

对杆身进行强度计算时，主要进行拉压应力计算，这是一个交变载荷。进行拉应力计算时，选标定转速或最大转速工况，活塞处于排气上止点（也是进气开始的上止点）。这时需要注意的是，对于不同的计算截面，要考虑截面上部的运动质量不同，产生的惯性力也不同。在进行压应力计算时，要选择最大转矩工况和全负荷情况下的标定转速工况，而且要兼顾连杆侧弯的情况是否发生。

3. 连杆大头盖设计

连杆大头盖（图7-6）与连杆大头配合形成连杆轴承体，连杆大头盖的内径和宽度与连杆大头一致。连杆大头盖主要考虑的是刚度问题。为了保证其在惯性载荷作用下不产生很大的变形，连杆盖上都设有加强肋，有单肋和双肋两类。这主要是针对四冲程发动机，对于二冲程发动机，连杆大头盖不承受惯性载荷，所以不需要用加强肋加强。

图7-6 连杆大头盖三维模型

为了使连杆体能通过气缸，连杆螺栓中心线应尽量靠近轴瓦，这也可以减小连杆大头盖所承受的弯矩。

连杆大头的剖分面一般情况下是与杆身轴线相垂直的，有些内燃机为了既能增大曲柄销的直径，又能使连杆通过气缸而把剖分面做成斜切口。斜切口有利于减小连杆螺钉承受的拉伸负荷。一般来讲，斜切口的连杆大头所连接的曲柄销的直径 D_2 可以增大到 $0.67 \sim 0.68D$，而直切口的相应值只能到 $0.60 \sim 0.67D$。斜切口的连杆不能采用螺栓连接，只能采用螺钉或螺柱连接。由于使用螺钉或螺柱必须在杆身内攻螺纹，而螺纹孔与大头之间必须留有一定的壁厚，这使两个连杆螺钉的距离有所增加，连杆体有所削弱，而且连杆螺钉承受了剪切力。

斜切口相对于连杆轴线的斜角越小，大头上半部的横向宽度越小，在连杆体能通过气缸的条件下，容许加大曲柄销直径的可能性愈大。但斜角越小，螺钉或螺柱穿进杆身的深度也越大，使杆身削弱过多。因此斜角一般在 $30° \sim 60°$ 之间。

斜切口的方向与曲轴转向有关（图7-7）。最大燃气压力在上止点过后产生，曲轴顺时针旋转，此时曲柄销的反作用力一般也达到最大，其大小为燃气作用力、往复惯性力与连杆大头旋转离心力的矢量和，方向如图7-7所示。显然在力作用区段，即图示 l 弧段内形成油膜所要求的油压非常高，按图7-7a所示的切口方向可保持较好的液体润滑。而按照图7-7b所示的切口方向则不能产生很好的润滑油膜，

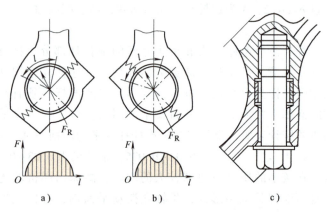

图7-7 斜切口形式及销套定位的螺钉连接形式

但是卧式发动机为了安装方便，有时也采用这种切口方向，如国产195系列柴油机的连杆就采用这样的切口形式。图7-7c所示为销套定位的螺钉装配示意图。

为保证连杆体与大头盖之间在安装时容易对正，并且不致在作用力影响下互相错位，在连接部位必须考虑定位问题。平切口连杆一般是利用螺栓中部加工的凸出圆柱体来定位（图7-8a）；斜切口连杆考虑到除定位作用外还要承受较大剪力，往往在分界面上作成止口定位或锯齿定位（图7-8b、c），也有采用套筒定位的（图7-7c）。不管采用哪种定位方式，连杆盖接合面的剪切力不是由定位销或者定位套筒来承受的，而主要是由接合面的摩擦力来承受的。

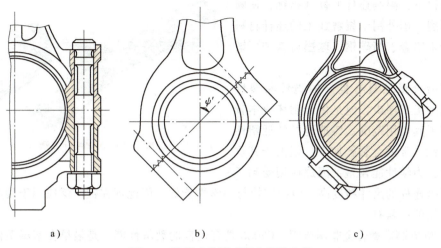

图 7-8 连杆大头形式及大头盖定位

目前最新的连杆大头盖定位方式是采用连杆大头裂解工艺（图 7-9），即整体加工出连杆大头，在大头中心剖分面处设计并预制裂纹槽，形成应力集中，再利用液压或者机械方式施加垂直于预定断裂面的载荷，使连杆大头在几乎不发生塑性变形的情况下沿设计的断面断裂。这样产生的剖分面是凸凹不平的断裂茬口（图 7-10），可同时起到两个方向的定位作用；抗剪切能力强；由于不用另外的大头盖的定位结构，所以两个连杆螺栓的距离短，使得连杆大头宽度最小；节省了加工工艺过程，使得制造成本降低 30% 左右。连杆裂解技术的应用，代表着一个国家发动机连杆制造业发展的水平，从某种意义上来说，也代表着一个国家发动机制造业的发展水平。

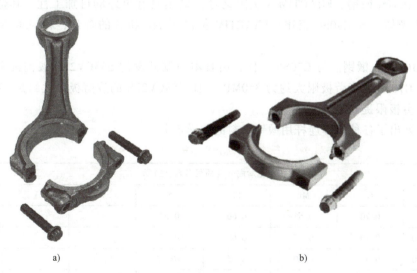

图 7-9 连杆大头裂解工艺的连杆总成
a) 斜开口 b) 平开口

连杆的材料和金相组织决定了连杆大头的断裂性和断面质量，对裂解工艺起决定性作用。为了保证连杆大头孔在裂解过程中不产生塑性变形，要求连杆材料在保证连杆综合性能指标的前提下，限制连杆的韧性指标，使断口脆性断裂。国外用于裂解加工的连杆材料主要有粉末冶金、高碳钢、球墨铸铁和可锻铸铁。

粉末冶金虽然具有良好的脆性断裂性能，而且加工工序少，但是由于制坯成本较高而限制了其应用范围。铸造连杆的低塑性和易脆断性非常适合裂解加工，但由于其重量偏差大，力学性能较差，因此应用受到了

图 7-10 胀断连杆的断口

限制。锻钢连杆的尺寸精度高，组织结构与力学性能好，因此现在被广泛应用于裂解连杆的生产。常用的材料有：

1) C70S6 高碳微合金非调质钢。C70S6 具有优良的裂解性能，是最早在室温条件下采用裂解加工技术的锻钢连杆材料。锻后可利用锻造余热控制冷却代替锻后重新调质处理，金相组织为珠光体加断续的铁素体，其成分特点是低硅、低锰、添加微量合金元素钒及易切削的元素硫，合金元素较少。但是在大量生产以后发现，C70S6 的可加工性较差，刀具磨损较快。

2) SPLITASCO 系列锻钢。法国研究开发的 SPLITASCO 系列锻钢，其牌号为 SPLITASCO70、SPLTASCO50 和 SPLITASCO38。SPLITASCO70 具有和 C70S6 相同的化学成分，在冶炼工艺中添加了控制合成物，进一步提高了材料的可加工性。目前，SPLITASCO70 可以应用在所有应用 C70S6 的场合。SPLITASCO50 中硫的质量分数大于 0.15%，该材料的可加工性更好，已用于一系列小型发动机连杆的生产。SPLITASCO38 的化学成分与传统的连杆材料 38MnSiV5 基本相同，它具有良好的抗疲劳性能，从而广泛用于轻型车和货车发动机的连杆锻件。

3) FRACTIM 锻钢。FRACTIM（法国钢号）锻钢具有更好的可加工性，其金相组织几乎全部为珠光体。与 C70S6 相比，FRACTIM 提高了 Mn 和 S 的含量，相应地减少了 C 的含量。

4) S53CV2FS 锻钢。与 C70S6 相比，由日本研制开发的 S53CV2FS 锻钢具有良好的抗疲劳性能。C70S6 的疲劳极限大约为 350MPa，而 S53CV2FS 的疲劳极限大约为 420MPa，比 C70S6 的疲劳极限提高了近 20%。

表 7-1 列出了各种裂解连杆用锻钢材料的化学成分。

表 7-1 各种裂解连杆用锻钢材料的化学成分

牌号	化学成分（质量分数,%）						
	C	Mn	Si	S	P	V	N
C70S6	0.70	0.55	0.60	0.07	—	—	—
SPLITASCO70	0.70	0.55	0.60	0.07	—	—	—
SPLITASCO50	0.50	0.60	0.65	>0.15	0.07	—	—
SPLITASCO38	0.38	1.20	0.65	0.075	0.085	0.085	—
FRACTIM	0.55	0.60	0.15	0.06	0.045	—	—
S53CV2FS	0.53	0.28	1.25	—	0.03	0.12	0.0045

注：本章关于连杆裂解材料的资料大部分摘自由吉林大学张志强、杨慎华、寇淑清发表于《新技术新工艺、新材料开发与研究》2005 年第 6 期的文章《发动机连杆裂解材料》。

连杆裂解技术的优点是制造成本降低、曲轴重叠度提高、曲轴疲劳强度提高、连杆螺栓距离缩短等，这使其应用范围呈现明显扩大的趋势，几乎所有轿车和轻型车的发动机连杆都开始使用和尝试使用裂解连杆。这也带来了连杆结构设计理念上的变化，因为使用了裂解连杆，在设计时就没有必要考虑连杆大头盖的定位问题了。

连杆大头的校核步骤如下。

（1）连杆大头强度计算　一般只对连杆大头盖进行校核计算，步骤如下：

1）分析受力情况。受交变拉伸载荷的作用，在进气上止点处，最大拉载荷为

$$F''_{jmax} = (m'+m_1)r\omega^2(1+\lambda) + (m_2-m_3)r\omega^2 \tag{7-5}$$

式中，m' 为活塞组质量；m_1 为连杆组往复部分质量；m_2 为连杆组旋转质量；m_3 为大头盖质量。

2）计算工况。发动机标定转速为 n_{max}。

3）确定许用应力。

$$[\sigma_A] = \begin{cases} 150\sim200\text{MPa} & \text{一般} \\ 200\sim300\text{MPa} & \text{强化} \end{cases}$$

（2）刚度校核　连杆大头在受拉载荷时会出现失圆现象，横向产生收缩，为了保证连杆大头轴孔不会因变形而抱死轴颈，其径向收缩量 δ 应该小于或等于轴承间隙 Δ 的一半，即

$$\delta = \frac{0.00024F''_{jmax}C^3}{E(I+I')} \leqslant \frac{\Delta}{2} \tag{7-6}$$

式中，F''_{jmax} 为连杆大头的工作载荷（N）；I'、I 分别为轴瓦与连杆大头盖截面的惯性矩（m^4）；C 为螺栓中心距（mm）；E 为连杆材料的弹性模量（Pa）。

由式（7-6）可以看出，连杆大头盖的刚度主要取决于连杆大头盖横截面的惯性矩，因此在设计时应该采用合理的截面形状来保证刚度。对于惯性载荷较大的情况，一般采用在大头盖底部加强肋的方法增大抗弯刚度，这样大头盖的质量不会增加太多。

第二节　连杆螺栓的设计

连杆螺栓的布置位置非常有限，其尺寸不能太大，而所受载荷又很大，所以要尽可能提高其结构强度和抗疲劳能力。这可通过适当选用材料、合理设计结构形状和采取相应工艺措施等来实现。

一、受力情况

四冲程发动机工作时，连杆螺栓承受的最大拉伸载荷按照式（7-5）计算，假定连杆使用 i 个螺栓，则每个螺栓所受的工作载荷为

$$F = \frac{1}{i}F''_j = \frac{1}{i}[(m'+m_1)(1+\lambda)r\omega^2 + (m_2-m_3)r\omega^2] \tag{7-7}$$

对于斜切口连杆来说，连杆螺栓承受的拉伸载荷相应减少为

$$F_\psi = F\cos\psi = \frac{1}{i}F''_j = \frac{1}{i}\cos\psi[(m'+m_1)(1+\lambda)r\omega^2 + (m_2-m_3)r\omega^2] \tag{7-8}$$

式中，ψ 为连杆体和连杆盖接合面与垂直连杆纵轴的平面间的夹角，与图 7-8b 中的 ψ' 互成余角，即 $\psi = 90° - \psi'$。

在膨胀行程上止点时，气压力大于惯性力，连杆体压在曲柄销上，螺栓的最小工作载荷为零，所以螺栓的工作载荷是交变的脉动载荷。

为了防止连杆体和连杆盖的接合面在上述工作载荷的拉伸下脱开，在装配时需加足够的预紧力 F_1。而为了压平轴瓦对孔座的过盈量（周向过盈量），使轴瓦紧贴瓦座，装配时还应加一预紧力 F_2。该两力之和 F_0 称为螺栓预紧力，它是一静载荷，但数值很大，一般可高达工作载荷 F''_j 的 6~7 倍。

二、连杆螺栓、连接件的载荷-变形关系

要正确地选择 F_0，必须进一步分析内燃机螺栓和大头的载荷与变形的情况。为了简化问题，暂不考虑轴瓦的影响。设螺栓抗拉刚度为 C_1，大头抗压刚度为 C_2，在预紧力 F_0 的作用下，螺栓拉伸变形为 λ_{01}，大头相应压缩变形为 λ_{02}，图 7-10 所示为它们各自的载荷-变形关系。

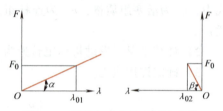

图 7-11　螺栓与连杆体的刚度曲线

1) 如图 7-10 所示，受预紧力 F_0 作用后，连杆螺栓的变形为 λ_{01}，连杆大头的变形为 λ_{02}，则刚度分别为

$$C_1 = \tan\alpha = \frac{F_0}{\lambda_{01}}$$

$$C_2 = \tan\beta = \frac{F_0}{\lambda_{02}}$$

2) 如图 7-11 所示，在工作载荷 F''_j 的作用下，螺栓被进一步拉长 $\Delta\lambda$，而大头的弹性压缩变形则减少 $\Delta\lambda$，于是原来螺栓与大头之间的互为反作用的预紧力 F_0 就被部分卸载，变为残余预紧力 F'_0。因此螺栓所受载荷为

$$F_{\max} = F'_0 + F''_j = F_0 + \chi F''_j \tag{7-9}$$

式中，F_0 为静载荷，只影响平均应力；$\chi F''_j$ 为动载部分，决定应力幅值的大小；χ 为基本动载系数，$\chi = \Delta F / F''_j$。

从式（7-9）可以看出，螺栓上承受的载荷并不是预紧力与 F''_j 的直接叠加，工作时螺栓的载荷在最小值 F_0 和最大值 $F_{\max}$ 之间波动。

$$\tan\alpha = \frac{\chi F''_j}{\Delta\lambda} = C_1$$

$$\tan\beta = \frac{(1-\chi) F''_j}{\Delta\lambda} = C_2$$

$$\frac{\tan\alpha}{\tan\beta} = \frac{C_1}{C_2} = \frac{\chi F''_j}{(1-\chi) F''_j} = \frac{\chi}{(1-\chi)}$$

所以

$$\chi = \frac{C_1}{C_1 + C_2} = \frac{1}{1 + C_1/C_2} \tag{7-10}$$

从式（7-10）可以看出，螺栓抗拉刚度 C_1 增加，基本动载系数 χ 增加，即动载荷变大，疲劳应力变大。这从图 7-12 中也可以明显地看出来。

根据统计资料，有

$$C_2/C_1 = 2 \sim 6, \chi = 0.14 \sim 0.33$$

由图 7-12 可以看出，对于一定的预紧力 F_0，当工作载荷达到 C' 时，对应连杆大头接合面间的压力为零。若最大工作载荷超过此值，则接合面会脱开，进一步增大的那部分工作载荷就会立即全部加到螺栓上，使螺栓应力幅增大，同时接合面互相冲击，导致接合面严重磨损和螺栓快速疲劳破坏。为了保证工作时接合面不脱开，理论上残余预紧力 F_0' 必须满足

$$F_0' = F_0 - (1-\chi) F_j''$$
$$= F_0 - (0.75 \sim 0.8) F_j'' > 0$$

即预紧力 F_0 与工作载荷 F_j'' 必须保持以下关系

$$F_0 > (0.75 \sim 0.8) F_j''$$

3）考虑超速、拉缸、轴瓦过盈量的影响因素。考虑到连杆盖与连杆体间接合面载荷分布的不均匀性，以及发动机一旦超速或活塞拉缸时连杆的紧密性，常多取 $(1.4 \sim 1.7) F_j''$ 的动载荷储备量。再考虑压紧连杆轴瓦所需的预紧力 F_2，连杆螺栓的预紧力一般为

$$F_0 = (2 \sim 2.5) F_j'' + F_2$$

由于连杆螺栓的预紧力 F_0 对其工作可靠性有很大影响，因此必须在装配时对 F_0 值严加控

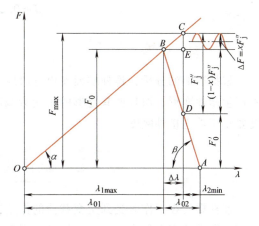

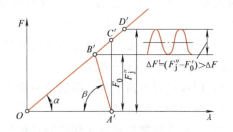

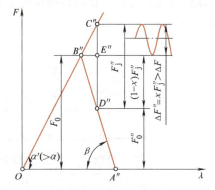

图 7-12　连杆螺栓与大头的负荷变形关系

制。目前在生产中，都是通过用扭力扳手控制预紧力矩 M（N·m）的方法间接控制 F_0 的，而这两者之间的关系与螺纹之间以及螺母（或螺钉头）端面与支承面之间的摩擦有很大关系。

$$M \approx 0.001 F_0 d_M \left[0.16 \frac{s}{d_M} + f \left(0.6 + \frac{R_m}{d_M} \right) \right] \tag{7-11}$$

式中，d_M 为连杆螺栓螺纹大径（mm）；s 为螺距（mm）；f 为摩擦因数；R_m 为螺母或螺钉头支承环面平均半径。

在一般情况下，$s/d_M = 1/8 \sim 1/12 \approx 0.1$，$R_m/d_M = 0.6$，$f = 0.15$，则得

$$M \approx 0.2 F_0 d_M \times 10^{-3} \tag{7-12}$$

三、设计要求

根据以上的分析,连杆螺栓在设计时应首先有足够的抗拉强度,在预紧力和工作载荷下不产生塑性变形,而且要有足够的耐疲劳载荷能力,没有应力集中,采用细牙螺纹,螺栓刚度要小于被连接件刚度。

第三节 提高螺栓疲劳强度的措施

连杆螺栓在工作时受到交变载荷的作用,处于疲劳应力状态,其尺寸受到空间限制,而且存在严重的应力集中,它的破坏又会引起整机重大事故。因此,进行连杆螺栓的设计和加工时就要对一些细节倍加注意,要从这些细节考虑,提高连杆螺栓的疲劳强度。通常有以下措施:

1)降低螺杆刚度,主要通过光杆直径 d_0 进行调整,一般 $d_0 = (0.8\sim0.85) d_1$。
2)提高被连接件的刚度。
3)增加过渡圆角半径,降低应力集中。
4)采用细牙滚压螺纹。
5)严格控制螺栓和被连接件的几何公差,减少附加弯矩。

现代内燃机连杆螺栓的典型结构主要分为两类,一类是螺钉结构,另一类是螺栓结构,如图 7-13 所示。

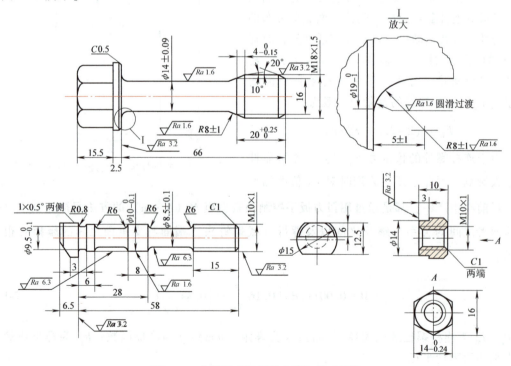

图 7-13 内燃机连杆螺栓和螺钉典型结构

第四节　连杆的强度计算方法

现在连杆的强度计算都采用有限元方法进行。简单计算时，可以根据连杆的对称性采用二维模型（图 7-14），利用连杆的对称性只计算连杆的一半。如果想得到比较详细的连杆应力分布状况，可以采用三维实体单元（图 7-15），最大限度地逼近连杆实物形状，在正确设定位移边界、载荷边界条件后，可以得到令人满意的结果。如果采用有限元软件里面的非线性功能，还可以计算连杆大头盖与连杆大头之间、连杆大头与曲柄销之间的接触应力，以及

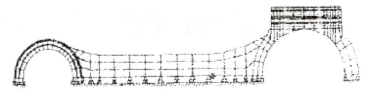

图 7-14　连杆有限元模型位移边界约束

模拟预测拉载荷作用下的最小螺栓预紧力等。

因为有限元方法现在是比较普遍应用的强度计算方法，已经有了成熟的商业软件，这里就没有必要介绍了。

值得注意的是，在上面的两个模型中，为了计算连杆小头和杆身的应力，将连杆大头盖与杆身合成为一体。实际结构中，连杆大头盖与杆身大多是两个零件，在结合面处不应该出现拉伸应力。所以用这类模型时，接合面处的拉伸应力就不应该分析了。

图 7-15　连杆三维有限元模型

思考及复习题

7-1　连杆的拉伸载荷是由什么造成的？计算连杆不同截面的拉伸应力时，如何考虑？

7-2　计算连杆的最大拉伸应力时应选取什么工况？

7-3　计算连杆的压缩载荷时应选取什么工况？

7-4　影响连杆小头应力分布的主要结构参数是什么？

7-5　连杆大头盖的固定方式有哪几种？

7-6　为什么有些连杆采用斜开口？斜开口的角度对安装、结构尺寸有什么影响？

7-7　胀断式连杆有什么优点？

7-8　连杆螺栓预紧力与气压力有什么关系？与往复惯性力有什么关系？

7-9　提高连杆螺栓疲劳强度的措施有哪些？

7-10　连杆螺栓应该采用什么方法防止松动？

7-11　采用有限元方法进行连杆强度计算时，连接杆接合面应如何考虑？

第八章

活塞组设计

> **本章学习目标及要点**
>
> 本章的学习要求以活塞组高温、高压和高速的严酷工作条件为主线，了解活塞组零件受力结构和散热结构的设计原则，活塞的变形机理和控制手段，活塞及活塞环材料的选取方法，活塞环基本参数对密封的影响规律等。

活塞组包括活塞、活塞销和活塞环等在气缸里做往复运动的零件，它们是活塞式发动机中工作条件最严酷的组件。发动机的工作可靠性与使用耐久性在很大程度上与活塞组的工作情况有关。活塞组件与气缸一起保证发动机工质的可靠密封，否则活塞式发动机就不能正常运转。活塞组零件工作情况的共同特点是工作温度很高，并在很高的机械负荷下高速滑动，同时润滑不良，这决定了它们会遭受强烈的磨损，并且可能产生滑动表面的拉毛、烧伤等缺陷。实践经验证明，活塞组零件的寿命决定了发动机的修理间隔。在大功率强化发动机中，活塞组的热负荷往往限制了发动机的强化潜力。由此可见，提高活塞组零件的工作可靠性和耐久性具有极其重要的意义。

活塞组的作用可归结为：

1）传力、导向。承受燃烧室内气体的压力，将压力传递给连杆，并保证活塞在气缸内顺畅运动。

2）密封。通过活塞环和活塞密封气体，保证缸内工质不泄漏或很少泄漏。

3）传热。在密封的基础上，通过活塞环和活塞裙部向缸壁传递热量。

4）配气。完成进气、压缩和排气功能，在二冲程发动机中还起到配气滑阀的作用。

第一节 活塞设计

一、工作条件

1. 高温——导致热负荷大

活塞在气缸内工作时，其顶面承受瞬变高温燃气的作用，燃气的最高温度可达 2000 ~

2500℃，因而活塞顶的温度也很高。图8-1所示为一组试验结果。活塞不仅温度高，而且温度分布很不均匀，各点间有很大的温度梯度，这就成了热应力的根源，正是这些热应力对活塞顶部表面发生的开裂起了重要的推动作用。柴油机活塞的热负荷尤为严重，因为柴油机的工质密度大、扰流强，很高的压力升高率引起急剧的气流脉动，促进对流传热。另外，柴油机的不均匀混合气燃烧形成炭粒，使其火焰的热辐射能力大大超过汽油机。还有，柴油机中燃料喷注常使活塞的温度分布更不均匀。

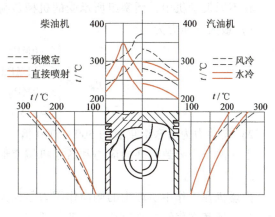

图8-1 活塞表面温度分布

例如，预燃室或涡流室偏置缸盖某一侧，其中喷出的火焰将首先加热活塞的局部地区，带来过热的危险。当燃料喷注雾化不良时，情况就更严重了。直接喷射式柴油机活塞顶上部有相当深的凹坑，使活塞实际受热面积大大增加，其热负荷更加严重。活塞顶温度如超过370~400℃，就会产生疲劳断裂现象，而第一环环槽温度若超过200~220℃，就会使润滑油变质甚至炭化，造成活塞环粘接，失去活动或使环槽迅速磨损、变形。这些都是由热负荷引起的，热负荷是发动机强化的一个主要问题。

燃气温度　　　　　　　$T_{\text{gmax}} = 1500 \sim 2000℃$　柴油机

$T_{\text{gmax}} = 2000 \sim 2500℃$　汽油机

活塞顶部温度　　　　　$T_{\text{h}} = \begin{cases} 280 \sim 400℃ & \text{柴油机} \\ 250 \sim 340℃ & \text{汽油机} \end{cases}$

2. 高压——冲击性的高机械负荷

高压包括两方面：

1）活塞组在工作中受周期性变化的气压力直接作用，气压力 p_{g}（MPa）一般在膨胀行程开始的上止点后10°~20°达到最大。作用在活塞顶上的压力载荷 F_{g}（N）为

$$F_{\text{g}} = A(p_{\text{g}} - p_0) = \frac{\pi}{4}D^2(p_{\text{g}} - p_0) \tag{8-1}$$

式中，p_0 为大气压（MPa）；A 为活塞顶投影面积（mm²）；D 为气缸直径（mm）。

由气压力造成的活塞机械负荷很大，它使活塞各部分产生机械应力和变形，严重时会使活塞销座从内侧开始纵向开裂、第一环岸断裂等。有时与活塞销座相配合的活塞销也会因此卡死或断裂。

2）活塞组在气缸里做高速往复运动，产生很大的往复惯性力，其最大值 F_{jmax}（N）为

$$F_{\text{jmax}} = -m'r\omega^2(1+\lambda) \tag{8-2}$$

目前，发动机向高速发展，活塞组的最大惯性力一般已达活塞本身重量的1000~2000倍（汽油机）和300~600倍（柴油机）。周期性的往复惯性力会引起发动机的振动，并使连杆组、曲轴组零件，特别是轴承负荷加重，将会导致发动机的耐久性下降。

由于连杆的摆动作用，当活塞上的力传给连杆时，活塞还受一个交变的侧压力 F_{N}，使活塞不断撞击缸套，这往往导致裙部变形和缸套振动。

在不同发动机中，活塞组所承受的机械负荷统计数据如下：

1) 最大气压力为

$$p_{gmax} = \begin{cases} 4 \sim 6 \text{MPa} & \text{汽油机} \\ 6 \sim 11 \text{MPa} & \text{增压汽油机} \\ 5 \sim 9 \text{MPa} & \text{柴油机} \\ 8 \sim 15 \text{MPa} & \text{增压柴油机} \end{cases}$$

2) 惯性力为活塞组重量的 300~2000 倍。

上述两个力导致活塞的应力和活塞机械变形比较大。

3. 高速滑动

内燃机在工作中所产生的侧向作用力是较大的，特别是在短连杆内燃机中，其侧向力更大。随着活塞在气缸中高速往复运动，活塞组与气缸内表面之间会产生强烈的摩擦，而此处润滑条件较差，因此磨损情况比较严重。

4. 交变的侧压力

由于活塞上下行程时要改变压力面，因此侧向力是不断变化方向的，这就使活塞在工作时要承受交变的侧向载荷，因此会产生如下的工作后果：

1) 造成侧向拍击，引起机体振动，产生机体表面辐射噪声。
2) 由于润滑不良，使摩擦磨损较大。
3) 使裙部产生变形，垂直销轴方向压扁，销轴方向变长。
4) 缸套表面产生振动，容易引起缸套穴蚀。

二、设计要求

根据活塞的工作条件，在进行活塞设计时首先要求：

1) 选用热强度好，散热性好，膨胀系数小，耐磨、有良好减摩性和工艺性的材料。
2) 形状和壁厚合理，吸热少，散热好，强度、刚度符合要求，尽量避免应力集中，与缸套有最佳的配合间隙。
3) 密封性好，摩擦损失小。
4) 质量小。

三、常用的材料

在上面提到的设计要求中，实际上已经提出了对活塞材料的具体要求。下面是常用的几种活塞材料。

1. 灰铸铁

灰铸铁是较早应用于活塞制造的材料，曾经得到广泛应用。

铸铁活塞的优点：耐磨性、耐蚀性和耐热性好，热强度较好，膨胀系数小，成本低，工艺性好。

铸铁活塞的缺点：材料密度大，在相同结构尺寸情况下，其活塞质量比铸铝材料的大，不宜用于高速发动机；导热性差，不利于向外传递活塞的热量，导致活塞的热负荷比较大。因此，铸铁活塞只少量用于低速大功率柴油机。

随着内燃机向着高速发展，铸铁活塞因材料密度大、产生很大往复惯性力的缺点而逐渐退出高速内燃机，现在只应用于大中型、低速柴油机上。

2. 铝基合金

铝基合金的优缺点与灰铸铁正好相反，其密度只有灰铸铁的1/3，相对密度为2.65~2.82。因此惯性小，有利于高速发动机的发展。另外，铝基合金的导热性非常好，其热导率比灰铸铁大很多，$\lambda=1.256~1.76 \text{ W/(cm·℃)}$，有利于降低活塞的工作温度，一般铝活塞的工作温度比铸铁活塞的工作温度低100℃。工作温度低，可以使发动机有较高的充气效率，防止润滑油变质，改善活塞环的工作条件。对汽油机来说，采用铝活塞还为提高压缩比、改善发动机性能创造了重要条件。因此在中高速内燃机上，铝活塞基本上取代了铸铁活塞。

铝合金材料的缺点就是灰铸铁材料的优点。铝合金材料的缺点之一是温度升高时硬度和强度下降较快，膨胀系数较大，这可以通过添加适量的合金元素进行改善。

活塞材料主要有以下几种常用铝合金：

1）铝硅合金：膨胀系数小，密度小。
2）铝铜合金：热导率高，高温强度高，可锻性好；但密度和膨胀系数略大。
3）铝硅铜合金：热导率大，高温强度好，密度较小，膨胀系数较小，可锻性好。

铝合金作为活塞材料，其力学性能随着合金元素的配比会发生很大变化，因此在设计选用时要充分掌握各种配比的铝合金材料的力学性能，做到既经济又满足使用要求。

第二节　活塞的结构设计

活塞的结构如图8-2、图8-3所示，根据用途不同，活塞可以分为如下几个部分。

（1）活塞高度 H　活塞高度与顶岸高度、环带高度及各部高度有关。上述这些参数决定后，H 也就确定了。总的原则是尽可能选择较小的 H 值，这样可以减小往复运动质量并降低内燃机的高度。

（2）压缩高度 H_1　压缩高度为活塞销中心到活塞顶的高度，它决定了活塞销的位置，与顶岸高度、环带高度及上裙高度有关。在保证气环有较好工作条件的前提下，应该尽量减小压缩高度，这样可使内燃机的高度降低。压缩高度在制造时必须保证有很高的精度，这是由于压缩高度的精度对压缩比有直接的影响。

（3）顶岸高度 h_1　顶岸（也称火力岸）高度确定了第一环的位置。第一环最靠近燃烧室，其热负荷很高，h_1 值应在保证第一环工作温度不超过允许极限（180~220℃）的条件下尽可能取得小些，这不仅对降低活塞重量有好处，对于降低 HC 排放也有明显的好处。

（4）环带高度 h_2　环带高度取决于活塞环数、环高及环岸高度。环岸高度主要根据机械强度来确定。第一环岸由于气压力较大而工作温度又较高，其高度往往可稍大于其他环岸。

一、活塞头部设计

活塞头部包括顶部与环带部两部分。

活塞顶部的形状，对于四冲程内燃机主要取决于燃烧室形式，对于某些二冲程内燃机则要考虑换气的需要。为了改善活塞的散热状况，过去曾利用在活塞顶下面加肋条的方法，并

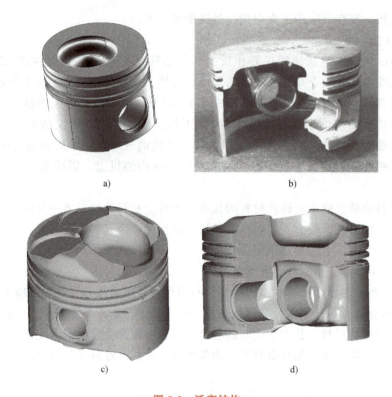

图 8-2 活塞结构

a）柴油机活塞 b）汽油机活塞 c）、d）缸内直喷汽油机活塞

认为加肋条可以提高活塞顶的刚度。实践证明，肋条对顶部温度的降低作用不大，而在锻压时肋条根部容易产生裂纹，由于应力集中还会产生疲劳裂纹。因此，目前活塞顶的内部大多数不加肋条，而做成光滑的内顶。

活塞顶的厚度 δ 是根据强度、刚度及散热条件确定的。由于 δ 值越大，顶部热应力也越大，因此在满足强度要求的条件下，δ 值应尽量取得小些。对于直径较小的活塞，若其能满足散热要求，则一般也能满足强度要求。活塞顶厚度随活塞材料的不同而有较大的差别，铝活塞的 δ 值：汽油机为 $(0.06 \sim 0.10)D$，柴油机为 $(0.1 \sim 0.2)D$。铸铁活塞的 δ 值为 $(0.06 \sim 0.08)D$。

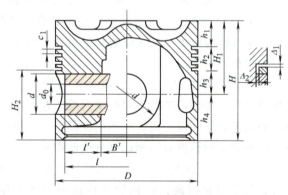

图 8-3 活塞结构尺寸

H—总高度 H_1—压缩高度 h_3—上裙高度 h_4—销孔高度
H_2—裙长 h_1—火力岸高度 h_2—环带高度 c_1—环岸高度
Δ_1—侧隙 Δ_2—背隙

对于带有燃烧室的活塞顶部，由于其温度最大值出现在燃烧室的边缘，常在燃烧室边缘处产生疲劳裂纹。因此在某些高热负荷的柴油机上，在燃烧室边缘处须采用耐热钢。据测定，对于非增压柴油机来说，活塞组吸入的热量占供入内燃机总热量的 2%～4%，这部分热量的散发

主要通过环带部（占60%~75%）和裙部（占20%~30%），仅有很少部分（占5%~10%）通过活塞内腔由飞溅的机油带走。由环带部散发的热量大多数是由第一环传出的，这使第一环槽的热负荷过高，强度降低，并使机油炭化，造成积炭，从而使环槽严重磨损。

为了使第一环槽能正常地工作而不致过早损坏，除了适当地选择顶岸高度外，还可采取如下措施：

1）保证活塞在上止点时，第一环的位置处于冷却水套之中（图8-4a）。
2）将第一环槽安排在活塞顶厚度以下（图8-4b）。
3）在第一环槽之上开一个槽（图8-4c），这个槽称为隔热槽，其作用是改变活塞顶到

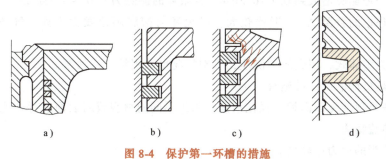

图8-4 保护第一环槽的措施

第一环槽之间的热流形式，降低第一环槽的温度。其缺点是当活塞温度过高时，槽内容易积炭而失去隔热作用。

4）减小顶岸和缸套之间的间隙，减小气流通往第一环槽的流通面积，降低第一环槽处的温度。为防止间隙小了以后引起的故障，可在顶岸甚至直到第一环岸的区域车出退让槽（图8-4d）。槽中积炭后能吸附机油，当在失油状况下工作时，可防止活塞与气缸咬合，从而避免出现拉缸现象。

5）在铝活塞环槽处加镶块（图8-4d）。由于第一环槽底部的磨损最严重，因此常在第一环槽处镶上一个镶块，有时镶块也包括第二环槽。镶块是在浇注活塞时用铝铁包铸法与铝分子结合的。所谓铝铁包铸法，是将熔块清洗后放入加热的铝槽中渗铝，渗铝厚度为0.001~0.005mm，然后将其放在铝活塞铸型中与铝活塞一起浇注，靠分子力作用将铝活塞和熔块结合起来。结合的情况可以用超声波进行检查。为了避免铸件冷却时形成过大的应力，镶块应当采用与铝有相近高膨胀系数的奥氏体铸铁。当铝合金活塞头部采用奥氏体铸铁活塞环镶块后，环槽寿命可提高10倍。在有些强化柴油机的具有凹坑的活塞顶上，为了防止活塞顶部凹坑边缘处出现裂纹，常将第一环槽镶块与凹坑边缘处的防护镶块连成一体。

6）在活塞顶部采用等离子喷镀陶瓷，可起到耐高温、防腐蚀和减少吸热的作用。

7）在活塞顶部进行硬模阳极氧化处理，可提高活塞顶面的耐热性及硬度，并增加热阻，使顶部降温。

活塞环带高度 h_2 取决于气环与油环的数目，以及各环槽和环岸的高度。

活塞环数取决于密封的要求，它与内燃机的气压力及转速有关。由于漏气量随气压力和气缸直径的增大而增加，随内燃机转速的增大而减少，因此高速内燃机的环数比低速内燃机的少，汽油机的环数比柴油机的少。一般汽油机和高速柴油机采用两道气环、一道油环；中速柴油机采用三道气环、一道油环；低速柴油机采用3~4道气环、1~2道油环。为了减少

摩擦损失，降低环带高度，应在保证密封的条件下力争减少环数。目前，国外已出现采用一道气环和一道油环的高速柴油机。

除了减少环的数目外，为减小环带高度还要从减小环槽高度和环岸高度着手。环岸高度已于前述，主要取决于机械强度。环槽的高度取决于环高 b，环高值现在最薄已经达到 1.5mm，小型发动机和摩托车发动机的环高已经小于 1mm。

提高活塞环槽加工质量和正确选择环与环槽的侧隙 Δ_1 对环槽和环的可靠性及耐久性十分重要。环与环槽的侧隙过大，会加剧环对环槽的冲击；侧隙过小，则会使环易于粘接在环槽中而失去密封作用。在热负荷和机械负荷都很高的柴油机中，为了保证活塞环有较高的抗粘性，常把第一环侧隙增大到 0.1~0.2mm，其余环的侧隙为 0.04~0.13mm。

活塞环与环槽的背隙 Δ_2 一般比较大，以免环与槽底圆角发生干涉。气环的背隙可取为 0.5mm。

活塞一般为整体式，用金属型浇注，个别情况也采用组合式活塞。

减轻活塞热负荷的设计措施有：

1) 尽量减小顶部受热面积；强化顶面，采用不同的材料或对表面进行处理。
2) 保证热流畅通。
3) 采用适当的火力岸高度。
4) 顶部内侧喷油冷却（图 8-5a）。
5) 顶部设油腔冷却（图 8-5b、c、d）。

图 8-5b 所示为最常见的柴油机活塞内冷油道。活塞在下止点时利用布置在气缸套外侧向内探出的喷油器将润滑油喷入活塞油道内，其结构简单，但是油进入油道比较困难，冷却

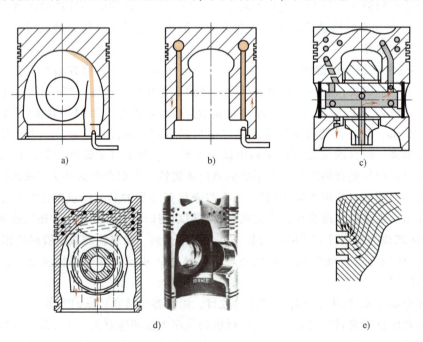

图 8-5 油冷活塞结构以及活塞顶部热流

a) 内侧喷油冷却　b) 活塞内冷油道　c)、d) 油冷活塞　e) 活塞顶部热流

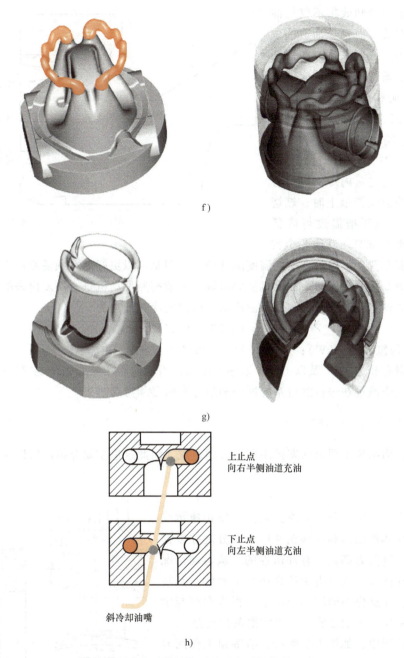

图 8-5 油冷活塞结构以及活塞顶部热流（续）
f) 双波浪内冷油道及型芯　g) 双路冷却油道及型芯　h) 双路冷却油道充油原理

效果有限。图 8-5c、d 所示为柴油机中广泛应用的油冷活塞，活塞头部内铸造有螺旋油道，通过连杆活塞销的油道将冷却油压入冷却油道。这种结构有较大的散热面积，冷却油进入油道比较可靠。但是由于螺旋油道比较细，因此铸造上稍微困难一些。

图 8-5f、g 所示为比较新的双通道活塞内冷油道结构，其特点是活塞在上、下止点时都有冷却油向不同的油道充油，油道表面积大，铸造容易。其中，图 8-5f 所示的双波浪内冷油道更是显著地提高了冷却面积，可降低活塞温度 15℃。

内冷油道的冷却效果不仅与油道的表面积有关，而且与油道的位置有很大关系。一般来讲，在保证活塞顶强度的条件下，油道应该尽量靠近活塞顶和燃烧室内壁。图8-6所示为由试验得到的某2L轻型车柴油机不同油道位置的冷却效果。

该发动机通过对内冷油道位置的优化，当油道位置偏上时，燃烧室内壁和第一道环槽温度可降低11%，即降低了36℃。其他两个较

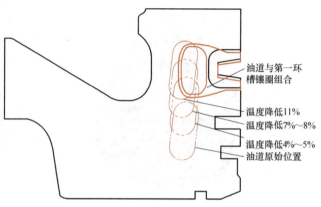

图 8-6　2L轻型车柴油机不同油道位置的冷却效果

低位置的油道布置，虽然对环槽的温度降低较少，但是可以更好地兼顾活塞销座的冷却。

用油来冷却活塞，必然要加大机油的流量。一般按照发动机每缸所发出来的功率计算油冷活塞所需的油量。根据经验统计，油冷活塞所需的冷却油量为

$$V_{oil} = (0.07 \sim 0.115) P_{eL} \tag{8-3}$$

式中，P_{eL}为每缸功率（kW）；V_{oil}为每分钟需要的冷却油量（L）。

当喷油器孔径为3mm及以上时，取偏上限值；当喷油器孔径为2mm左右时，取偏下限值。另外，这个油量在进行润滑系统循环油量计算时必须考虑进去。

二、活塞的传力结构设计

活塞的传力结构主要由活塞销座和活塞销组成，因此这里主要介绍活塞销座和活塞销的设计。

1. 活塞销座的设计

活塞销座与活塞销是一对摩擦副。活塞销座承受周期变化的气体作用力和活塞销座以上部分的往复惯性力的作用，这些力都是带有冲击性的。从运动情况看，活塞销在活塞销座中由于连杆小头的制约，其转动角度很小，在这样小的转动角度下，很难在销与销孔之间形成一层良好的油膜，所以润滑条件较差。

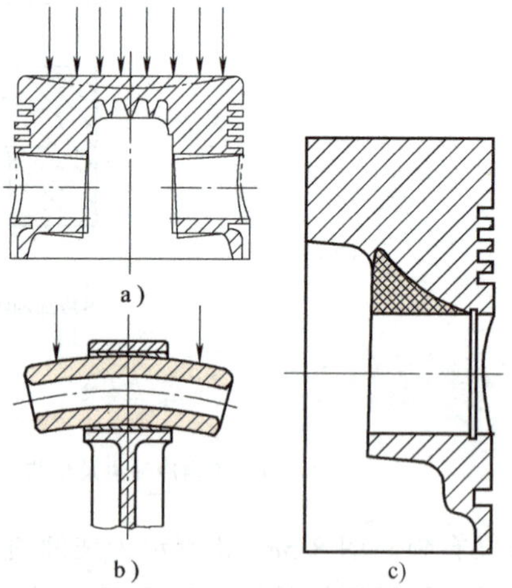

在膨胀行程中，如图8-7所示，活塞顶上作用着气体压力，而活塞销座部分则承受着活塞销的反作用力。在这两种力的作用下，活塞产生如图8-7a所示的变形。活塞销由于承受活塞销座传递的气体作用力而产生如图8-7b所示的弯曲变形。这两种变形不协调的结果是使销与销座之间的接触情况大为恶化，在销孔内侧处产生很大的棱缘负荷，导致活塞销座开裂。

图 8-7　活塞销座与活塞销的受力变形关系

为了减轻销孔内侧的压力集中（图8-8a），在设计时应使活塞销有较大的刚度，由此减小它的弯曲变形。对于活塞销座，应从整体上增加其

刚度，减小其变形。但从局部来说，应使它有一定的弹性以适应局部变形。具体可采取以下措施：

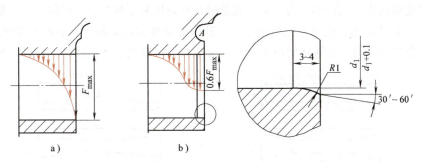

图 8-8 活塞销座降低棱缘负荷的结构措施

1) 在活塞销座与顶部连接处设置加强肋，这样可增加活塞销座的刚度。采用单肋时，由于加强肋在中央，活塞销座弹性较差，因此易在销孔内侧上部产生较高的局部应力；采用双肋时，由于两个肋条斜置，其中间有一凹穴，这使活塞销座有一定的弹性，能较好地适应活塞销的弹性变形。

2) 将销孔内缘加工成圆角或倒棱，或在活塞销座内侧上部加工出一个弹性凹槽（图8-8b）。这些措施都能减轻活塞销座的棱缘负荷。

3) 将销孔中心相对活塞销座外圆向下偏心 3~4mm，使活塞销座上面的厚度比下面大些，以加强活塞销座承压强度。为了达到同样的目的，有时将活塞销座设计成上长下短的形式，相应地将连杆小头做成上窄下宽的形式，或将活塞销座做成阶梯形。这样，对于气体压力很大的柴油机，可使其活塞销座及连杆小头的单位压力在上、下两面趋于接近。

4) 将活塞销座间距缩小，以减小活塞销的弯曲。

5) 试验证明，在铸铝活塞的销孔中压入锻铝合金的衬套，可使抗裂纹能力提高 50%~60%。

2. 活塞销的设计

由于活塞销座的温度比较高，并且活塞销在活塞销座中做摇摆运动，因此不利于实现良好的液力润滑；尤其是在二冲程发动机中，载荷始终在一个方向上作用在活塞销和连杆小头及活塞销座的表面上，因此更难实现良好的润滑。这样常常会使活塞销受到过度磨损。

在设计活塞销时，应该使活塞销具有足够高的机械强度和耐磨性，同时还要有较高的疲劳强度。对高速发动机来说，活塞销的结构质量应该尽量小，以降低往复运动惯性力。

根据活塞销的工作条件和设计要求，活塞销的摩擦表面应具有高硬度，内部应富有韧性和较高强度，但是硬的表层和内部必须紧密结合，以保证活塞销在冲击载荷的作用下没有金属剥落和金属层之间分离的现象。

活塞销通常用低碳钢或合金钢制造。在负荷不高的发动机中常用 15、20、15Cr、20Cr、和20Mn2 钢；在强化发动机上，通常采用高级合金钢，如 12CrNi3、18CrMnTi2 及 20SiMnVB 等，有时也可用 45 中碳钢。

为使活塞销的外层硬并耐磨而内部富有韧性，需要对活塞销进行热处理。对低碳钢材料的活塞销表面要进行渗碳和淬火，根据活塞销的尺寸大小，渗碳层的深度一般为 0.5~2mm。对 45 钢的活塞销则要进行表面淬火，淬火层的深度为 1~1.5mm。活塞销经热处理后，其外表面硬度为 58~65HRC，内部硬度约为 36HRC。注意：淬火时不能将活塞销淬透，否则活塞销将变脆。

活塞销的结构为一圆柱体。为了减小质量以及有效地利用材料，一般的活塞销都制成空心的（图 8-9）。因为活塞销的基本变形是弯曲，其中部受到的弯矩最大，靠近两端则逐渐减小。因此，比较合理的结构是把活塞销内部做成锥形空心，但缺点是加工复杂，成本增加。

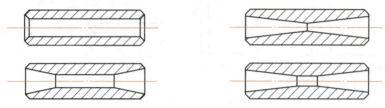

图 8-9 活塞销结构

活塞销的固定方式有三种：

第一种，采用浮式销，浮式销在活塞销座和连杆小头中都可转动（图 8-10a）。

第二种，活塞销固定于活塞销座上，在连杆小头中可以转动（图 8-10b）。

第三种，活塞销固定于连杆小头上，在活塞销座中可以转动（图 8-10c）。

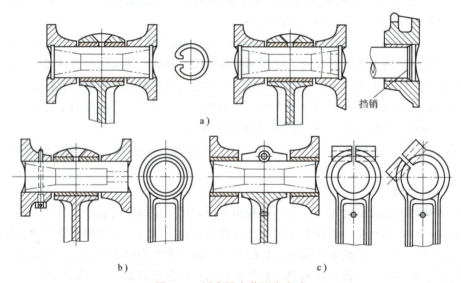

图 8-10 活塞销安装固定方式

浮式销的应用最广泛，这是因为浮式销工作时在活塞销座和连杆小头中都可转动，因此与第二种、第三种固定方式（称半浮式销）相比，其工作表面的相对滑动速度较小，摩擦产生的热量也相应减少，磨损较小且均匀，从而延长了浮式销的寿命。此外，浮式销还具有运转中不易被卡住、装配方便等优点。半浮式销在某些发动机中也有应用，但是固定于活塞销座上的半浮式销存在许多缺点，现在已很少应用。

为了防止浮式销在活塞销座内发生轴向窜动，可采用如图 8-11 所示的轴向固定方法。用活塞销挡圈防窜的方法比较简单，在气缸直径为 150mm 以下的发动机中这种方法是可靠的。挡圈有圆形截面或矩形截面的，用钢丝弯成或用钢板冲压而成，矩形截面的强度较高。为了便于拆装，将挡圈端部向内弯或在端部制成小孔。在增压发动机中，为了提高浮式销的径向刚度，可以用挡塞对浮式销进行轴向定位。挡塞用铝合金制成，其外表面一般制成球形，球的半径稍小于气缸半径，所以挡塞与气缸接触的区域很小，这样浮式销就容易在活塞销座内转动。

活塞销摩擦表面的负荷虽然很重，但因为相对滑动速度不高，所以不需要大量的机油进行润滑和带走摩擦热量，只要不断油，能维持正常油膜即可。通常在连杆小头和活塞销座上开有油孔，依靠飞溅过来的机油流进孔内就能保证润滑。在二冲程发动机中，由于活塞组总是承受方向不变的压力载荷，所以活塞销的润滑条件比四冲程发动机差，因此常在活塞销座和连杆小头的衬套中开油槽，以保证可靠的润滑。

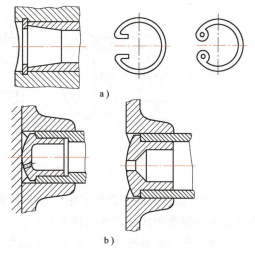

图 8-11　防止活塞销窜动的方法
a) 挡圈结构　b) 挡塞结构

活塞销的结构尺寸主要指活塞销外直径 d、内直径 d_1 和活塞销的长度 L。在选择活塞销的尺寸时，应保证活塞销有足够的强度和适当的刚度，还应当保证摩擦表面的比压不能过大，以防止机油被挤出。活塞销尺寸的选定应当和活塞销座的设计相配合。

总之，活塞销的工作条件为：
1) 承受比压大。
2) 无法形成油膜。
3) 变形不协调。

活塞传力结构总体设计的要求为：活塞销的刚度、耐磨性和韧性要好。活塞销座的耐磨性要好，刚性要能适应活塞销的变形。活塞销一般选择低碳钢或低碳合金钢制造，应进行表面淬火，增加耐磨性。活塞销座上方应开卸载槽，以缓和接触应力，提高变形适应性。

三、活塞裙部设计

活塞裙部的主要作用是引导活塞运动，并承受侧向力。

设计活塞裙部时，必须注意保证裙部在工作时具有正确的圆柱体形状、裙部和气缸之间的间隙要最小并有适当的比压。这些是保证活塞在气缸中得到正确导向、减小磨损和噪声等的重要条件。

早期的活塞裙部为正圆柱形。当发动机运转时，活塞裙部与气缸在活塞销方向上经常发生拉毛现象。分析其原因，主要是由于裙部销轴方向在工作时的变形比较大。为此，需要研究活塞的变形情况，掌握活塞裙部的设计特点。

图 8-12 所示为当活塞在发动机中工作时，裙部活塞销轴方向上产生的三种变形情况。

1) 活塞受到侧向力 F_N 的作用。承受侧向力作用的裙部表面，一般只是在两个销孔之间 $\psi = 80° \sim 100°$ 的弧形表面。这样，裙部就有被压偏的倾向，使它在活塞销方向上的尺寸增大（图 8-12a）。

2) 由于加在活塞顶上的爆发压力和惯性力的联合作用，活塞顶在活塞销的跨度内会发生弯曲，使整个活塞在活塞销座方向上的尺寸变大（图 8-12b）。

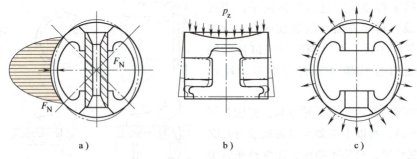

图 8-12 裙部活塞销轴方向上产生的三种变形情况

3) 由于温度升高引起热膨胀，其中活塞销座部分因壁厚比其他部分厚，刚度大，所以发生热膨胀时变形比较严重（图 8-12c）。

上述三种变形情况共同作用的结果是使活塞在工作时沿销轴方向胀大，使裙部横截面的形状变成"椭圆"形，使得在椭圆形长轴方向上的两个端面与气缸间的间隙消失，以致造成拉毛现象。在这些因素中，机械变形影响一般不太严重，主要还是受热膨胀产生变形的影响比较大。

防止裙部变形的主要方法：选择膨胀系数小的材料，如采用铝合金加合金元素来控制膨胀系数；进行反椭圆设计；采用绝热槽隔离活塞顶传下来的热量；销座采用恒范钢片，利用膨胀系数小、刚度大的材料控制活塞变形量，如图 8-13～图 8-16

图 8-13 采用绝热槽的活塞
a) 横向绝热槽活塞　b) 纵横绝热槽活塞　c) 纵向绝热槽活塞

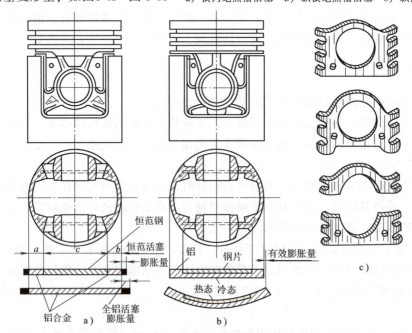

图 8-14 采用恒范钢片的活塞
a) 恒范钢片活塞　b) 自动调节活塞　c) 钢片的结构

所示。热负荷严重的活塞环带也设计成椭圆，但与裙部椭圆度不同。

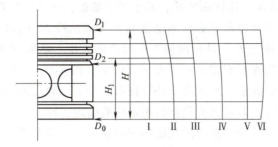

图 8-15　活塞直径在轴向的尺寸变化

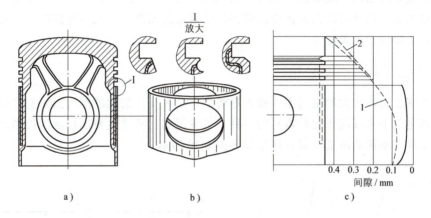

图 8-16　裙部加环形钢片

a）活塞结构　b）钢片形状以及钢片上端在活塞上的位置　c）装配间隙的比较
1—单金属铝活塞　2—镶桶形钢片铝活塞

为了减少活塞销轴方向的金属堆积，也为了尽量减小活塞的质量，近代汽车发动机尤其是汽油机活塞，在结构上采取了短活塞裙的轻量化设计方案，如图 8-17 所示。

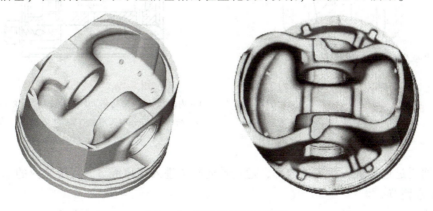

图 8-17　轻量化的活塞结构

四、活塞裙部与缸套的配合间隙

由于活塞沿轴线的温度分布很不均匀，越接近活塞顶温度越高，而且环带部分的温度梯度比裙部大（图8-1），所以活塞的外圆面原则上应该设计成上小下大且具有不同锥度的锥台形（图8-15）。活塞表面采用锥面形状，易于形成油楔，可减少磨损和拍击。

活塞裙部表面制造尺寸的确定必须考虑活塞与气缸从冷态（装配时或停机时）加热到热态（工作时）的热膨胀之差，以及最佳工作间隙的大小。活塞裙部的具体结构（壁厚分布、镶入钢片、开槽方式等）对裙部间隙有很大影响（图8-16），所以活塞外圆尺寸要经过反复试验修改后才能最后确定。现在由于计算技术的进步，确定裙部间隙的工作可以大部分通过模拟计算的方法进行，但是试验验证仍是最后的确定手段。

除了活塞间隙之外，活塞裙部的微观轮廓对活塞寿命，特别是其抗咬合性有很大影响。实践证明，过于光洁的表面，抗咬合性和摩擦情况都不好。采用专门修整的砂轮在活塞表面上加工出有规则的凹凸，能够提高抗咬合性和减少摩擦阻力。图8-18所示为推荐的两种活塞表面微观轮廓。凹处可以为摩擦表面带去足够数量的润滑油，减少摩擦阻力，而凸处则易于磨去，从而加快和改善磨合。

五、可变压缩比活塞结构

可变压缩比是现代发动机的主要技术趋势之一。可变压缩比的结构措施有许多种，可变压缩比活塞是其中实现起来比较容易的一种。可变压缩比活塞主要通过液压控制改变活塞压缩高度来实现压缩比的改变，其具体结构如图8-19所示。

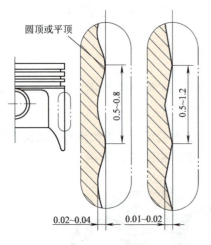

图8-18　摩擦力小和抗咬合性良好的活塞表面微观轮廓

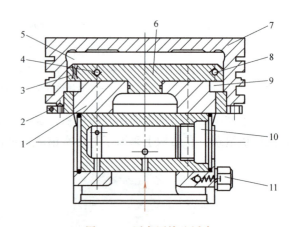

图8-19　可变压缩比活塞

1—内活塞　2—密封环　3—节流阀　4、8—单向阀
5—高压腔　6—阀支承盘　7—外活塞　9—低压腔
10—活塞销　11—限压阀

液压油通过连杆进入活塞销内部，通过单向阀4进入高压腔5，高压腔内的油压力通过限压阀11来调节。

第三节　活塞环设计

活塞环的分类：气环和油环。

活塞环的作用：气环的作用是密封、导热；油环的作用是刮油和布油。其中，气环的密封作用最重要，只有完成了密封的功能，才能实现传热的作用。

一、气环的作用原理

气环都是有弹性的开口圆环，不论哪一道环，其作用原理都是一样的。

1. 密封原理

1）靠活塞环的初弹力形成第一密封面（$p_0 = 0.1 \sim 0.2 \mathrm{MPa}$）。

2）在环上面气压力 p_A 的作用下形成第二密封面。

3）在环背气压力 p_R 的作用下加强第一密封面。

气环的密封原理详细叙述如下：

气环之所以能起密封气体的作用（也称气密作用）是由于气环的初弹力使气环的工作面压紧在气缸壁上，把漏气间隙减至最小，形成所谓第一密封面。从图8-20中可以看出，当气体进入气环和活塞环槽之间后，气体的压力又把气环压紧在环槽的端面上形成第二密封面。同时，作用在环背上的气体压力使环的工作面更压紧在缸壁上，从而加强了第一密封面的密封作用。气环正是由于这两个密封面而起密封作用的。但此时气体仍能从环的切口间隙和密封面的极小间隙中少量地漏掉，所以只用一道气环的密封作用常常是不够的，而需要设置多道气环，形成所谓迷宫式通道。泄漏气体在通道中经过多次膨胀，降低了压力和流速，使气体泄漏减至最小。图8-20所示为气体流过各道气环后压力的变化情况。由图可看出，经过第二和第三道气环密封后，气体压力已经大为下降，实现了良好的密封作用。

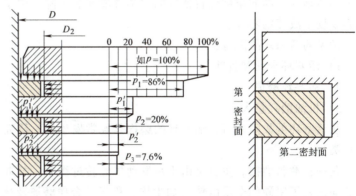

图 8-20　气环的密封原理

2. 导热作用

活塞热量的70%左右由活塞环传出（图8-21）。

气环的导热作用是把活塞顶所吸收的热量通过气环与气环槽的接触面传给气环，再通过气环与气缸的接触面将热量传给气缸及冷却水。对于不加特殊冷却措施的非冷却式活塞来说，约有70%的热量是经活塞环组传出去的。其中第一道气环传出的热量占活塞环组总散热量的50%。

环的散热作用是在环的密封作用实现后才能完成的。如果环失去了密封作用，也就同时失去了散热作用。因为气环一旦漏气，高温燃气将从气环与气缸之间的间隙窜出，不但活塞顶面接受的热量不能传出，而且活塞和活塞环的外圆工作面还要承受附加热量，必然导致活塞和活塞环烧坏。

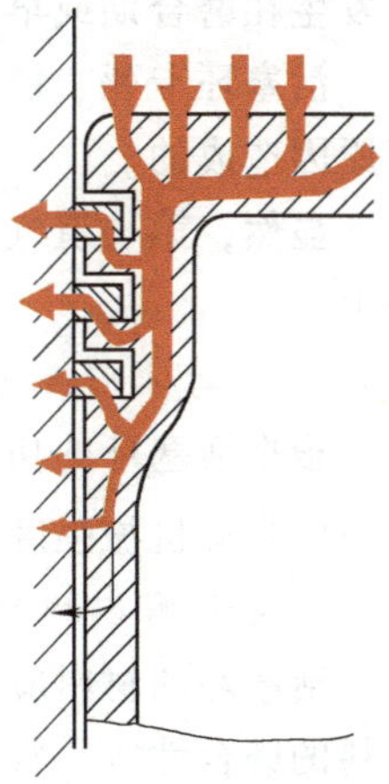

图 8-21　活塞环导热示意图

二、活塞环的工作情况与设计要求

1. 工作情况

活塞环（尤其是气环）是在很恶劣的条件下工作的。它不仅在应力状态下承受高温、高压气体的作用，而且在气缸中做高速往复滑动，从而受到摩擦和磨损。活塞环与气缸之间因有摩擦存在，所以要消耗发动机的有效功。据统计，活塞组的摩擦功损失占发动机全部摩擦功损失的50%～65%。摩擦功变成热，加热活塞组，进一步恶化了活塞环的工作状况。活塞环向外传热是受到条件限制的，它只能把热量传给平均温度约为110℃的气缸壁和缸壁上的润滑油膜，因此第一道气环的温度将达到300℃甚至更高，其余环的平均温度也在200℃以上。这样高的温度不能保证气环的良好润滑，机油被炭化又会恶化环的传热条件和环在环槽中的活动性；高的温度还将使环的力学性能显著下降。由于这些原因，活塞环是发动机中最容易发生故障的零件。

常见的活塞环故障有：
1) 活塞环卡死和折断。
2) 活塞环磨损。
3) 机油消耗量大。

从活塞环的故障来看，活塞环的磨损是经常发生的。研究表明，活塞环的磨损基本上有两种类型：

其一，磨料磨损。主要是由于在发动机运转过程中，气缸、活塞环和活塞环槽之间的摩擦表面进入了坚硬的杂质微粒（如尘埃、积炭、金属磨屑及化学腐蚀生成物等）。其结果或者是二者磨伤，或者是这些微粒磨料嵌入一方摩擦面（如活塞环槽或气缸）磨损另一方摩擦面，产生更剧烈的磨损。尤其是第一道气环，由于其工作条件最为恶劣，所以它的磨料磨损也最严重。

其二，粘着磨损。一般称之为"拉缸"。它是在高温状态下，因油膜破裂出现干摩擦而发生的表面撕裂现象。发生粘着时，在活塞和气缸的摩擦表面上有条状磨痕存在。出现粘着的表现是油耗变高和漏气，继而活塞环可能卡住甚至发生更严重的故障。粘着磨损多数情况下发生在磨合期或早期运行阶段，所以在此阶段发动机应当避免在重载下运行。

活塞环卡死、烧坏和折断，则是由活塞环温度过高、积炭，以及活塞环的力学性能降低等原因造成的。

显然，第一道气环的工作条件相对来说最为恶劣，所以大部分故障都发生在这道气环上。

2. 设计要求

根据活塞环的功能和工作条件，要求活塞环有足够的耐磨性，保持适当的初弹力F_0，较高的高温机械强度。另外，由于使用量大和经常更换，要求活塞环加工简单，成本低。

3. 活塞环材料及表面处理方法

活塞环的材料应具有耐磨性、耐热性、耐蚀性、导热性、强韧性、适当的弹性及与气缸材料的磨合性等。常用的材料有：

（1）灰铸铁+合金元素　它的成本低，磨合性好，是至今应用量最大的材料。灰铸铁活塞环中碳的质量分数一般为2.8%～4%，另外还含有硅、磷、硫等元素。降低含碳量能提高强度，但易出现"白口"，一般都采用亚共晶成分，$w_C = 3.5\%$。加入硅能促进石墨化，减少"白口"的出现，但硅太多会促使铁素体的产生，使强度降低，滑动性变差，且易与缸壁咬死，一般 $w_{Si} = 2\% \sim 3\%$。磷能改善浇注时的流动性，硬度极高的二元磷共晶能提高耐磨性，但当含磷量太高时，在基体边界析出的磷共晶会连成网状而使铸铁发脆，通常 $w_P = 0.2\% \sim 0.6\%$。硫是非石墨化元素，可促使"白口"产生并发脆，所以其含量越少越好。加入铜、铬、铂等合金，则能加强基体，从而提高硬度和耐磨性。

活塞环的金相组织比化学成分更重要，它应以细片状或更细的索氏体状的珠光体为基体，使活塞环有足够的机械强度。要求石墨的形状、大小适当，分布均匀，呈直线状、螺旋薄片状或团絮状，石墨间没有大面积无石墨区，以利于润滑，因为石墨本身是一种润滑材料又能吸附润滑油，使摩擦表面不易擦伤，从而减小磨损。

（2）粉末冶金　粉末冶金利用多孔性吸附机油，提高耐磨性。粉末冶金的金属陶瓷活塞环有下列优点：

1）具有多孔性，因此保持润滑油的能力好。

2）可以获得在金属学理论上无法组成的合金。

3）通过多孔度的调整及硬质点的配合，可以得到弹性模量值低而硬度高的材料，因而耐磨性好。

4）在整个加工过程中，由于不存在熔炼过程，因此比较容易获得稳定的质量。

5）可以将润滑剂，如二硫化钼、石墨等浸入孔隙内。

（3）球墨铸铁　随着发动机的强化，第一道气环要承受很大的冲击载荷，有时会折断，甚至碎成很多小块。所以第一道气环的材料除了要求耐热、耐磨外，还应有较高的强度和冲击强度。有效的对策是采用坚韧的材料，球墨铸铁就是一种选择。珠光体球墨铸铁具有接近钢的力学性能（抗弯强度 $\sigma > 1000\text{N/mm}^2$，硬度为 $100 \sim 107\text{HRB}$，弹性模量 $E = 15 \times 10^4 \text{N/mm}^2$），虽然其滑动性能由于石墨面积的原因相对灰铸铁较差，但是只要球墨粒度、粒数合适（要求 $600 \sim 1000$ 颗$/\text{mm}^2$），分布均匀，仍有令人满意的滑动性能。当球墨铸铁基体经淬火、回火处理而呈针状组织（贝氏体）时，其性能更好：硬度达 $35 \sim 45\text{HRC}$，$\sigma > 1300\text{N/mm}^2$，$E > 16 \times 10^4 \text{N/mm}^2$。但是球墨铸铁环的铸造技术比较复杂。

高强度高硅铁素体球墨铸铁的化学成分为：$w_C = 3\% \sim 4\%$，$w_{Si} = 4\% \sim 4.5\%$，$w_{Mn} = 0.25\% \sim 0.5\%$，$w_{Mg} = 0.01\% \sim 0.06\%$，$w_S < 0.04\%$，$w_P < 0.2\%$。它可以直接浇注出薄断面的活塞环而不会产生"白口"，也不需要另行处理就可以获得所需要的高强度与耐磨性。因为高的含硅量与铁素体结合能形成很硬且耐腐蚀的组织，所以虽然基体以铁素体为主，其耐磨性却不亚于优质灰铸铁，热稳定性比普通灰铸铁好，导热性也比后者高 5% 左右，硬度也不低，熔着倾向也不会加剧，特别适用于表面有镀覆层的高强化发动机活塞环。

（4）钢　钢虽然具有很高的机械强度和热稳定性，但是其耐熔着磨损的性能很差。对于高速和特别强化的发动机，由于要求提高弹力和抗冲击性能，有的采用钢制气环，但一般要在其滑动表面上镀铬（配氮化缸套）或经氮化处理（配镀铬缸套），以改善滑动性。用钢片制造的油环已获得了广泛应用，因为它可以产生很高的环周压力，刮油能力强。制造活塞环的钢材有高碳钢、锰钢、渗氮钢等。

（5）表面镀覆　活塞环的表面处理方法很多，就其作用而言可归纳为两大类：

1）以提高耐蚀性和改善环的初期磨合性能为目的的耐腐蚀和磨合覆层，如镀锡、镀镉、磷化处理、发蓝处理等。

2) 以延长活塞环使用寿命为目的的耐磨覆层，如镀铬、喷钼等。

由于活塞环，尤其是第一道气环的工作条件极为恶劣，其工作寿命是发动机所有零件中最短的，所以提高活塞环的耐久性是十分迫切的问题。在活塞环的工作表面上镀覆耐磨材料能显著提高活塞环的耐久性。

现在应用最广泛的是镀多孔性铬。镀铬层的硬度很高（900～1000HV），能抵抗磨料磨损；铬的熔点高（1770℃），有利于抵抗熔着磨损；铬有极好的耐蚀性；铬的镀层表面可造成网纹状或针孔状的多孔组织，能储存少量润滑油以促进润滑。

由于第一道气环的工作条件最差，所以我国有关技术标准规定：第一道气环外表面都应镀多孔性铬。铬层总厚度为 0.1～0.15mm（当 $D \leq 150$mm 时），研磨后的多孔性铬层厚度应不小于 0.04mm。为了延长寿命，环外周的镀铬厚度有增大的趋势，特殊的可达 0.3mm。

试验表明，镀铬不仅可以使本环的耐久性提高 2～3 倍，而且有效地保护了此环以下的其他各环，使这些不镀铬环的耐久性提高了 0.5～1 倍，气缸的最大磨损也因此下降了 20%～30%，因此有很大意义。但是镀铬环的加工质量必须提高，不能漏光，否则不易磨合。镀铬表面必须经过研磨或珩磨。镀铬环也广泛利用扭曲作用来改善磨合性；镀铬环外圆表面两侧应为圆角；必须仔细清除铬刺，否则铬刺剥落将成为强磨料，使活塞气缸组件的寿命大大下降。

有很多强化发动机的活塞环不仅外圆表面镀铬，而且上下侧面也镀铬，这对减小环与环槽的摩擦力和磨损、降低环的胶着倾向有很大好处。侧面镀铬层的厚度一般不超过 0.05mm。

应当指出，电镀析出的铬与普通铬是不同的，前者硬而脆，后者软而富有延性。在高温下，镀铬层会发生不可逆的软化而接近普通铬，从而限制了镀铬环在特别强化发动机上的应用。试验表明，镀铬层虽然是一种极好的耐磨材料，但它只限于环与缸套之间存在油膜的良好润滑的情况。如果润滑不良，局部摩擦产生局部热，就会使铬层软化，从而产生熔着磨损。为此，可以将活塞环外圆表面车削成较粗糙的螺旋面后镀铬，然后在铬面凹槽中覆以本身具有柔软润滑特性的锡，这样效果较好。

镀铬环的不足之处除了对润滑条件的适应性差，以及对温度敏感这两点之外，还存在以下两个问题：降低基体材料疲劳强度和磨合性差，有拉缸倾向。为此，必须采用强韧材料。国外有时对镀铬环进行氮化处理，认为镀厚铬后氮化的活塞环疲劳强度高，具有耐磨损性和耐热性，适用于高温、高功率、高转速发动机。如果在镀铬后利用液体珩磨，使其表面形成许多小孔穴，则可提高其初期磨合性。此外，在铬层多孔性处理方面也还有改进余地。

由于镀铬环的耐熔着性能不能满足发动机日益强化的需要，近年来发展了一种新的覆层——喷钼，来取代镀铬。一般是用氧乙炔火焰将钼丝熔化成细粒，然后用压缩空气将其喷射在环面上。由于钼的硬度高（900～1100HV）、熔点高（2640℃），喷镀层具有 20% 左右的多孔性，所以其耐磨性好，特别是耐熔着性能比镀铬好。钼层厚度一般为 0.1～0.2mm，喷钼环外周两侧要修圆角（$R=0.1～0.3$mm）或倒角。

喷钼环耐熔着的原因目前尚不清楚，一般认为熔点高和多孔性是重要的原因。喷钼层的多孔性与铬层不同，前者是整个喷层的多孔性；后者则只限于极薄的表面层（多孔度仅为 3%），磨到一定程度后，其多孔性组织就消失了。所以，喷钼环的存油性能比镀铬环持久，不容易出现边界润滑状态。另一种理论认为，用金属喷镀法形成的钼已不是纯钼，而是各种钼合金的混合物（氧、氮、氢），这些混合物具有良好的耐熔着磨损性能。在耐磨性方面，使用耐磨性较好的高磷缸套时，喷钼环的耐磨性优于镀铬环；使用耐磨性较差的合金铸铁缸套时，喷钼环的耐磨性与镀铬环相当或比镀铬环略低；在磨料磨损突出时，喷钼环的磨损大于镀铬环。一般认为喷钼环比镀铬环具有更高的耐磨性，但不少问题尚有争论。至于喷钼环在抵制熔着磨损方面比镀铬环优越得多，这点是肯定的。而在强化发动机实际所发生的磨损中，一般都以熔着磨损为最大，在解决由此引起的拉缸问题方面，喷钼环已显示了其优越性。

为改善磨合性和耐蚀性，不经耐磨镀覆的活塞环表面都应镀锡（铅）或进行磷化处理。锡层两面总厚度为 0.002~0.006mm。磷化使活塞环表面生成磷酸锰铁或磷酸锌铁薄膜覆层（厚度为 0.001~0.003mm），能吸油、缓蚀，改善初期磨合和抗拉缸性能。此外，还有渗硫处理，是指用电解法或盐浴法在铸铁环表面形成硫化铁或氮化薄膜覆层，其摩擦因数小，表面硬度高，能改善初期磨合性及提高耐磨性、抗拉缸性能，常和磷化处理结合使用。喷涂聚四氟乙烯（氟化）树脂的表面处理方法在许多国家已得到相当广泛的应用，覆盖层的厚度为 5~10μm，其自润性高、摩擦因数小，能缩短磨合期，较快进入稳定的工作状态。一般经过几十小时运转，该覆盖层就会消失。此方法大多用在镀铬环上。经氟化树脂表面处理后的活塞环，其滑动面上的积炭和油渣很少，并能防止熔着。发蓝处理是指使钢铁表面发生不完全氧化而生成四氧化三铁（Fe_3O_4），这种不完全氧化的薄膜也具有耐蚀性、防止咬合和改善初期磨合性能作用等。

三、气环的设计

由前述气环在自身弹力和环背压力作用下的密封原理可知，气环的初弹力（自身弹力）是极为关键的。为使活塞环在置于气缸中后其环周对缸壁产生必需的压力，气环在置入气缸中前的自由状态应该是什么形状？这是气环设计的第一项计算。这对于活塞环的毛坯铸造或机械加工所需的靠模都是必需的，因为气环的自由状态形状决定了活塞环的工作应力、耐磨性和寿命。气环设计的第二项计算是确定活塞环的结构参数。第三项计算是验算既定参数的气环从自由状态收拢装入气缸后，其产生的应力是否超过材料的许用应力值以及气环从自由状态掰开套过活塞头部时引起的套装应力值。

（一）均压环的自由形状

在自由状态下，活塞的曲率半径 ρ 与工作状态的弯矩 M（N·m）的关系（图 8-22）为

$$\frac{1}{r_0} - \frac{1}{\rho} = \frac{M(\alpha)}{EI} \quad (8-4)$$

式中，E 为材料的弹性模量（Pa）；I 为环断面惯性矩（m^4），对于 $b \times t$ 矩形断面，$I = bt^3/12$。

为确定气环任意断面 BB 处的弯矩，可把气环看成在开口对面的对称断面 AA 处固定的悬臂梁，因为

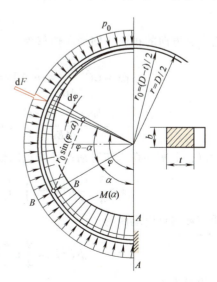

图 8-22 均压环工作状态弯矩图

AA 断面在气环变形时不发生扭转。于是,作用在单元段 $rd\varphi$ 上的单元力 $dF=p_0 brd\varphi$,它对断面 BB 产生的弯矩为

$$dM = dFr_0\sin(\varphi-\alpha) = p_1 br_0^2 \sin(\varphi-\alpha)d\varphi$$

式中,$p_1 = p_0 r/r_0$ 为换算到环中线的环周压力(Pa),p_0 为均压环沿环周的平均弹力(Pa)。

因此,气环从 $\varphi=\alpha$ 到 $\varphi=\pi$ 的压力对断面 BB 的总弯矩为

$$M(\alpha) = \int_\alpha^\pi dM = \int_\alpha^\pi p_1 br_0^2 \sin(\varphi-\alpha)d\varphi = p_1 br_0^2 (1+\cos\alpha)$$

或者

$$M(\alpha) = \frac{1}{4}bp_0 D(D-t)(1+\cos\alpha) \tag{8-5}$$

将式(8-5)代入式(8-4),得

$$\rho = \frac{1}{2}\frac{D-t}{1-a(1+\cos\alpha)} \tag{8-6}$$

其中

$$a = \frac{3}{2}\frac{p_0 D}{Et}\left(\frac{D}{t}-1\right)^2$$

(二)活塞环的弹力、应力和结构参数计算

1. 平均弹力

活塞环在自由状态下每一断面外侧到环中心的距离都不等于气缸半径 R,而是等于 $R+U$,U 是随角度 α 变化的。当活塞环从自由状态变为工作状态时,长度为 $dS=r_0 d\alpha$ 的单元 AB(图8-23)的曲率半径由于弯矩 M 的作用由 ρ 减小到 r_0,这时 B 点绕 A 点转过一个角度,即

$$\Delta d\alpha = d\alpha - d\alpha_1 = d\left(1-\frac{r_0}{\rho}\right) = r_0\left(\frac{1}{r_0}-\frac{1}{\rho}\right)d\alpha = \frac{r_0 M(\alpha)d\alpha}{EI}$$

将式(8-5)代入上式,得

$$\Delta d\alpha = \frac{br_0 p_0 D(D-t)}{4EI}(1+\cos\alpha)d\alpha$$

再考虑到 B 点旋转的同时,活塞环端点 C 的位移量为

$$\overline{CC'} = \overline{AC}\,\Delta d\alpha$$

它在 x 方向的投影,即周向位移为

$$dx = \overline{CC'}\frac{\overline{DC}}{\overline{AC}} = \overline{DC}\Delta d\alpha = r_0(1+\cos\alpha)\Delta d\alpha$$

$$= \frac{bp_0 r_0^2 D(D-t)}{4EI}(1+\cos\alpha)^2 d\alpha = \frac{3p_0 D(D-t)^3}{4Et^3}(1+\cos\alpha)^2 d\alpha$$

所以,活塞环在工作时活塞环端点的位移量为

$$x = \frac{3}{4}\frac{p_0}{E}D\left(\frac{D}{t}-1\right)^3 \int_0^\pi (1+\cos\alpha)^2 d\alpha = \frac{3}{4}\frac{p_0}{E}D\left(\frac{D}{t}-1\right)^3 \frac{3}{2}\times\pi \tag{8-7}$$

活塞环的自由端距为

$$S_0 = 2x = \frac{9}{4}\pi\frac{p_0}{E}D\left(\frac{D}{t}-1\right)^3 = 7.07\frac{p_0}{E}D\left(\frac{D}{t}-1\right)^3 \tag{8-8}$$

平均弹力为

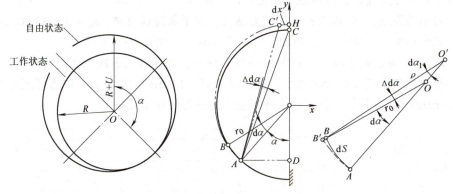

图 8-23　活塞环自由形状及自由端距计算

$$p_0 = 0.141E \frac{S_0}{D\left(\dfrac{D}{t}-1\right)^3} \tag{8-9}$$

2. 工作应力

由 $M(\alpha) = \dfrac{1}{4}bp_0D(D-t)(1+\cos\alpha)$ 可知，当 $\alpha=0$ 时，有

$$M_{\max} = \frac{1}{2}bp_0D(D-t)$$

所以最大工作应力为

$$\sigma_{\max} = \frac{M_{\max}}{\dfrac{bt^2}{6}} = 3p_0 \frac{D}{t}\left(\frac{D}{t}-1\right) \tag{8-10}$$

将式 (8-9) 代入式 (8-10)，有

$$\sigma_{\max} = 0.425E \frac{tS_0}{(D-t)^2} \tag{8-11}$$

活塞环套装时必须使其内径大于活塞头部直径，此时端距应该为 $8t$ 左右。即套装时端距的变形量为 $8t-S_0$。则最大套装应力为

$$\sigma'_{\max} = 0.425 \times \frac{Et(8t-S_0)}{(D-t)^2} = 0.425 \times \frac{8Et^2}{(D-t)^2} - 0.425 \times \frac{EtS_0}{(D-t)^2}$$

$$= 3.4 \times \frac{Et^2}{(D-t)^2} - \sigma_{\max} \tag{8-12}$$

$$\sigma_{\max} + \sigma'_{\max} = 3.4 \times \frac{Et^2}{(D-t)^2} = 常量 \tag{8-13}$$

式中，$\sigma_{\max}$ 为最大工作应力 (Pa)；E 为活塞环材料的弹性模量 (Pa)。

一般选择 $\sigma'_{\max} = (1.2\sim1.5)\sigma_{\max}$，因为套装时间很短。

(三) 活塞环参数的选择

(1) 平均弹力 p_0　当转速 n 高时，应提高 p_0（图 8-24）。因为活塞速度高时，由于节流作用，活塞环背压会下降。当活塞直径增加时，根据式 (8-10)，活塞环的工作应力增加，

应该适当减少平均弹力 p_0，方能减少活塞环的工作应力（图8-24）。

（2）自由端距 S_0　S_0 越大，工作应力越大。对于灰铸铁材料，$S_0 = (0.13 \sim 0.14)D$。

（3）径向厚度 t　t 增加，p_0 增加。根据式（8-9），此时 D/t 下降。

（4）环高 b　b 趋向于减小，目前最小为1.5mm，这样有利于减小活塞高度。

（5）装配端口距离 Δd　Δd 越小，密封性越好，但 Δd 不能为零。从热膨胀方面考虑，应使 $\Delta d \geq \pi D \Delta t \beta$，以保证工作时活塞环不会因为热膨胀而卡死。

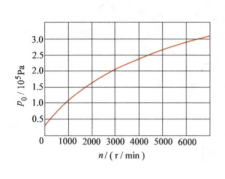
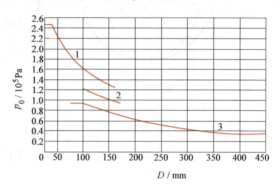

图 8-24　活塞环初弹力与发动机转速、气缸直径的关系

1—高压环　2—中压环（普通环）　3—低压环

（四）活塞环弹力检验

为了了解所需径向压力分布规律涉及的活塞环自由形状是否合理，加工是否正确，检测活塞环成品的实际径向压力分布是十分必要的。但是精确而迅速地测量很困难，常用的检验方法有三种。

1. 直径方向加集中力 F_{Q1}

$$p_0 = 0.76 \frac{F_{Q1}}{bD} \qquad (8-14)$$

观察当开口尺寸缩小到装配端口距离为 Δd 时，所加集中力 F_{Q1} 是否在规定范围内（图8-25）。

2. 用柔性带，加集中力 F_{Q2}

$$p_0 = 2 \frac{F_{Q2}}{bD} \qquad (8-15)$$

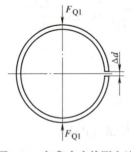
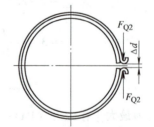

图 8-25　加集中力检测方法　　　图 8-26　柔性带检测方法

此法是基于下列现象发展而成的。当活塞环开口处的压力高出（或低于）平均壁压一定值后（高点环或低点环，这在下一节中会讲到），它在弯曲刚度可忽略不计的挠性带的箍紧下

会出现椭圆,即活塞环开口处的直径会大于(或小于)与其垂直的直径,称为不圆环。而均压环在相同条件下则是正圆形。通过测量不等压环的圆度就能简便地估算出其径向压力的分布规律。具体测量时,需用厚度小于 0.12mm 的薄钢带箍紧活塞环,在集中力 F_{Q2} 的左下方使开口尺寸缩小到装配间隙后进行(图 8-26)。

利用式(8-14)和式(8-15)求出的活塞环初弹力是一个平均值,可以用来评判活塞环初弹力是否满足设计要求。前述两种检测方法,需要事先知道满足需要的集中力 F_{Q1} 的大小或圆度的大小,这是活塞环制造部门经过标定确定的。这两种方法速度快,比较适合生产检测。

3. 专用检测设备

为了知道比较具体的活塞环径向压力分布,往往采用专用的活塞环径向压力分布测量设备和仪器。

(1)活塞环径向压力多点测量仪 活塞环径向压力多点测量仪的历史比较久,形式也比较多,但是应用不是很普遍,而且测量精度和重复性都不能令人满意。

(2)应变电测量法 这种测量方法基于弯梁公式

$$\frac{1}{r_0} - \frac{1}{\rho} = \frac{M(\alpha)}{EI} \tag{8-16}$$

式中的弯矩 $M(\alpha)$ 与 α 截面处应力应变的关系、弯矩与径向压力的关系为

$$M(\alpha) = \frac{1}{4} b p_0 D (D-t)(1+\cos\alpha)$$

$$\sigma(\alpha) = \frac{M(\alpha)}{bt^2/6}$$

测量时,将活塞环装入与实际气缸直径一样的模拟气缸,采用应变片测量应变的方法或者非接触应变测量方法,静态测量活塞环在模拟气缸中各处的应变,然后利用数学方法反求活塞环的径向压力分布。这种方法的测量精度高,重复性好。但是因为要贴应变片,速度比较慢,所以适用于活塞环参数研究分析和产品制造水平的验证。非接触应变测量方法是很有发展前景的活塞环径向压力测量方法,有利于用计算机进行数据采集和数据处理,精度和速度都能满足生产和检测的需要。

四、均压环磨损规律

均压环磨损规律是指在活塞环装入气缸之后,均压环的径向力呈均匀分布。在自由状态下,均压环外表面的曲率半径为

$$\rho' = \rho + \frac{t}{2}$$

则

$$\frac{\rho'}{r} = \frac{1}{D/t} \left[\frac{D/t-1}{1-a(1+\cos\alpha)} + 1 \right] \tag{8-17}$$

从图 8-27 中可以看出,当均压环发生均匀磨损时,其外半径均匀磨掉 $\Delta\rho'$,在开口 $\Delta\alpha$ 范围内,$\rho'/r<1$,也就是 $\rho'<r$(图 8-27 中的虚线),故均压环不能凭本身的弹力与气缸贴紧,从而形成漏光,最先失效。均压环的不同截面有不同的耐久性,开口附近最薄弱。因此,在

实际发动机中都不采用均压环，但是均压环的基本理论可以被用来设计非均压环。

五、非均压环设计

1. 高点环（图 8-28 左侧曲线 A）

为了克服均压环的上述缺点，可以采用开口处压力比较高的非均压环。哪怕开口处压力只比平均径向压力高一点，也有助于延长其使用寿命。该环开口处压力与径向压力的比可提高到 3∶1。如果平均壁压已很高，那么开口处的径向压力不应提高太多。我国关于内燃机活塞环的技术标准，推荐高速发动机采用"梨形"径向压力图的活塞环（或称高点环）。试验表明，高点环还具有较高的抗颤振能力。

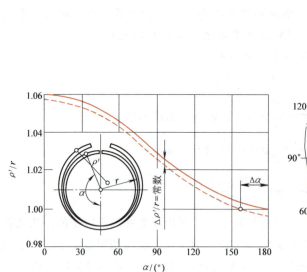

图 8-27　均压环发生均匀磨损失效原理图

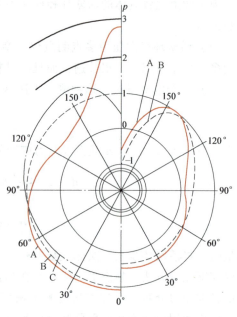

图 8-28　均压环、高点环、低点环压力分布
A—高点环　B—均压环　C—低点环

2. 低点环（图 8-28 左侧曲线 C）

在采用不定位活塞环的二冲程发动机中，与平均壁压相比，低点环开口端的径向压力是下降的，这是为了避免环端跳入气口或撞击气口边缘而使环折断。某些强化四冲程柴油机为避免由于缸套和活塞环的变形等原因而造成的环开口处压力过高所引起的拉缸事故，也有用这种环的。这种环的径向压力分布呈"苹果形"，称低点环。

3. "K"形环

"K"形环是指预先在环开口处进行适当的切削加工，以便在装入气缸后，环端轮廓可以向内弯曲，即冷态时环开口部分与缸壁不接触，运转后环受热变形才与气缸完全贴合，其在开口处的磨损与折断很少。使用这种环时，应增加环数或采用有助于加强密封效果的结构，以减少燃气通过环开口处的泄漏。为防止断环和气口磨损，确保运行安全可靠，大型二冲程船用发动机上几乎普遍采用"K"形环。

图 8-28 中右侧的压力曲线是磨损后各种环的径向压力分布。

非均压环的径向压力沿圆周是变化的，所以其自由形状与均压环并不相同。有关这方面的专门论著很多，读者可以查找相关资料。

另外，活塞环设计得好与坏，不仅影响工作可靠性和寿命，在排放限值日益严格的趋势下，活塞环对排放的影响也日渐重要，尤其是对排放中微粒的影响，将会起到很关键的作用。因此，加强活塞环设计理论和方法的研究是很有必要的。

六、活塞环断面形状设计

活塞环的工作条件根据其所处位置的不同而不同，而不同的工作条件对活塞环断面形状有不同的要求。活塞环断面形状的设计要求是：

1) 能增强密封性能，即使在活塞环工作条件很不利的时候也不易漏气。

2) 能够很好地改善环与缸套的磨合性能。因为活塞环与气缸之间的高速滑动表面在运转初期总不能完全贴合，需要低速小负荷运转一段时间后，才能保证摩擦副之间有理想的接触，所以要求磨合时间越短越好，磨合期的磨损应尽量小。

3) 能够提高刮油能力。随着发动机转速的提高，发动机机油上窜的问题日益严重，除了改进油环结构外，还要求气环起到控制机油的作用。

4) 提高抗伤性，即避免出现熔着磨损（活塞环"拉缸"）等不正常的磨损现象。发生熔着磨损的原因是润滑油膜中断，局部的干摩擦产生大量的摩擦热，引起极细微的熔化、粘着和扯断，如果继续发展，会使摩擦表面粘着成粗糙的表面。凡是促使油膜破坏的因素，均是引起熔着磨损的因素，如窜气或过热、环与气缸壁局部接触应力过大等。活塞环断面设计应尽量避免这些情况。

图 8-29 所示为几种高速内燃机活塞环的断面形状。矩形断面环是应用最广的一种活塞环，因为这种环的加工工艺简单，易于保证所要求的压力分布，漏光废品率低。为了使活塞环外圆面与气缸表面尽快磨合，外圆表面不要加工得太光滑，而应留有细微的加工刀痕，这样可以提高储油能力，避免在磨合期间拉缸。个别活塞环甚至规定加工出细小的螺纹槽（图 8-29b），以改进滑动性。活塞环的上下两个侧面要与环槽很好地贴合，因此要求将侧面磨光磨平，表面粗糙度 $Ra < 0.4\mu m$，挠曲度不大于 $0.03mm$。

与缸套接触面积大且平直的简单矩形活塞环有时无法达到令人满意的结果，尤其是

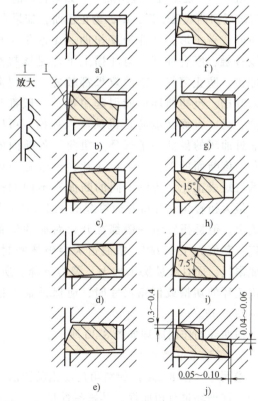

图 8-29 活塞环的断面形状

a) 微锥面环 b) 正扭曲环 c) 反扭曲环
d) 锥面环 e) 倒角环 f) 鼻形环
g) 桶面环 h) 梯形环 i) 半梯形环（扭曲梯形环） j) L形环

在发动机各项性能指标越来越高的情况下。为了改善环的密封性、磨合性、刮油性和抗伤性，人们在矩形断面环的基础上做了很多改进，发展出了微锥面环、扭曲环和锥面环等，其中有些活塞环确实起到了很好的作用。

1. 微锥面环

微锥面环（图 8-29a）可以改善环的磨合性。装入气缸后，这种环与环壁的接触理论上为线接触，从而提高了表面比压，加快了磨合。按照图示方向安装时，它只能向下刮油。但当其向上滑动时，由于斜面的油楔作用能使环在油膜上浮起，所以即使是压力集中的棱缘负荷，一般也不会发生熔着磨损。设计这种环时，表面斜角必须选择适当。如果斜角过大，环外圆表面上的间隙就大，外圆表面将有气压力作用，削弱了活塞环背压，则环的密封作用就可能被破坏，进而发生窜气现象，原来预想的加速磨合也就不可能实现了。一般斜角为 30′~60′，角度再小加工就困难了。在正常情况下，磨合后，微锥面的这个斜角一般都会被磨去，不再存在。微锥面环上下是不对称的，不可倒装，否则可能因向上刮油而增加发动机的机油消耗。

2. 扭曲环

扭曲环在发动机中应用极广。如果在环的下内侧或上外侧切口（图 8-29b、f、j），全环装入气缸后扭曲成碟子形，则称为正扭曲；如果在环的下内侧或上外侧切口（图 8-29c、e），全环扭曲成盖子形，则称为反扭曲。无论是正扭曲还是反扭曲，它们的共同特点是与缸壁呈线接触，磨合性好；与环槽上下也是线接触，密封性能得到改善，而且减轻了对环槽的冲击，防止窜气、窜油效果都较好。正扭曲环的向下刮油作用很好，但会有少量机油进入环槽。反扭曲环可能引起窜油，一般都与锥面环结合使用，一方面能够有效地向下刮油，另一方面又能防止机油流入环槽，可以用作靠近油环的最低一道气环。扭曲环各断面的扭转角与该断面的工作应力成正比，也就是与该断面的弯矩成正比，所以不同的断面有不同的扭转角，最大扭转角在开口对面算起的 116°14′左右的位置上。但是扭转角一般都在开口对面的位置上测定，其值为 15′~60′。扭曲过大会破坏密封性，造成窜气，而且会使磨损加大，弹力下降。所以，在决定环的切槽或倒角尺寸时，应保证最大扭转角不超过 1°。

扭曲环的作用原理如图 8-30 所示。

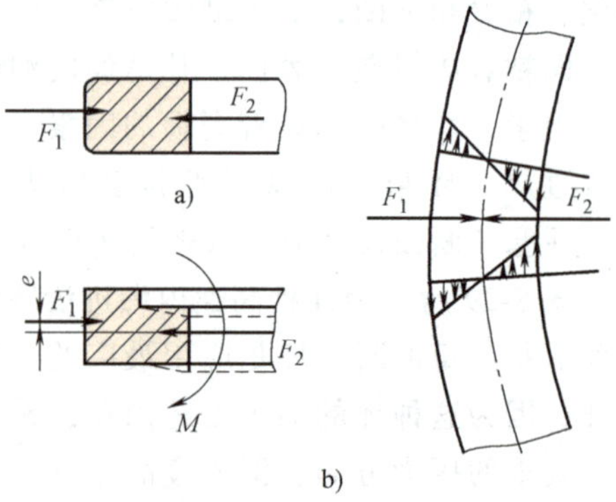

图 8-30 扭曲环的作用原理
a) 矩形断面环　b) 扭曲环

3. 锥面环和倒角环

锥面环（图 8-29d）的斜角角度比微锥面环的大，因而可以保留锥面到相当一段正常运转期。这种环也有扭曲性，其密封性良好，能改善窜气、窜油情况。但若锥角过大，除有前述破坏密封的效果外，还会使机油消耗量增加。图 8-31 所示为当第一道气环的斜角由 30′变到 2°时，机油消耗量试验结果实例。当斜角为 30′~1°30′时，机油消耗量的增加是很缓慢的；当斜角超过 2°时，机油消耗量则会剧烈增加（图 8-31）。

倒角环（图 8-29e）的特点是在活塞环外圆工作表面倒角，可以全部环高倒角，也可以一部分环高倒角，而且倒角的角度值比锥面环大，一般在 1°以上，甚至为 10°~20°。它在工作时会发生扭曲，其工作状态接近于锥面下内切环。倒角环有良好的密封性能，图 8-32 所示为不同倒角下的漏气情况，可见，这种环对漏气的改善是显著的，其刮油性能也是良好的。但逆倒角是绝对不利的，所以组装锥面环或倒角环时，都须特别注意，切勿装反，否则会使机油消耗量剧增。

至于倒角多大为宜，现尚无定论，为了防止倒角在长期运转后被磨去，倒角值大些是恰当的，一般 5°~10° 还不算过大。具体数值可通过试验确定，也可以通过仿真模拟的方法来确定。

4. 鼻形环

鼻形环（图 8-29f）也属于正扭曲环，但其扭曲作用不仅来源于环本身的弹力，还源于气压力的作用。鼻形环具有刮刀般的棱边，所以其刮油能力很好。如果外圆切槽一直通到开口环端，则漏气量会增加，所以它不用于第一道气环，而多用作紧靠油环的最下一道气环，以加强刮油效果。环开口处留有一段不切槽，可以使漏气量减少许多（图 8-33）。

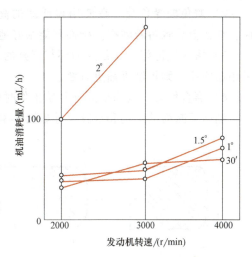

图 8-31　第一道气环的斜角与机油消耗量的关系

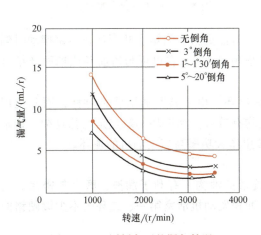

图 8-32　不同倒角下的漏气情况

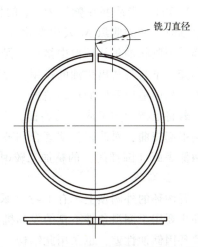

图 8-33　减少开口端隙处漏气的鼻形环结构

5. 桶面环

桶面环的特点是将活塞环外圆表面制成凸圆弧形（图 8-29g）。桶面环在高速高负荷发动机上得到了广泛应用，是气环断面改进的重要趋势，它通常作为第一气道环，且表面采用镀铬覆层。桶面环的设计来源于矩形断面环。通过实践发现，矩形断面环在工作一段时间后，其环周表面会自然呈现凸圆弧形，因此人们在一开始就把新环外表面做成凸圆弧形。桶面环具有下列优点：

1）保证良好的润滑。因为不管环向上还是向下运动，润滑油均能靠油楔作用把环浮起，从而使磨损减少。

2）避免棱缘负荷。在使用短活塞的高速发动机中，活塞摆动较剧烈，易产生棱缘负荷，往往会导致熔着磨损。桶面环能很好地适应活塞的摆动。

3）密封性能好。这是因为环与气缸的接触面积小，对气缸表面的适应性好。如果结合采用扭曲环，则控制机油更有效。

4）磨合性好。因为桶面环开始工作时也是线接触，所以磨合快。

桶面环断面的结构和推荐尺寸如图 8-34 所示。

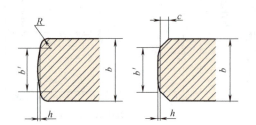

b	$b'\pm 1$	h
1.5	0.8	
2	1.2	0.003~0.012
2.5	1.6	
3	2	
3.5	2.4	
4	2.8	0.005~0.016
4.5	3.2	

图 8-34 桶面环断面的结构和推荐尺寸

6. 梯形环

在热负荷特别高的发动机中，第一道气环容易因粘着而失去活动性，这或者使环与缸壁接触压力陡增而引起拉缸，或者造成窜气窜油。在这种情况下，可以采用梯形环（图 8-29h）。当活塞在侧压力 F_N 的作用下横向摆动时，环的侧隙 Δc 发生变化（图 8-35），

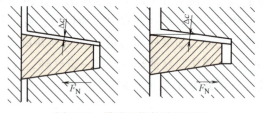

图 8-35 梯形环抗粘着性原理

这样可把胶状油焦从环槽中挤出，促使间隙中的润滑油更新。而矩形断面环在活塞摆动时侧隙不变，不具备挤出焦油的作用。梯形环的标准顶角是 15°。它也可与扭曲环或桶面环结合起来，从而适应不同的运转情况。

若将上侧面加工成 7°的斜面，则称为单面梯形环。由于其断面形状不对称，因此使用时会引起挠曲，对改善初期磨合和减少机油消耗均有效果。梯形环的缺点是工艺复杂，特别是两侧表面（圆锥面）的精加工较困难。它常被用作大功率高速柴油机的顶环。

7. 开沟环

开沟环的外圆顶上车有 1~3 个圆周槽或螺旋形的油沟，有利于润滑、磨合与密封。这种环主要用于润滑条件不良的发动机，多置于二冲程发动机活塞第一、二环。不少镀硬铬的活塞环因储油性差，也采用此结构。

具有相同结构参数、不同断面的环，其平均径向压力是不同的，因此密封效果也有所差异。

以上仅按结构进行活塞环的分类，在生产中具体应用时，为改善环的综合性能，经常汇集几种结构特点于一个环上。例如，用作第一道气环的单梯形桶面环，兼有梯形环、桶面环和扭曲环三者的特点。

七、活塞环的成形方法

活塞环的成形是指活塞环自由状态下形状的获得，这是决定活塞环的径向压力分布情况和密封性好坏的重要工艺过程。活塞环的成形方法大致有两种，分别为靠模加工法和热定形法。

1. 靠模加工法

这种方法一般采用单体铸造的椭圆毛坯，经靠模车削外表面（靠模是按活塞环的自由状态形状制造的，切去相当于自由端距的那段长度，形成开口，再把它收拢成正圆形，用夹具夹持成一叠后车削内圆，再精车外圆）。为了加速磨合，活塞环外圆不要太光滑，因此对于不镀铬的活塞环，精车后不再加工即可使用。对于外圆镀铬的活塞环，也只能在镀铬后进行轻微研磨。

如果不用靠模车削外圆，而是先切口再收拢成正圆车削外圆，虽然工艺上较简便，但毛坯是在应力状态下加工成正圆形的，放松后会因残余应力的影响而使活塞环变形，不符合原设计的自由状态形状，致使径向压力分布不够理想，所以用靠模车削外圆是必要的。至于内圆表面，目前大多是采用正圆加工的，残余应力也会引起上述缺陷，故最好也用靠模按自由状态型线加工内表面。由靠模加工内外圆的活塞环成品，使用中弹力消失少，使用性能好，但工艺上太麻烦，所以较少使用。

靠模加工法可用来制造均压环，但是主要用来制造不均压环。为了保证使用性能，国外在生产均压环时，很多也用靠模车削。

2. 热定形法

为获得均压环自由状态形状，还有一种不需要靠模加工设备的简易方法——热定形法。这种方法不要求知道活塞环自由状态形状的方程，只需要知道自由端距 S_0 即可。具体做法是采用正圆形毛坯（由筒体铸造毛坯切割而得），经粗车后，用薄片刀切口，在切口处嵌入厚度为 S_0 的塞铁（图 8-36），或将环坯掰开后套在样板心轴上，然后把这种内部尚有机械应力的活塞环加热到 620℃，保温 40min 左右以消除内应力。撤去撑头后活塞环仍保持原开口的形状，而且基本与理论上所确定的自由型线相符。这并非偶然的巧合，因为如果活塞环在均匀向

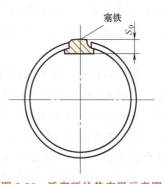

图 8-36 活塞环的热定形示意图

心压力 p_0 的作用下从自由状态形状变为正圆形的话，那么根据弹性变形可逆性原理，原为正圆的环在均匀离心压力 p_0 的作用下，必然变到自由状态形状。如果用一条非常柔软光滑的薄带加力 q_1 把活塞环从自由状态形状箍紧到切口闭合，则其形状也一定是正圆的，因为带子每一断面有相同的张力 q_2，它对活塞环产生的压力 p_0 也一定是均匀的。撑头的作用无非是加一个 q_2 的力而已，故撑开后的形状正好就是均压环的自由型线形状。这就是热定形法所依据的理论基础。

热定形法的工艺简单，成本低，目前我国应用较多，但它不能制造不均压环。其主要缺点是热定形时的残余应力不可能完全消除，使用中活塞环的弹力消失较大。

八、油环的设计

机油的消耗常常是发动机面临的严重问题。机油的消耗途径主要是机油上窜到燃烧室中烧掉，其危害性不仅在于机油损失本身，还在于易使火花塞污染、活塞环胶结失效以及气缸活塞组积炭，从而使磨损剧增。反过来，这些磨损又严重影响机油消耗，两者互为因果。过多机油窜到燃烧室中燃烧，还会影响尾气的排放，使 HC 排放增加。在排放标准日益严格的情况下，由于机油燃烧产生的 HC 会占相当大的比例。因此，机油消耗的控制是内燃机设计

中一项值得注意的问题。现代高速发动机的活塞高度日益缩短，油环大多减少到一道，因而对油环的设计提出了更高的要求。

为了保证油环在高速下的刮油能力，油环的刮油口与缸壁的接触压力必须足够高（图 8-37），同时回油的通道必须畅通。

目前采用的油环分为三类：普通槽孔式油环、弹簧胀圈油环、钢带组合油环。

1. 普通槽孔式油环

因为油环基本上没有环背气压力来帮助密封，其密封能力差不多全靠本身的弹力，所以为了减小环与气缸的接触面积以提高比

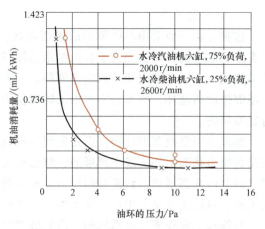

图 8-37 油环的径向压力与机油消耗量

压，在环的外圆面上开有环形槽，形成二道刮油滑肩（图 8-38），控制滑肩的高度即能改变平均壁压 p_0。这种普通油环的压力为 $0.15 \sim 0.25$ MPa。在转速较高的发动机中，对油环的刮油能力要求更高，所以常常将滑肩倒角或车削成鼻形，以进一步减小接触面积，提高刮油能力。倒角油环的压力为 $0.3 \sim 0.45$ MPa。

2. 弹簧胀圈油环

胀圈油环是在普通油环的内面安装板弹簧胀圈（图 8-39a）或螺旋弹簧胀圈（图 8-39b）等形成的油环。这种油环可获得更高的径向压力，板弹簧胀圈油环的 $p_0 = 0.6 \sim 0.8$ MPa，螺旋弹簧胀圈油环的 $p_0 = 0.8 \sim 1.2$ MPa。由于环背加了弹簧，因此可以采用径向厚度较小的柔性环，这对气缸失圆的适应性好，而且当环外圆磨损时，弹力不会急速下降，从而能够保持刮

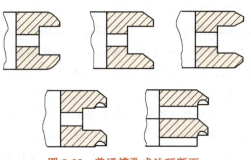

图 8-38 普通槽孔式油环断面

油能力和工作耐久性。板弹簧胀圈油环多用于小型发动机。

螺旋弹簧胀圈较板弹簧胀圈更富有柔性，因此螺旋弹簧胀圈油环对气缸有更好的适应性。板弹簧胀圈的突起与环背接触，此处易因磨损而引起工作恶化。螺旋弹簧胀圈油环的缺点是铸铁环内表面和螺旋弹簧胀圈有相对运动，接触部分的磨损会引起工作恶化，特别是在环的开口部与螺旋弹簧相接触处。为此，须将弹簧与环背间设计成面接触而非线接触，并镀铬以抗磨损。另外，为了避免弹簧因油污淤积而失去作用，其螺距不能太小。螺旋弹簧胀圈油环适用于缸径在 100mm 以上的发动机。

轨型胀圈弹簧油环是后发展起来的油环（图 8-39c），它解决了上述胀圈油环的磨损和积炭问题。

3. 钢带组合油环

如图 8-40 所示，钢带组合油环由两片互相独立的刮片和周向衬簧组成，刮片由厚度为 $0.5 \sim 0.7$ mm 的带钢制成。这种环的优点是：

1) 基础压力高，分布均匀，因为其与缸壁的接触面积非常小。一般汽油机中 $p_0 = 0.5 \sim 0.6$ MPa，柴油机中 $p_0 = 0.8 \sim 1.6$ MPa。

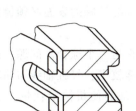 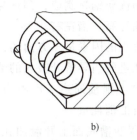 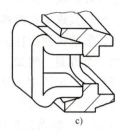

图 8-39 弹簧胀圈油环

a) 板弹簧胀圈油环　b) 螺旋弹簧胀圈油环　c) 轨型胀圈油环

2) 钢带具有柔性, 上下两片刮片能单独动作或同时做不同的径向运动, 所以其对失圆气缸和活塞的变形、摆动的适应性好。另外, 刮片不但与气缸的滑动面之间保持密封, 而且起到了环槽的"断面密封"作用, 即刮片消除了环槽的上、下侧隙, 有效地防止了窜油。因此, 钢带组合油环的刮油性能好, 机油消耗量少, 比开槽铸铁油环降低了 50%～80%。用一道钢带组合油环可代替两道普通油环, 有利于减少活塞环数。

3) 回油通路大。钢带组合油环通路的开口比率为 30%～50%, 而铸铁油环为 10%～15%。因此流动性好, 不仅减少了机油消耗, 而且有效地防止了结胶和积渣。

4) 质量小。钢带组合油环的质量一般比铸铁油环小一半以上, 因而对环槽的磨损小。

5) 在大量生产条件下, 采用专门设备, 制造工艺不复杂, 生产率高。

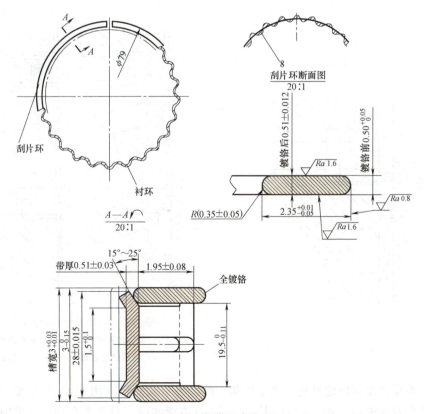

图 8-40 钢带组合油环

钢片组合油环的缺点是需要用优质钢材制造，刮片与气缸接触的表面必须镀铬，否则滑动性能不好，所以其成本比铸铁油环高一倍左右。

应该指出，影响机油消耗量大小的因素是多方面的，它是一个综合性问题，改善油环设计仅是其中的一个方面。例如，从进气门导管处吸入的油雾较多，气缸轴线与曲轴轴线不垂直，气缸失圆超过一定限度，活塞上泄油通道考虑不周，都会使机油消耗量大大增加。这时，就是再好的油环也控制不了机油消耗量。

如图 8-41 所示，如果只在环背的槽底面上开泄油孔，而在环下没有泄油的通道，则环下空间 A 处可能产生很大的动压力。实际上，若活塞裙的平均半径间隙为 0.2mm，B 处环侧间隙为 0.05mm，当活塞以最高瞬时速度（等于活塞平均速度的 1.6 倍左右）20m/s 向下运动时，假定裙部间隙中有一半是油，则刮口的每厘米环周将以 $20cm^3/s$ 的速度刮下润滑油。因为只有环侧间隙是泄油通路，每厘米环周的泄油面积为 $1cm×0.005cm=0.005cm^2$，所以泄油速度为 20 (cm^3/s) /$0.005cm^2=4000cm/s=40m/s$，与此相应的润滑油动压头（油柱）为 $(40m/s)^2/2×9.8≈80m$。近似认为机油的密度为 $0.9kg/L=900kg/m^3$，则动压力 $p=80m×900kg/m^3=72000kg/m^2≈0.7MPa$。假定作用在油环刮口的压力呈直线分布，则平均压力为 $p/2≈0.35MPa$。如果油环压力小于此值，油环就会被推离气缸壁，从而失去刮油能力。所以为了避免在环下形成这样高的动压力，一般要求在环后和环下均开泄油孔，其通过面积平均每厘米环周不小于 $0.2cm^2$（图 8-42a、b）。油环下的泄油孔在销座附近常不好钻，因而刮下的油必须沿活塞圆周流过一段距离才能到达泄油孔，所以周向泄油槽的面积 S（图 8-42a）应足够大。

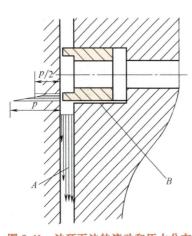

图 8-41 油环下油的流动和压力分布

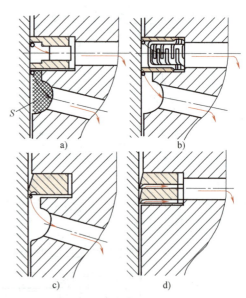

图 8-42 油环断面与泄油孔布置
a) 普通槽孔式油环　b) 钢带组合油环
c) 鼻形单式油环　d) 鼻形双式油环

在某些要求高度紧凑的发动机上应用颇广的鼻形单式油环（图 8-42c）只要求在环下开泄油孔；鼻形双式油环（图 8-42d）因环的下侧面有泄油槽，只要求在环后开泄油孔，这种油环在气缸失圆度很小时刮油能力相当好。

九、不同类型发动机活塞环的配组

具有各种断面形状的活塞环只有在适当排列于活塞各环槽内时,才能发挥其作用,所以要根据发动机的特性来选择活塞环的数目、断面形状和排列方式。有效的组合可以延长活塞环的使用寿命,降低机油消耗量,改善窜气,减少摩擦,缩短环区的高度及降低成本。总的趋势是减少活塞环数,以及广泛采用镀铬之类的耐磨措施。最佳的组合要通过试验确定,在配组时要注意:

1) 第一道环的工作条件最差,而其工作情况又对活塞组窜气、窜油及以下几环的工作有重大影响。因此对于第一道气环,从材料、镀覆和结构断面等方面都须认真考虑,在可能的条件下力求强化。

2) 气环也应具有一定的刮油能力,故在选定第二道、第三道气环的结构时,应特别重视它们的刮油作用。在某柴油机上曾做过试验:当第二道、第三道气环为矩形环时,机油消耗量为75g/h;为锥面环(1°)时,机油消耗量为25g/h;为外扭曲环时,机油消耗量为6.5~8.5g/h;为锥面环但倒装时,机油消耗量高达577g/h。图8-43所示为另一项对比试验的结果。考虑到气环起封气和刮油双重作用,组合时要注意两种作用的配合,如鼻形环总是紧靠油环安置的。

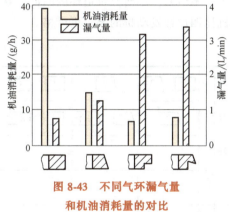

图8-43 不同气环漏气量和机油消耗量的对比

3) 第二道、第三道气环的配置情况在二冲程和四冲程发动机中是不同的。二冲程发动机的第二道气环,甚至全部压缩环与第一道气环都是相似的,这是因为当二冲程发动机的活塞经过气口时,其工作条件都很不利。而四冲程发动机第二道气环的工作条件不是很困难,故尺寸大多较第一道气环薄些,在高速发动机上,它主要起到防止窜油的作用,为此,多要求使用扭曲环。

4) 在高速发动机中,由于要尽量缩短活塞高度,一般趋于只使用一个油环。此时,强化油环结构、加强刮油效果是十分必要的。

5) 对于第二道气环以下的气环,应充分分析其到底能起多大的密封作用,不要认为气环越多,密封性越好。

1. 汽油机活塞环组的排列

四冲程汽油机活塞环组的典型排列见表8-1,第一道气环采用矩形环或锥面环,第二道气环采用锥面环,油环采用普通油环。在机油消耗量较大的发动机上,第二道气环可采用外阶梯扭曲环或内倒角扭曲环,油环则采用钢带组合油环或板弹簧胀圈油环。

在二冲程汽油机上,由于润滑油的供给方式不同,且气缸壁上有进、排气孔,所以环组的排列不同于四冲程汽油机。在这种情况下,用形状比较简单的环较为妥当(很少用锥面气环),由表8-2可知,两气环均为矩形环,不用油环。当二冲程发动机的燃油中混有机油时,混合油燃烧后容易使环胶着于环槽中,为了防止环的胶着,也有用单面梯形环的。

2. 柴油机活塞环组的排列

四冲程柴油机活塞环组的典型排列也列于表 8-1。第一道气环采用矩形环，第二道、第三道气环采用锥面环。过去大多采用两道油环，现在由于使用了钢带组合油环或螺旋弹簧胀圈油环，使刮油能力得到加强，故取消了活塞裙部的油环。在高速、高负荷强化发动机上，第一道气环越来越普遍地采用桶面环，因为它对改善漏气是比较有效的。

一般城市交通车辆所用的柴油机，因起动、停车频繁，往往使机油消耗量增多，故在这类发动机上也有采用如下环组排列的：第一道、第二道气环全部采用锥面环，以加强刮油；第三道气环采用外阶梯锥面扭曲环，使刮下来的油能汇集在一起并流回曲轴箱。

二冲程柴油机上具有代表性的环组排列见表 8-1。由于气缸镀铬，所以在第一道、第二道气环的滑动面上填入了四氧化三铁等固体减摩剂；第三道、第四道气环为锥面环。第一道、第二道油环都采用螺旋弹簧胀圈油环，所有的环都不镀铬。如上所述，对于二冲程柴油机，不但要仔细研究每道环的断面形状，而且要仔细推敲环组的排列方式，因为二冲程发动机比四冲程发动机的要求更严格。

表 8-1 四冲程发动机活塞环组的典型排列

		四冲程汽油机			二冲程汽油机		四冲程柴油机				二冲程柴油机	
气环	一	1　2	2	1　8	1	2	7	9		10	12
	二	2	3　4	1　8	2	2	6	4　6		10	12
	三				2	3	5			2	12
	四									2	11
油环	一	13	14　15		16	16	16	16	16	17
	二				13					16	16

注：1. 1—矩形环　2—锥面环　3—外阶梯锥面扭曲环　4—内侧角锥面扭曲环　5—外倒角锥面扭曲环　6—内阶梯锥面扭曲环　7—桶面环　8—单面梯形扭曲环　9—单面梯形桶面扭曲环　10—镶嵌矩形环　11—镶嵌锥面环　12—开沟矩形环　13—普通开槽油环　14—板弹簧胀圈油环　15—钢带组合油环　16—螺旋弹簧胀圈油环　17—双刮片式油环。
2. 一栏内有两种结构者，表示都可用，但只选其中一个。

思考及复习题

8-1 请分项论述活塞的工作条件，然后论述活塞的设计要求。

8-2 活塞环的工作应力与套装应力之间是什么关系？请用公式说明。实际上应如何考虑？

8-3 高转速发动机与低转速发动机对活塞初始弹力 p_0 的要求有什么不同？为什么？缸径对 p_0 的要求如何？为什么？

8-4 试结合公式说明活塞环的套装应力与工作应力的关系。

8-5 高速内燃机对活塞材料的要求是什么？

8-6 活塞销通常采用什么材料？为什么？如何保证活塞销表面耐磨？

8-7 减轻活塞热负荷的设计措施有哪些？

8-8 活塞销座的工作条件如何？解决活塞销和活塞销座变形不协调的措施有哪些？

8-9 活塞裙部在工作时销轴方向的变形大，其原因是什么？一般采用什么措施进行限制？

8-10 确定活塞环装配端口距离 Δd 的依据是什么？

第九章

内燃机滑动轴承设计

> **本章学习目标及要点**
>
> 本章的学习要求以内燃机滑动轴承的特殊工作条件为出发点，了解轴瓦结构设计的基本原则和材料要求，了解利用轴心轨迹分析轴瓦磨损的方法。

由金属瓦背及减摩合金层构成的滑动轴承工作可靠、运转平静、使用维修方便、成本低，已被广泛地用于高速内燃机中。轴承的工作情况和内燃机的可靠性、使用寿命等均有密切的关系，它是内燃机中的主要零件之一。为了保证轴承工作可靠、耐久，需要不断改进轴承的材料、制造工艺和设计方法。在平均有效压力和转速不断提高的强化发动机中，轴承的工作条件更加苛刻，为了适应内燃机发展的这一要求，尤为重要的是要更进一步研究滑动轴承的润滑理论，掌握轴承实现完全液体摩擦的条件，探求关于轴承润滑的最优设计。

轴承的性能直接影响发动机强化的潜力。

第一节 轴承的工作条件和材料要求

一、工作条件

内燃机曲轴的轴承包括连杆轴承和主轴承。轴承在工作中受到冲击性的气体爆发压力和活塞连杆组惯性力的动负荷作用，由动力计算可知，其最高平均压力可达 20~30MPa，而实际上从润滑理论分析可知，润滑油膜中局部最高油膜压力可达平均压力的 6~10 倍。由于负荷是交变的，会在合金层内形成疲劳压力状态，易使合金层产生微小裂纹，当裂纹发展并与其他裂纹汇合时，合金层就会疲劳剥落。

另外，在高速内燃机中，轴承与轴颈之间的相对滑动摩擦速度可高达 10m/s 以上。在如此高速下运动，即使是液体摩擦，也会产生大量摩擦热，使轴瓦工作表面温度升高到 150℃ 左右。如有足够润滑油通过摩擦表面，则除了可以冷却轴承之外，还有可能使轴承处于完全的液体摩擦状态,即轴承和轴颈两摩擦表面完全为一层油膜所隔开而不直接接触,但是这种理想的摩擦状态在实际内燃机工作过程中并不能完全得到保证。因为内燃机,尤其是汽车、拖拉机类型的运输式内燃机的使用工况(转速、负荷)经常变动,起动和制动频繁,容易发生所谓的边界摩擦,这时两个摩擦面依靠分子间的引力各自吸附一层几个分子厚的润滑油膜,金属表面完全被这一层边界油膜隔开。一旦边界油膜破裂,金属材料就可能直接接触,发生固体(干)摩擦,造成强烈磨损,甚至使表面熔化,互相咬粘在一起,这是轴承损坏的根源,必须避免。

随着内燃机工作时间的增加,呈泡沫状和雾化状的发动机机油在100℃左右的高温作用下不断被氧化变质,形成有机酸,对轴承表面产生腐蚀作用。油中的机械杂质(外来砂土及磨损颗粒)也逐渐积累,使轴承和轴颈表面遭受擦伤。

此外,连杆、曲轴及曲轴箱等存在制造误差,在工作中可能发生变形,使轴颈与轴承之间产生局部的负荷集中(边缘负荷等),从而影响轴承的正常工作。

根据这些具体的工作情况,在内燃机中一般都应使用由多层金属或合金构成的轴承。因为一般具有较高力学性能的硬材料,其表面摩擦性能不好;反之,具有良好表面摩擦性能的软材料的机械强度一般较差,单金属轴瓦不能满足高速重负荷曲轴轴承的要求。曲轴轴瓦一般由钢瓦背与减摩层组合而成,瓦背保证整个轴瓦的机械强度,而薄的减摩层则保证良好的摩擦性能。具体来说,轴瓦的工作条件是:

1)很高的动负荷作用(气压力、惯性力)。平均压力 $p_m = 20 \sim 30\text{MPa}$,$p_{max} = (6 \sim 7)p_m$。所以,容易形成疲劳应力状态,造成金属层剥落。

2)相对滑动速度高。轴颈与轴承的相对滑动速度 $v_{max} > 14\text{m/s}$,由于摩擦,轴颈表面产生高温,可达到150℃以上,导致机油黏度下降,承载能力下降。

3)机油在长期高温下被氧化而变质,形成有机酸,腐蚀金属表面。

4)有时形成干摩擦,使金属表面熔化、粘合、撕裂。

5)由于制造误差和机械变形,造成边缘负荷。

二、材料要求

1)有很高的机械强度(耐疲劳)和耐热性(热硬度、热强度)。

2)有足够的减摩性能,体现在以下三方面:

① 抗咬粘性。当油膜遭到破坏时,轴承材料不擦伤和咬死轴颈,即亲油性好。

② 顺应性。当轴承副有几何形状偏差和变形时,具有克服边缘负荷从而使负荷均匀的能力。

③ 嵌藏性。具有以微量塑性变形吸收混在机油中的外来异物颗粒(金属磨屑、灰尘等)的能力。

3)有较好的耐蚀性。

4)瓦背与减摩层有足够的结合强度,不因剪切力和热应力而分层。

三、常用轴承材料

1. 白合金(巴氏合金)

(1)锡基白合金 该合金含铜(Cu)3%~6.5%(质量分数,下同),含锑(Sb)7%~

12%，其余是锡（Sn）。加入 Sb 的主要目的是提高硬度，加 Cu 是为了防止 Sb 偏析。锡基白合金具有优异的减摩性和嵌藏性，而且耐蚀性和工艺性好；其缺点是疲劳强度低，高温（100℃ 以上）硬度和强度明显降低。可通过减薄减摩层厚度的方法提高疲劳强度。有试验结果证明，当合金层厚度从一般的 0.3~0.5mm 减薄到 0.05~0.1mm 时，最大许用压力可提高 50%~100%，疲劳寿命延长 3~5 倍。这对于粘接在硬金属上的软金属来说是普遍规律。当然，这种减摩层很薄的轴瓦，要求达到更高的制造精度，制造成本要相应提高，给大量生产造成了一定困难。

（2）铅基白合金 该合金含锡 5.5%~6.5%，含锑 5.5%~6.5%，其余是铅。这种合金成本低，耐疲劳性、减摩性提高，高温硬度下降少；其缺点是耐磨性稍差。主要用于负荷不太高的汽油机。

2. 铜基合金

随着发动机的不断强化，对减摩材料疲劳强度的要求大大提高。因此在中高速柴油机和车用柴油机上，高强度减摩合金的铜铅合金轴瓦和铅青铜合金轴瓦被大量采用。铜铅合金中含铅 25%~35%，其余为铜；铅青铜中含铅 5%~25%，含锡 3%~10%，其余为铜。考虑到铜和铅的熔点和密度相差悬殊，在结晶过程中容易出现偏析，会使性能恶化，还可加入少量的其他元素如硫、镍、锑等，以减轻以上现象。当然还可以采用加强冷却、加快合金冷却速度等工艺达到以上目的。

由铜构成硬质骨架使铜基合金具有承载能力大、耐疲劳性好的突出优点，并且其力学性能受温度的影响不显著，即使在 200℃ 左右的温度下仍能正常工作。

铜基合金的缺点是表面性能差，如顺应性差，对边缘负荷极为敏感；嵌藏性不好，要求仔细滤清润滑油等。此外，铜基合金中的铅易受酸的腐蚀，要求润滑油有碱性添加剂。

为了改善铜铅合金轴承的表面性能，可采用在铜铅合金上再镀第三层合金的方法，构成"钢背-铜铅合金-表层"三层结构。表层合金成分一般为 Pb、Sn、Cu、In 等，如 Pb-10%Sn，Pb-10%Sn-3%Cu，Pb-10%In 等。它的厚度一般为 0.02~0.03mm，用电镀方法覆在铜铅合金上。电镀层合金成分的比例不同，其疲劳寿命也不同，这层软合金表层越薄，疲劳强度就越高。

加铟（In）是为了提高第三层合金的耐蚀性。为了降低成本，现在都用 Sn 代替 In。一般在铅中加 10% 左右的 Sn 或 In 就能保证良好的耐蚀性。由于前面提到的优点，这种三层结构的合金轴承适用于高度强化的发动机。

3. 铝基合金

铝基合金的基本成分为铝、锡、铜，其中含锡 5.5%~7%（含铜 0.7%~1.3%，其余为铝），是低锡铝合金；含锡 17.5%~32.5%（含铜 0.7%~1.3%，其余为铝），是高锡铝合金。比较起来，铝基合金的耐疲劳性、减摩性、耐蚀性最好，其中含锡 6% 的低锡铝合金性能更好，铜铅合金次之，白合金最差。铝基合金轴承目前主要用于高速大功率、中速柴油机和车用柴油机，有广泛应用的趋势；其缺点是线膨胀系数较高。

四、轴瓦的钢背材料

内燃机的工作条件对瓦背提出的要求如下：

1）瓦背与合金层的粘结性能良好，即应该有足够的粘结强度。

2）轴瓦与轴承座必须是过盈配合，因此瓦背应具有足够的屈服强度。

实践证明，低碳钢是比较令人满意的瓦背材料。这是由于含碳量高的碳钢瓦背与减摩合金间的粘结，不利于提高轴承合金的疲劳强度。此外，由于双金属轴瓦大多采用铸造法（在钢瓦背上浇注减摩合金）或压延法（轧成减摩合金-钢双金属轴带后切开冲压成形）制造，为使浇注激冷（以减轻铜铅瓦的偏析现象）后钢瓦背表面硬度不致过高，以利于切削，或者便于双金属带的轧制和冲压，也以含碳量较低的钢瓦背为好。常用的低碳钢有08、10、15钢。

第二节　轴瓦的结构设计

轴瓦的主要结构尺寸有轴瓦的内径 d、外径 d_1、宽度 B 和厚度 t，轴瓦与瓦座的直径过盈量 Δs（自由弹势）、半圆周过盈量 h 等（图9-1）。目前中高速内燃机上普遍采用薄壁轴瓦，其标志为 $t/d = 0.02 \sim 0.05$，$t = 1.5 \sim 7\text{mm}$，合金层厚度为 $0.2 \sim 0.7\text{mm}$。薄壁轴瓦的结构轻巧，制造精度高，互换性好，适于大批量生产。

一、轴瓦表面几何形状

1. 回转双曲面轴瓦（轴向变厚度轴瓦）

图9-2a所示为回转双曲面轴瓦剖面。发动机在工作时，由于曲轴的弯曲变形会导致轴承边缘负荷，这时经常采用轴线方向厚度不等的回转双面轴瓦，如图9-2b所示。回转双曲面轴瓦是指将轴线方向做成双曲线形式，这样能够适应曲轴的弯曲变形，减小边缘负荷。

基于同样的想法，有的轴瓦采用两端带微小锥度的结构形式，如图9-2c所示。

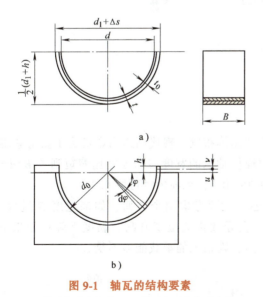

图9-1　轴瓦的结构要素
a) 轴瓦的基本尺寸　b) 轴瓦与瓦座的过盈量

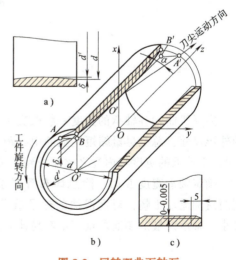

图9-2　回转双曲面轴瓦
a) 轴瓦剖面　b) 镗孔示意图
c) 两端带锥度的轴向变厚度轴瓦

2. 椭圆轴承（径向变厚度轴瓦）

考虑到高速发动机活塞的往复惯性力会使连杆大头盖产生挠曲变形，很大的气压力也会使曲轴主轴承发生类似情况，再考虑到轴瓦的过盈可能在分界附近引起微量变形，往往会把轴瓦做成中间厚、两端薄的形状，两个轴瓦合在一起后就会形成轴瓦内孔呈椭圆的结果。这样在工作时就可使得在负荷最大的方向仍有不大的间隙，而在负荷较小的方向则有较大的间隙，同时保证了轴颈侧面不会因轴承变形而抱死，始终有一定间隙让润滑油流过，有利于增大流经轴承的油量，改善散热，同时消除了在惯性作用下，由于水平方向缩小而使轴承冲击轴颈的现象。

基于类似的想法，现代发动机广泛采用在分界面处局部削薄的轴瓦（图9-3中的A—A剖面），同时也等于开了一个截面很小的纵向油槽，有利于在轴承表面上均匀布油和冲出杂质。

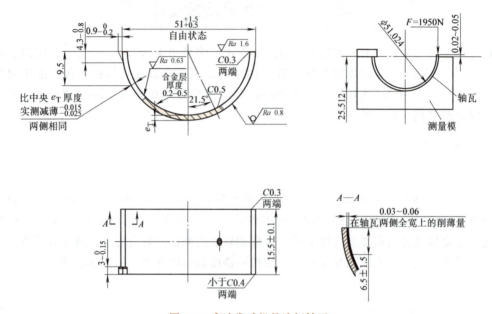

图 9-3　高速发动机的连杆轴瓦

二、轴承宽度和油槽

1. 宽度 B

内燃机曲轴各轴承的宽度一般取决于发动机的总体布置。现代高速内燃机为了获得紧凑的外形尺寸，总是尽量缩短气缸的中心距，以致连杆轴承的宽度与内径之比缩短到了 $B/d = 0.4$，主轴承的宽度与内径之比缩短到了 $B/d = 0.35 \sim 0.4$，无油槽时可取 0.3。

确定轴承宽度 B 时，除总体布置要求外，还应主要考虑两个方面：如果宽度 B 过大，则润滑油流动不畅，对润滑油的热量散发不利，会导致机油温度升高、黏度下降；如果 B 过小，轴承两端的端泄严重，不容易建立油膜压力，则轴承的承载能力不足。

2. 油槽

试验证明，在其他条件不变的情况下，油膜压力与轴承宽度的三次方成正比，这里可以简单地用 B^3 来代表轴承的承载能力。所以当轴承面积相同时，开油槽轴承的承载能力为 $2(B/2)^3 = B^3/4$，仅为无油槽轴承的 1/4（图 9-4）。

所以，主轴承要在上轴瓦开槽，连杆

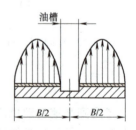

图 9-4　有无油槽的轴承承载能力

轴承在下轴瓦开槽，以避免轴承的承载能力下降。

三、轴瓦与轴承座的过盈

轴瓦的刚度和强度主要依赖轴承座，因此安装时要有一定的过盈量，以保证与轴承座紧密贴合。

过盈量不足，轴瓦与轴承座就不能作为整体一起变形，只能分别承载在动负荷作用下产生的振动、弯曲应力，这将使轴瓦合金层、瓦背甚至整个轴承座断裂。轴瓦使用后如发现瓦背与轴承座贴合面处存在磨亮痕迹，则表明过盈量不足。另外，过盈量不足也会影响摩擦热通过钢背传给轴承座。

若过盈量太大，一方面，轴承紧固螺栓及轴瓦本身所受应力过大，导致轴瓦屈服、松弛。这样不仅轴承盖与轴承座在安装时所具有的必要预紧力会丧失，轴瓦在轴承座内原有的过盈量也要减小，反而适得其反。另一方面，过盈量过大会使轴承座变形失圆，轴瓦对口面处直径收缩，严重时会发生烧瓦现象。所以，如果轴瓦对口面处出现异常磨损，就可证明过盈量太大了。

可见，只要轴瓦与轴承座贴合可靠，轴瓦在轴承座中不发生颤动，过盈量应尽量取小些。显然轴瓦与轴承座表面粗糙度值越低，表面形状公差等级越高，过盈量越可取小值。

如图 9-1 所示，轴承的过盈量通常由下面几个参数表示。

1. 自由弹势 Δs

轴瓦在自由状态下的开口直径为 $d_1 + \Delta s$，一般 $\Delta s = (0.25 \sim 2.5)\,\mathrm{mm}$。

2. 半圆周过盈量 h（mm）（图 9-1b）

$$h_{\min} = \frac{\pi d_0}{2\phi}\sigma_{\min}$$

式中，d_0 为轴瓦内孔直径（mm），$d_0 = d_1 - t$；ϕ 为应力系数（N/mm²）；$\sigma_{\min}$ 为最小预加压缩应力（N/mm²）。

应力系数取决于轴瓦和轴瓦座的材料、尺寸等，可以从图 9-5 中查出。

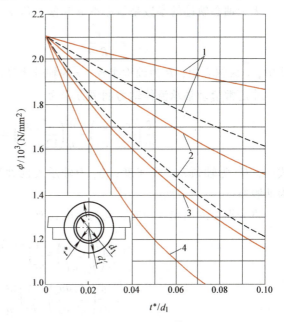

图 9-5 应力系数

—— 轴承座外径与内径之比 $d'_1/d_1 = 2$ ---- $d'_1/d_1 = 1.5$

轴承座材料：1—钢 2—灰铸铁 3—铝合金 4—镁合金

3. 余面高度 u（mm）（图 9-1b）

在试验压力 F_0（N）的作用下，试验压缩量 ν（mm）为

$$\nu = 6 \times 10^{-6} d_0 \frac{F_0}{t^* B}$$

则

$$u_{\min} = h_{\min} - \nu = \frac{\pi d_0}{2\phi}\sigma_{\min} - 6 \times 10^{-6} d_0 \frac{F_0}{t^* B}$$

式中，t^* 为当量壁厚（mm），$t^* = (t-t_0) + \alpha t_0$，$t_0$ 为减摩层厚度，α 为减摩层折算系数；B 为宽度（mm）。

其中 α 取决于合金与钢背弹性模量之比，对于巴氏合金，$\alpha = 1/4 \sim 1/3$；对于高锡铝合金和铜合金，$\alpha = 1/3 \sim 1/2$。计算不太精确时，可取 $t^* = t_0$。

第三节 轴心轨迹

轴承的工作可靠性和寿命与轴承的润滑状态密切相关。通过轴心运动轨迹，可以了解润滑油膜的分布情况及变化规律。所谓轴心轨迹，是指轴颈在油膜压力、外负荷及角速度的周期性变化中，其轴心所绘出的一条封闭曲线。

影响轴心轨迹的因素有结构参数（轴承的长径比、间隙）、工作参数（负荷、转速）和润滑油的黏度。

表示轴心轨迹的参数是偏心率 ε 和偏心角 γ（图9-6）。

$$\varepsilon = \frac{e}{R-r} \tag{9-1}$$

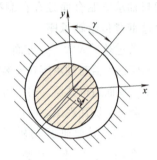

图 9-6 偏心率和偏心角

式中，e 为偏心距；R 为轴承半径；r 为轴颈半径。

非定常滑动轴承流体动力润滑方程为

$$\frac{\partial}{\partial x}\left(\frac{h^3}{12\eta}\frac{\partial p}{\partial x}\right) + \frac{\partial}{\partial z}\left(\frac{h^3}{12\eta}\frac{\partial p}{\partial z}\right) = 6(U_w + U_s)\frac{\partial h}{\partial x} + 12\frac{\partial h}{\partial t} \tag{9-2}$$

式中，U_w 为轴颈表面线速度；U_s 为轴承表面线速度；η 为机油黏度；p 为流体动压力；h 为油膜厚度；t 为时间。

再分别考虑周向及径向运动的影响，有

$$\frac{\partial}{\partial x}\left(\frac{h^3}{\eta}\frac{\partial p_d}{\partial x}\right) + \frac{\partial}{\partial z}\left(\frac{h^3}{\eta}\frac{\partial p_d}{\partial z}\right) = 6\omega^* r \frac{\partial h}{\partial x} \tag{9-3}$$

$$\frac{\partial}{\partial x}\left(\frac{h^3}{\eta}\frac{\partial p_v}{\partial x}\right) + \frac{\partial}{\partial z}\left(\frac{h^3}{\eta}\frac{\partial p_v}{\partial z}\right) = 12\frac{\partial h}{\partial t} \tag{9-4}$$

式中，p_d 为旋转油膜压力；p_v 为挤压油膜压力；ω^* 为有效角速度，$\omega^* = \omega_w + \omega_s - 2\omega_0$，$\omega_0$ 为轴颈中心绕轴承中心旋转的角速度，ω_w 表示轴颈的旋转角速度，ω_s 表示轴承的旋转角速度。

式（9-3）表示旋转作用，式（9-4）表示挤压作用。

一、滑动轴承的油膜压力分布

根据滑动轴承润滑理论和式（9-3）、式（9-4），可以分别得出单位轴承宽度上的油膜压力分布。图9-7a所示为单独考虑轴旋转作用，不考虑轴径向移动的轴承旋转油膜压力分布，图9-7b所示为单独考虑轴径向移动，不考虑轴旋转作用的挤压油膜压力分布。两者的简单叠加就是总的油膜压力分布。

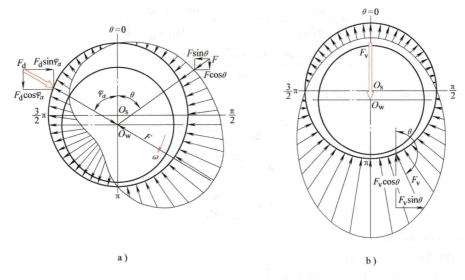

a)   b)

图 9-7 轴承的旋转油膜压力分布和挤压油膜压力分布

二、轴心轨迹

轴颈中心的平衡位置由周向载荷 F_d、径向载荷 F_v 和外界载荷 F 的平衡关系决定，如图 9-8 所示。

$$F = F_d + F_v \quad (9-5)$$

F 的大小、方向都是周期性变化的，所以轴心的位置也周期性变化，轴心运动轨迹应该是一条封闭曲线。通过计算轴心轨迹曲线，可以了解轴承的工作条件和状况，为轴承设计提供依据。

用 k_d、k_v 表示平均比压，k 表示单位载荷。

$$k_d = \frac{F_d}{2r}, \quad k_v = \frac{F_v}{2r}$$

$$k = \frac{F}{2r}$$

设偏心率 $\varepsilon = \dfrac{e}{\delta} = \dfrac{\overline{O_w O_s}}{R-r}$

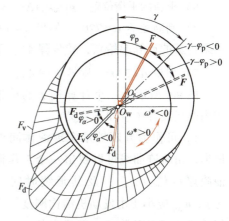

图 9-8 非定常轴承中外力与油膜压力的平衡

相对间隙 $\psi = \dfrac{\delta}{r}$ （$\delta = R - r$ 为轴承半径间隙）

并设 $\phi_d = \dfrac{k_d \psi^2}{\eta \omega^*}, \quad \phi_v = \dfrac{k_v \psi^2}{\eta \dot{\varepsilon}}$

则有

$$\begin{cases} k\cos(\gamma - \varphi_p) = k_d \cos\varphi_\alpha + k_v & (9\text{-}6) \\ k\sin(\gamma - \varphi_p) = k_d \sin\varphi_\alpha & (9\text{-}7) \end{cases}$$

式 (9-6) 与式 (9-7) 联立解得

$$\dot{\varepsilon} = \frac{k\psi^2}{\eta\phi_v}\left[\cos(\gamma-\varphi_p) - \left|\frac{\sin(\gamma-\varphi_p)}{\tan\varphi_\alpha}\right|\right] \qquad (9\text{-}8)$$

$$\dot{\gamma} = \frac{\omega_w+\omega_s}{2} - \frac{k\psi^2}{\eta\phi_d}\frac{\sin(\gamma-\varphi_p)}{2\sin\varphi_\alpha} \qquad (9\text{-}9)$$

在很小的时间间隔内，可以近似认为

$$\dot{\gamma} = \frac{\Delta\gamma}{\Delta t}, \quad \dot{\varepsilon} = \frac{\Delta\varepsilon}{\Delta t}$$

即

$$\Delta\varepsilon = \frac{\Delta\alpha}{\omega}\frac{\pi}{180}\dot{\varepsilon} \qquad (9\text{-}10)$$

$$\Delta\gamma = \frac{\Delta\alpha}{\omega}\frac{\pi}{180}\dot{\gamma} \qquad (9\text{-}11)$$

式中，α 为曲轴转角。

轴心轨迹的计算步骤为：

1）计算轴承负荷图，求 F 的大小和方向。

2）选择初始曲柄转角 α_0，从负荷变化不剧烈的地方开始。

3）确定有关参数 $\dot{\varepsilon}_0$、$\dot{\gamma}_0$ 等。

4）计算 $\dot{\varepsilon}$ 和 $\dot{\gamma}$。

5）计算 $\Delta\varepsilon$ 和 $\Delta\gamma$。

6）求新的平衡位置，$\varepsilon_1 = \varepsilon_0 + \Delta\varepsilon$，$\gamma_1 = \gamma_0 + \Delta\gamma$。

7）判断是否 $\alpha = 720°$。如果 $\alpha = 720°$，且 $|\varepsilon_{终} - \varepsilon_0| < 0.01$，则停止计算；否则以最终结果为新的计算起始点，转步骤4），重新计算。

8）如果 $\alpha < 720°$，则转步骤4）。

图9-9所示为一个计算例子的结果。轴心轨迹在内燃机设计中有如下意义：

1）可作为判断轴承实现液体润滑情况的重要依据。由轨迹曲线可以找出一个工作循环中的最小油膜厚度值（h_{min}）及其延续时间（图9-9中 A 区）。h_{min}应小于由发动机结构刚度、工艺水平（几何精度和表面粗糙度）等确定的许用值，处于这一区域的时间不宜过长。

2）帮助分析轴承损坏原因，改进设计。图9-9中 C 区的快速向心移动部分和 A 区的快速向心移动部分都有可能形成局部气泡，而气泡会因此处的真空度加大而破裂，突然产生很高的爆破压力击坏合金表面，造成合金疲劳剥落。

3）合理布置油孔、油槽位置，使供油通畅。图9-9中 B 区负荷轻，轴承应在此处开油孔或油槽。

4）实现轴承润滑的最佳设计。可以改变直接

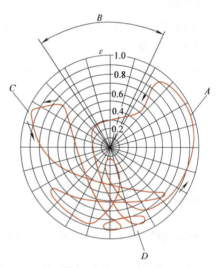

图 9-9 轴心轨迹及其所显示的各部位性能

A—最薄油膜厚度 $5\mu m$，接近于金属直接接触部位（危险部位）　B—适于轴承供油孔的位置　C—轴急速偏离，可能导致轴瓦表面穴蚀部位（危险部位）　D—轴承受最大负荷部位（疲劳部位）

影响轴承工作能力的因素,如轴承的间隙、机油黏度、轴承宽径比等,以保证轴承处于液体润滑条件下工作。

三、轴承间隙的确定

主轴颈和连杆轴颈都是高速、高负荷运转的部位,必须与相关的轴承配合形成合理的运动间隙——轴承间隙。轴承间隙过小,则摩擦磨损严重,消耗的摩擦功多,容易造成拉瓦故障,严重时会使轴颈发生抱死的严重故障;轴承间隙过大,则会产生严重的曲轴径向撞击,运转噪声大,润滑油流量过大,不容易形成润滑油膜而造成润滑不良,严重时曲轴轴承会很快损坏。因此,合理确定曲轴轴承间隙,是保证发动机能够可靠、长期安静工作的关键。

曲轴是旋转运动件,确定轴颈公差时要采用滑动配合,轴颈一般取负偏差,轴瓦则取正偏差,这样能保证装配之后轴与轴承之间是滑动配合。轴承间隙以直径的公差表示,在曲轴上表示为 $d_{-\Delta}^{0}$,在轴承内孔直径上表示为 $d_{0}^{+\Delta}$。一般情况下,曲轴的直径间隙为 0.02~0.08mm。可以查找机械设计手册来确定取值范围,再根据生产加工条件和工作条件确定具体数值。一般来讲,主轴承间隙要小于连杆轴承间隙。

思考及复习题

9-1 内燃机滑动轴承的过盈量有几种表示方法?各是什么?
9-2 对内燃机滑动轴承减摩层都有哪些性能要求?
9-3 计算轴心轨迹有什么用处?
9-4 滑动轴承上一般要开设油槽,曲轴主轴颈的油槽应开在哪里?连杆轴颈的油槽应开在哪里?试从油膜承载能力的角度进行分析。

第十章

机体与气缸盖的设计

> **本章学习目标及要点**
>
> 本章主要学习内燃机中最大的两个箱体零件的结构设计思路，了解机体、缸盖和缸套的复杂工作条件和以刚度为主的设计要求，这几个零件对整机布置和整机重量的影响，以及它们与相关零件的设计关系等。

第一节 机 体 设 计

中小型高速水冷内燃机的气缸体与曲轴箱一般做成一体，总称为机体。机体构成内燃机的骨架，机体内外安装着内燃机所有的主要零件和附件。为了保证内燃机活塞、连杆、曲轴、气缸等主要零件工作可靠、耐久，它们之间必须严格保持精确的相对位置，因此在机体设计中必须对重要表面的尺寸、几何形状、相互位置等提出严格的公差要求。

机体在内燃机工作时承受很复杂的负荷。气压力使机体受到拉伸作用，而且在此力的传递过程中，会使机体不同部分承受附加的弯曲和扭转作用。往复惯性力 F_j 和离心力 F_k 在高速内燃机中可能达到很大数值，它们也使机体受到弯曲和扭转作用。所以机体应当具有足够的强度，以及纵向和横向弯曲刚度。当曲轴向外输出转矩时，机体要受到由侧压力构成的反转矩 M' 的扭转作用，因此，机体要有足够的扭转刚度。为了保证曲轴主轴承工作可靠，主轴承座应有足够的刚度。为了保证燃烧室密封可靠，机体上平面密封部位也应有足够的刚度，否则在燃气压力的作用下或在预紧气缸盖螺栓时，上平面密封部位就会变形漏气，影响内燃机工作。机体是一个结构复杂的零件，其尺寸大，是内燃机中最重的一个零件。因此，它的质量在很大程度上影响着内燃机的质量。在设计机体时，要注意减轻铸铁机体的质量。当 $D>200\text{mm}$ 时，机体的质量受到铸铁材料强度的限制，机体壁厚不能太小；当 $D<200\text{mm}$ 时，机体质量的减小受到铸造工艺允许最小壁厚的限制。因此，在工作过程不十分强化的中小型高速内燃机中，机体结构一般都能满足强度的要求。但如果结构设计不够合理，则不能满足刚度的要求，机体的刚度问题远比强度问题重要。只有当 $D>200\text{mm}$ 时，才根据强度条件来设计机体的壁厚。所以，在尽可能轻巧的条件下，尽可能提高机体的刚度，是设计机体的指导思想。

对于机体结构的选择，中小型水冷高速内燃机为了简化结构和提高整机刚度，都采用把气缸体与上曲轴箱做成整体的机体形式（图 10-1～图 10-5）。由于它是一个内部有很多隔板的箱形结构，其刚度主要取决于壁的形状而不是壁的厚度，因此有可能把基本壁厚减薄到铸造工艺所允许的最小值，以便在轻巧的前提下获得最大的刚度。

小客车用和轻型载货车用汽油机要求机体尽可能轻巧，同时它们又常在部分负荷下工作，所以大多采用底面与曲轴轴线基本齐平的平底式机体结构。这种机体的高度小、质量小，虽然相对

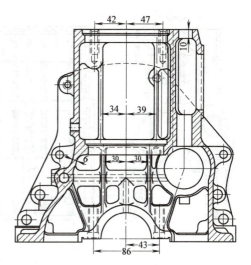

图 10-1 平底式机体

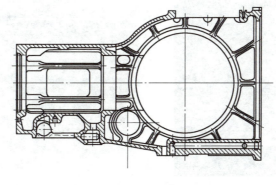

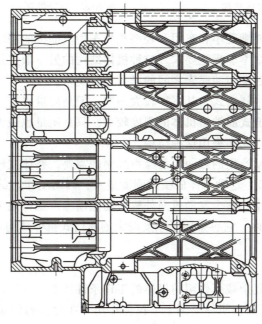

图 10-2 隧道式机体

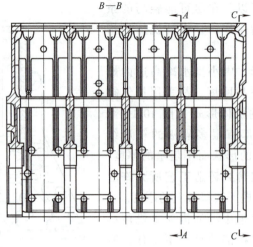

图 10-3 龙门式机体

图 10-4 凸轮轴中置的机体

图 10-5 凸轮轴顶置、水套通开的机体

来说刚度比较差,但一般能满足小客车用和轻型载货车用汽油机的刚度要求。对于重型柴油机,这种机体结构的刚度则不能满足要求。这种机体结构的另一缺点是油底壳很深,冲压困难,同时机体下平面的前后端与油底壳之间的密封比较复杂。

龙门式机体结构也称半隧道式,其刚度较大一些,但是质量也较大,多用于功率较大的汽油机和一般柴油机。隧道式曲轴箱机体的刚度较大,只是质量也最大,在小型单缸内燃机中,由于曲轴安装方便,因此多采用这种结构。

目前,出于对机体振动产生的表面辐射噪声控制的需要,整体主轴承盖平分式机体的应用逐渐多了起来(图 10-6)。这种机体的横向刚度最大,因而工作时的振动强度最小,而且由于油底壳的振动同时减小,整个发动机向外辐射的振动噪声也得到了大幅度降低。图 10-7 所示为 V 型十缸发动机机体,它也采用了刚度较大的龙门式机体结构。

一、机体的工作条件

综上所述,受到非常复杂载荷作用的机体的工作条件如下:

1)气压力作用。气压力使机体受到上下拉伸作用,在此力的传递过程中,机体不同部分将承受附加的弯曲和扭曲作用。

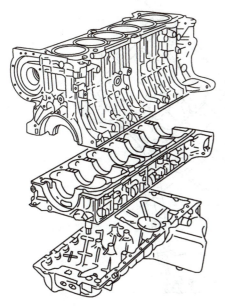
图 10-6 采用整体主轴承盖的平分式机体

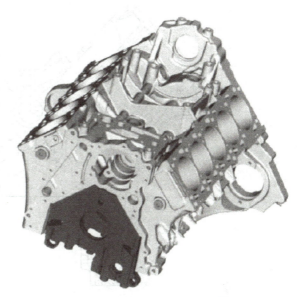
图 10-7 V 型十缸发动机机体

2) 惯性力作用。高速内燃机的往复惯性力和离心惯性力会达到很大的值，它们也使机体受到轴向弯曲、扭转的作用。

3) 翻倒力矩作用。由侧向力构成的翻倒力矩使机体承受扭转作用。

4) 其他零件和附件加在机体上的载荷。

二、机体设计要求

机体的总体设计原则：在尽可能轻巧的前提下，尽量提高刚度（降低变形和表面辐射噪声）。提高刚度的途径主要有以下几个方面：

1) 将气缸体与上曲轴箱铸成一个整体（图 10-8），形成一个刚度很好的空间梁板（刚架）组合结构，除非是比较大型的内燃机才采用气缸体与曲轴箱分开的结构（图 10-9）。

2) 气缸之间加隔板，以提高机体的横向刚度（图 10-10）。

3) 降低上、下曲轴箱的剖分面。

4) 采用全支承曲轴。

5) 剖分面处采用梯形框架。

6) 采用下主轴承盖与下曲轴箱一体的整体式（图 10-11），缸盖螺栓最好与主轴承盖布置在同一平面内。

7) 在机体表面布置加强肋。

三、机体基本尺寸

1. 横向尺寸

机体的横向尺寸主要取决于连杆螺栓最外点的运动轨迹，该运动轨迹的确定是进行内燃机总设计时最先进行的步骤，只有确定了这个运动轨迹，才能确定凸轮轴、传动齿轮等部件的位置，从而最终确定机体的横向尺寸。图 10-12b 中气缸中心线上的数字 1~7，表示连杆

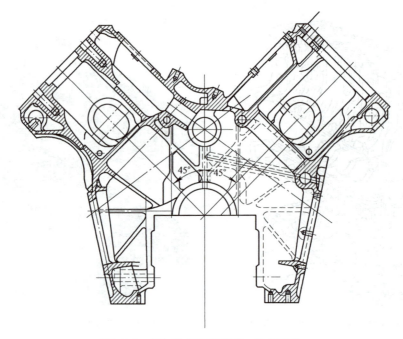

图 10-8 气缸体与上曲轴箱一体的机体

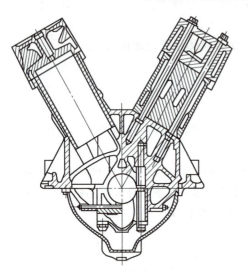

图 10-9 气缸体与曲轴箱分开的机体

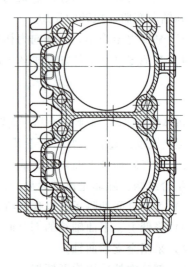

图 10-10 气缸之间加隔板

图 10-11 整体式主轴承座

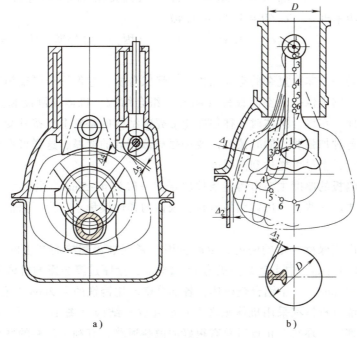

图 10-12 机体横向轮廓尺寸的确定

小头中心沿气缸中心线移动的七个位置,对应着曲柄中心绕曲轴中心运动的圆弧上的七个位置,按照这个位置可以确定连杆螺栓最外点的运动轨迹。

连杆螺栓最外点运动轨迹与曲轴箱内壁的最小间隙 Δ_1 应为 10~15mm。现在仍然有许多发动机在机体中间部位布置凸轮轴,它对机体的形状和尺寸也有很大影响。这样的凸轮轴一般由曲轴通过齿轮驱动,所以凸轮轴位置应尽量靠近曲轴轴线,以使正时齿轮机构紧凑,机体(或齿轮室)外形缩小。但是凸轮轴应在连杆运动轨迹外包络线以外,以免与连杆相碰。当凸轮与连杆运动平面有重合时,要避免凸轮桃尖与连杆相碰,最小距离 Δ_5 应为 2~3mm(图 10-12a)。连杆杆身与缸套底沿的距离 Δ_3、连杆外运动轨迹外包络线与油底壳侧壁的距离 Δ_2、平衡块与缸套底面的距离 Δ_4 都应为 2~3mm。

2. 纵向尺寸

机体的纵向尺寸取决于缸心距 L_0,用 L_0/D 评价机体的紧凑性。

L_0 与下面几点有关:

1) 气缸与缸套的结构形式。一般情况下,无缸套的 L_0 值小于干缸套的,干缸套的 L_0 值小于湿缸套的。
2) 曲轴的轴向尺寸、支承情况(全支承时的轴向尺寸大于非全支承时的轴向尺寸)。
3) 水套宽度。
4) 缸盖形式,整体式的 L_0 值小于分体式的。

水冷汽油机:干缸套或无缸套时,$L_0/D = 1.1 \sim 1.2$;湿缸套时,$L_0/D = 1.2 \sim 1.25$。

水冷柴油机:

汽车用 $L_0/D = 1.25 \sim 1.35$

拖拉机用 $L_0/D = 1.40 \sim 1.35$

二冲程机用　　　　　　$L_0/D = 1.58 \sim 1.63$　　（因要在气缸上布置扫气道）

V型高速大功率机　　　$L_0/D = 1.37 \sim 1.40$

风冷柴油机　　　　　　$L_0/D = 1.35 \sim 1.45$　　（因为气缸外壁上要布置散热片）

3. 机体壁厚

内燃机机体是一个非常复杂的空间结构，按形状分析，它像一个厚壁箱形壳体结构；但按受力状态分析，它则像一个空间板梁（刚架）组合结构。机体的刚度和强度主要取决于金属的分布。因此，在设计机体时，往往在箱形壳体结构的基础上，按其受力情况和刚度与强度的要求布置各种加强肋，同时按照需要加强局部区域的壁厚，这样可在机体质量最小的条件下，使其在设计上尽可能达到高强度。

水套壁和横隔板的厚度主要由铸造条件决定，一般为4~5mm。主轴承上的隔板要承受较大的力，所以要厚一些，如用铸铝做材料，因铝的弹性模量小，为了保证机体的刚度，壁厚为5~7mm。

机体的上顶面应保持一定的刚度，以减少因拧紧气缸盖螺栓而产生的变形。上顶面壁厚，汽油机为10~12mm，中小型柴油机为15~25mm，壁厚过厚会影响机体上部的冷却。机体底面厚度为8~10mm，对于铝合金机体，各部分壁厚比铸铁的大2mm左右。

现在许多汽油机机体都采用机体水套上顶面开放式结构（图10-5、图10-13）。这样的结构可以保证活塞第一环在上止点时总有很好的散热通路，有利于活塞的散热。也有利于最大限度地缩短活塞的火力岸高度，对于降低HC排放有好处。这种结构的水套比较浅，一般只有缸套长度的1/2，但是足以满足缸套的散热要求，因为缸套接受的热量绝大部分都在上半部。缸套的横向刚度主要靠缸盖的压紧摩擦力和高位的机体水套支承（图10-13）。

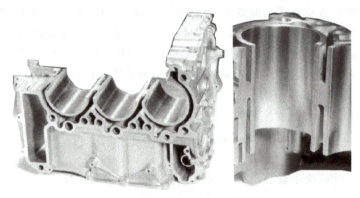

图10-13　机体水套上顶面开放结构剖面

机体水套的长度，应能够保证当活塞在下止点时活塞环能得到很好的冷却。现代发动机的水套长度比上面提出的要求还要长一些，以便使溅到气缸壁面的机油得到冷却，但是此时需要验证其是否与连杆和曲轴平衡块相碰。

四、机体具体结构的设计要点

1) 在受力处布置加强肋，其他地方应采用适当的薄壳形式。图10-14说明在保证同等应力的条件下，弯曲结构的厚度应比直结构厚很多。

2) 水套壁厚和隔板壁厚由铸造工艺确定，一般为3~5mm。

3）顶面和底面要厚。顶面厚度为 10~25mm，底面厚度为 8~12mm。

4）曲轴箱壁和主轴承座隔板由负荷决定，一般为 5~7mm。

5）加强肋不应太厚，以数目保证刚度和强度。

6）缸盖螺栓的连线最好在气缸圆周的切线上，而且每个缸盖螺栓的下面一定要有加强肋通到主轴承座。

缸盖螺栓一般为四个，当缸径较大时，为了避免缸盖螺栓预紧力引起缸套较大的变形，应该适当增加每缸的螺栓数，可以增加到六个。

为了保证缸盖与机体间实现可靠密封，对缸盖螺栓的预紧力要有合适的数值要求，在安装上一般以拧紧力矩表示。但是作为设计者，应该清楚这个拧紧力矩是根据缸盖螺栓预紧力计算的。当预紧力小于气缸爆发力时，不能保证密封；当预紧力过大时，又容易造成螺栓屈服变形，失去弹力，也容易使缸垫过早失效。每缸螺栓总的预紧力要大于气缸最大爆发力，总预紧力与气缸爆发力之比称为覆盖系数，其取值范围为

$$F = \frac{缸盖螺栓总预紧力}{气缸爆发力} > 2.5$$

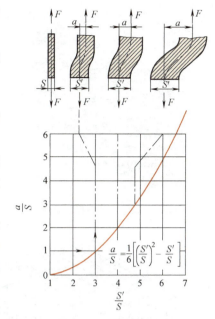

图 10-14　同等应力下所需要的曲面壁厚

在根据气缸爆发力和覆盖系数确定缸盖螺栓总预紧力之后，就可以得到单个螺栓的预紧力，然后按照式（7-11）计算出每个螺栓的拧紧力矩。

7）水套的厚度应尽量各处均匀，不宜太厚，否则流速过低，会造成与气缸的热交换能力下降，一般情况下，水套各截面的水流速度尽量不要低于 0.5m/s。一般车用发动机的水套厚度应在 4~10mm 之间，具体厚度要根据水套流场的仿真分析结果确定。

8）避免使缸套内侧承受螺栓预紧力，以防止缸套变形。

五、CAE 技术在机体设计中的应用

机体的强度和刚度只能通过有限元方法进行分析和计算（图 10-15）。目前利用有限元方法和 CFD（计算流体力学）方法可以对机体进行如下几方面的分析与计算：

1）机体强度分析——应力应变计算。

2）机体刚度分析——受力变形分析。

3）机体模态分析——固有频率和固有振形计算（图 10-16）。

4）机体振动分析——振动与辐射噪声模拟分析（图 10-17，图 10-18）。

5）机体内冷却水流场和机体温度场分析（图 10-19）。

上述的分析与计算都可以找到相应的专业工程分析软件，这些软件的计算水平和计算内容都已经达到了实用化的程度，但是模型的前处理工作还是比较烦琐的，有待于进一步向方便用户的方向发展。另外，计算效果还取决于边界条件（包括约束、力、温度等）是否符合实际，需要计算人员有比较强的专业知识。

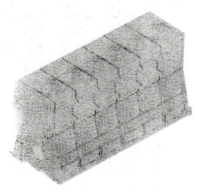

图 10-15 机体有限元模型

图 10-16 机体模态分析——固有频率和固有振形计算

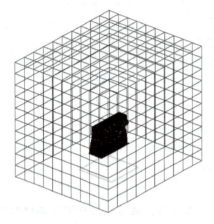

图 10-17 计算机体表面辐射声场的边界元模型

图 10-18 机体表面振动速度模拟计算

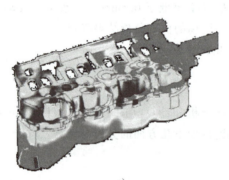

a)   b)

图 10-19 机体内冷却水流场和机体温度场分布模拟计算

a) 冷却水流场 b) 机体温度场

六、机体材料、结构工艺

1. 材料

1) 灰铸铁（HT200~HT350）。
2) 铝合金。

3）由于排放法规要求的提高，近年来又出现了蠕墨铸铁机体材料。其抗拉强度和刚度分别比普通灰铸铁高 75% 和 45%，疲劳强度几乎是普通灰铸铁的 2 倍。

不论用哪种材料，都要求铸造性好、成本低。

2. 结构工艺设计要求

1）造型简单，起模方便。
2）型芯定位方便可靠，清砂方便彻底。
3）机械加工的工艺性好，外形尽可能整齐。
4）铸造圆角适当，避免应力集中。

七、机体的密封

1. 曲轴前后端与机体之间的密封

由于曲轴前后端与机体之间有高速的相对运动，同时处于机油很多的地方，所以要防止其漏油。曲轴前端一般采用自紧式橡胶油封防止漏油，曲轴上的挡油盘减轻了油封的负担，使密封作用更加可靠（图 10-20）。当机油落入挡油盘外面时，由于盘高速旋转产生离心力将油滴甩回发动机内部，少量油落入油沟内，顺圆周流下，回到油底壳。落入挡油盘与油封之间的机油被由弹簧压紧的油封密封唇口挡住，逐渐被挡油盘甩掉。由于轴颈的圆周速度相当大，摩擦生热，使橡胶易于老化变质。因此，橡胶须具有很高的耐油、耐热和抗老化性能。目前一般都用丁腈橡胶等合成橡胶，更好的是用氟橡胶。

这种油封的基本工作原理类似于液体润滑油膜轴承，都是利用一层油膜，使两个相对运动的表面不发生接触。两者的区别在于油膜轴承要求有最大的承载能力，而油封要求有最小的机油泄漏量。

为了保证油封的两个相对运动表面不直接接触，必须建立一定的油膜厚度。因此，油封处的机油泄漏量决不能等于零，也不允许等于零，因为必须依靠泄漏的机油带走油封油膜层因内摩擦而产生的热量，否则会影响油封的使用寿命。

为使自紧式橡胶油封工作可靠，轴颈的表面粗糙度值要小，其相对应的平面度应与极限油膜厚度相适应。油封与轴颈之间应保证良好的同轴度，这种油封适用于圆周速度不超过 14~18m/s 的场合。

曲轴后端的密封形式如图 10-21 所示，总的来说，其密封效果不是很理想，而且结构复杂，有填料时摩擦损失较大。

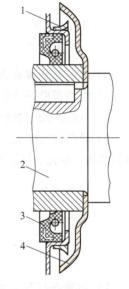

图 10-20 曲轴前端密封
1—甩油盘 2—曲轴
3—密封圈 4—挡油盘

2. 平面密封

平面密封包括进气管与气缸盖、机体与油底壳及正时齿轮室盖、气门室罩与气缸盖顶面、气缸盖与机体等之间的密封，它们都要求密封可靠。这种密封一般都是通过螺栓压紧置与被密封元件之间的弹性垫片来实现的。当垫片的变形补偿了被密封平面的平面度误差，并在平面上产生足够的密封压力后，密封就可以得到保证。因此，平面密封是否可靠与被密封件的刚度、压紧力的大小和分布，以及密封垫片的材料和结构等因素有关。常用的密封垫片材料有：

1）石棉板。一般外覆保护性的薄钢皮或铜皮，能耐高温，主要用于排气系统的密封。

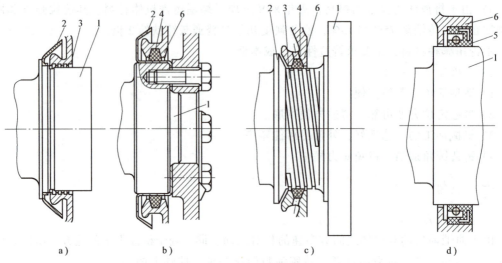

图 10-21 曲轴后端密封形式

a) 挡油盘+回油螺纹 b) 挡油盘+填料 c) 挡油盘+回油螺纹+填料 d) 自紧式橡胶油封（有时也有挡油盘）
1—曲轴后端 2—挡油盘 3—回油螺纹 4—密封填料 5—橡胶油封 6—油封壳

2) 耐油石棉橡胶板，以石棉、丁腈橡胶为主。

3) 耐油橡胶制成的 O 形圈及异形垫圈，补偿的平面度误差大。

4) 纸板。经过种种处理后，用于内燃机的各种密封垫。

5) 最新的气缸垫。它由多层薄钢板组成，在钢板两面印制具有一定厚度的、与机体上表面的水孔、油孔、气缸孔、螺栓孔相对应的橡胶圈。这种气缸垫需要类似印刷制版的工艺。

第二节 气缸与气缸套设计

一、工作情况和设计要求

1) 活塞在缸套表面高速滑动，使气缸内壁受到强烈的摩擦。在润滑不良，油、气中有杂质，冷车起动以及不正常燃烧的情况下，都会导致气缸内壁磨损严重。气缸内壁是内燃机中磨损最为严重的表面之一，也是决定内燃机大修期的最重要表面之一。

在燃烧过程中，燃气的最高温度可达 2000~2500℃，最高压力可达 5~15MPa，气缸的外壁有冷却水作用，因此气缸内外温差大，气压力大，导致热应力和机械应力大。

2) 气缸的外表面还受到冷却水的穴蚀破坏，外表面逐渐剥落，形成小孔，日积月累将造成缸套穿透。

因此，对于缸套设计的要求是：

1) 耐磨性好。

2) 有足够的刚度和强度，尽量减小热变形和安装变形。

3) 外壁有耐穴蚀能力。

4) 合理控制缸套温度。据统计，气缸套内壁温不应低于 100℃，以避免低温腐蚀磨损，最高温度不得高于 200℃。另外，为了防止缸套发生不规则变形，造成局部磨损，缸套内壁面周向温度分布应尽量均匀,最大周向温差应小于 40~50℃。

二、气缸套材料

1) 高磷铸铁（磷的质量分数为 0.3%~0.8%）的耐磨性好,可改善耐蚀性,但加入磷后变脆,铸造时易产生缩孔,所以壁厚不易过薄。

2) 含硼铸铁（硼的质量分数为 0.04%~0.08%）的耐磨性更好,比高磷铸铁可提高 50%,而且可加工性良好,有一定的存油能力,总体性能好于高磷铸铁。

3) 球墨铸铁的主要优点是吸油性好。

几种典型的气缸套材料见表 10-1。

表 10-1 几种典型的气缸套材料

序号	材料	化学成分(质量分数,%)	力学性能
1	硼铸铁	C:2.8~3.6 S:<0.12 Si:2.0~2.7 P:≤0.5 Mn:0.7~1.2 Cr:0.3~0.5 B:0.04~0.08	硬度>210HBW R_m>200MPa
2	硼铜灰铸铁	C:2.8~3.6 S:<0.2 Si:2.0~2.7 P:≤0.5 Mn:0.7~1.2 Cr:0.3~0.5 B:0.04~0.08 Cu:适量	硬度>210HBW R_m>240MPa
3	钒钛灰铸铁	C:3.0~3.6 S:<0.2 Si:2.0~2.7 P:≤0.5 Mn:0.6~1.2 Cr:0.2~0.5 V+Ti:≥0.03 Cu:适量	硬度>210HBW R_m>200MPa
4	钼镍铜灰铸铁	C:2.8~3.6 S:<0.2 Si:1.8~2.4 P:≤0.3 Mn:0.5~1.0 Cr:0.2~0.5 Cu:0.3~0.6 Ni:适量 Mo:适量	硬度>210HBW R_m>235MPa
5	贝氏体灰铸铁	C:2.7~3.3 S:<0.1 Si:1.7~2.5 P:≤0.3 Mn:0.3~0.7 Cr:0~0.5 Cu:适量 Ni:适量 Mo:适量	硬度>270~330HBW R_m>350MPa
6	镍铜灰铸铁	C:2.8~3.7 S:<0.12 Si:1.8~2.7 P:≤0.3 Mn:0.5~1.2 Cr:0.15~0.5 Cu+Ni:适量	硬度>200HBW R_m>196MPa

三、缸套结构

(1) 无缸套 铸铁缸套壁厚一般为 4~5mm,考虑到以后扩缸或者大修重镗气缸,可以适当加厚。如果采用铸铝机体,缸套壁厚一般为 7~9mm,其中最内层缸套还是铸铁,厚度一般为 3mm。无缸套结构主要用于工作载荷比较轻的汽油机。

(2) 干缸套 如图 10-22~图 10-24 所示,在气缸内压入一个具有较高耐磨性的薄壁套筒,其厚度一般为 2~3.5mm,目前向更薄的方向发展,已经低于 1.5mm,用钢管拉制而成。干缸套的机体刚度比湿缸套的大,而且因为没有冷却水的密封问题,其缸心距比湿缸套的小,对于缩短内燃机的总长度有利。干缸套的主要缺点：由于干缸套一般与外缸套采用过渡配合,干缸套不与冷却水直接接触,因此冷却效果不是太好。干缸套主要用于 D<105mm,转速在 3000r/min 以上的高速柴油机。

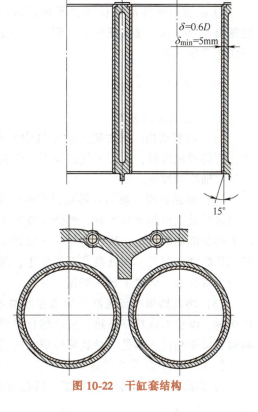

图 10-22 干缸套结构

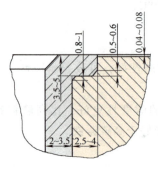

图 10-23 干缸套上端定位方式

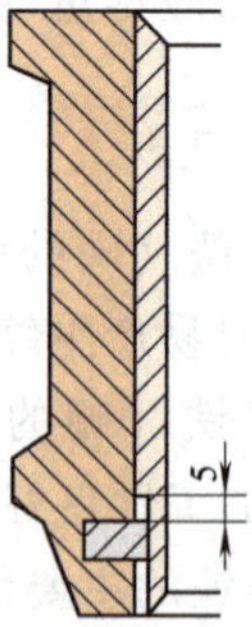

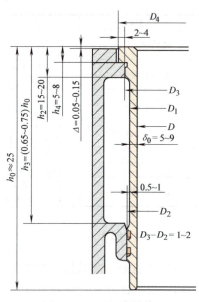

图 10-24 干缸套下端定位方式

（3）湿缸套　如图 10-25 所示，湿缸套的壁厚取决于内燃机的指标和缸套材料，设计时一般取 $\delta_0 = (0.05 \sim 0.1)D$。由于湿缸套的冷却效果好，更换方便，制造容易，虽然其机体刚度较差，但是通过合理的布置加强肋也可以保证机体的刚度。所以在大缸径（$D>135\mathrm{mm}$）柴油机和隧道式单缸柴油机中得到了广泛应用。

设计湿缸套时要注意：

1）径向和轴向不能有过定位，还要考虑安装与拆卸方便。湿缸套的各部尺寸关系如下（图 10-25）

$$D_3 > D_2, \quad D_3 - D_2 = 1 \sim 2\mathrm{mm}, \quad D_1 < D_2$$

2）缸套应保持足够长度，下止点时活塞裙部只能露出 $5 \sim 10\mathrm{mm}$，以保证导向，但缸套下沿不能与连杆轨迹发生干涉。

图 10-25 湿缸套结构

四、增加气缸耐磨性的措施

1. 气缸的磨损方式

（1）磨料磨损　气缸吸入的空气中混有尘埃，机油中有积炭、金属磨屑等外来坚硬杂质，它们形成磨料，附着于气缸镜面，引起了气缸的磨损，磨料粒子在气缸镜面会造成平行于气缸轴线的拉痕。

（2）腐蚀磨损　燃料在燃烧过程中产生许多酸性物（如 CO_2、CO、SO_2 等），当冷却水温度较低及低温起动频繁时，燃烧生成物中的酸性物和水蒸气极易凝结在气缸表面。如果气缸上的润滑油膜不足，酸性物将与气缸镜面金属直接接触，就会腐蚀气缸，在气缸上部形成较疏松的细小洞穴。因其沿着石墨发生，所以基体部分没有发生腐蚀。在摩擦的作用下，气缸的金属脱落，形成了腐蚀磨损。

（3）熔着磨损　当气缸与活塞在润滑不良的情况下滑动时，两者有极微小部分金属直接接触，摩擦形成局部高热，使之熔化粘着、脱落，逐步扩大即产生熔着磨损。与腐蚀磨损和磨料磨损相比，这是一种破坏性更大的磨损。通常这种磨损也称为"拉缸"。

2. 提高气缸耐磨性的措施

1）提高缸套表面的加工精度，降低表面粗糙度值。

2）合理选用材料。经常低温起动，并经常以低负荷、中低转速运转的车用内燃机，其缸套以腐蚀磨损为主，采用奥氏体铸铁较好。如果考虑成本，节省贵重材料，可以只在缸套上半部采用奥氏体材料。对于经常高负荷工作及经常在灰尘较多地区工作的内燃机，其气缸套以磨料磨损为主，宜采用高磷铸铁、加硼铸铁。对于车用强化柴油机，其气缸套以熔着磨损为主，可采用薄钢套（干缸套），内表面镀铬或氮化。

3）进行合理的表面处理。主要有镀铬、高频感应淬火、磷化处理、软氮化处理等。目的是提高表面硬度和表面的耐蚀性。

4）充分重视空气和机油的滤清，以减少磨料磨损。

5）避免频繁的冷起动，以减少因酸性物质（SO_2 等）在缸壁上的凝结而造成的腐蚀磨损。

6）活塞间隙要适当。缸套在安装和运转过程中要避免变形，以减少变形带来的不均匀磨损。

五、气缸套穴蚀产生的主要部位

在发生穴蚀的柴油机中，尽管其机型、缸套结构、缸壁厚度、活塞与缸套的配合间隙不同，但穴蚀的部位都聚集在连杆摆动平面以内，且在下述三个区域内最易产生穴蚀：

1）连杆摆动平面的两侧，缸套中上部及下部，聚集如带状的深孔群，而且在活塞主推力面一侧穴蚀较为严重。

2）在进水口处及水流转弯处孔洞聚集，是振动和水力共同作用产生的穴蚀。

3）在支承及上下配合密封凸起处产生细小穴蚀，呈蠕虫形、条沟状凹坑，或者不规则的环形凹坑，严重时会形成裂纹。

六、穴蚀产生的机理和减轻气缸套穴蚀的措施

因为穴蚀是由振动和水流冲击引起的，所以防止穴蚀产生主要应从减小振动、吸收振动和控制气泡的形成等方面着手。

1. 穴蚀形成的原因

（1）内因　缸套本身存在微观小孔、裂纹和沟槽等局部缺陷。

（2）外因　缸套振动，引起局部缺陷内气泡爆炸，产生瞬时高温高压，使水腔壁承受很高的冲击和挤压应力，逐步剥离金属层，形成针孔和裂纹。

2. 减轻穴蚀的措施

（1）减小缸套的振动

1）减小活塞配合间隙。

2）减轻活塞换向敲击力。

3）提高缸套刚度（含支承）。

（2）抑制气泡的形成　冷却液在水套中的流动情况对气泡的形成有很大的影响，不应当使水流的方向正对着气缸套，而应使其沿气缸套壁的切线方向进入水套，以减小水流对气缸套的冲击。然后水流再绕气缸套外壁螺旋上升，以便减少气泡的产生，即使有气泡出现，也会因切线流动而使它离开强烈振动区域，以减小对缸套的穴蚀。此外，进水口在水平方向的宽度不要大于水套空间的径向宽度。冷却水套也不宜太狭窄，车用发动机的水套宽度应为4~10mm，缸套与机体间的水腔越小，越易加速缸套的穴蚀。水套过宽的话，会使水套内水流速度低，冷却水与缸套的传热系数小，不能及时将缸套的热量带走，造成缸套温度升高，

活塞温度升高而过度膨胀，有拉缸的危险。冷却水套不应有局部狭窄的情况，以防止流速及压力突然变化，要尽量使流速均匀，水流畅通，不宜存在死区及涡流区。所有这些措施都可以减少气泡的产生，从而减轻其对缸套的穴蚀作用。

3. 提高缸套本身的耐穴蚀能力

（1）合理选择缸套材料　选择合理的缸套材料和对缸套进行表面处理，可以提高缸套表面的耐穴蚀能力。从穴蚀产生的原因出发，耐穴蚀性能要求缸套材料具有较高的机械强度和尽可能少的表面裂纹及气孔。它的金相组织结构应当均匀，且应有热稳定性及耐蚀性，其表面硬度应较高。铸铁的石墨形状对穴蚀的影响较大，球状和分支少的团絮状石墨的耐穴蚀性最好，片状石墨则脉络越细、贯穿越深，穴蚀越严重。基体的组织对穴蚀也有影响，珠光体基体比铁素体好，且珠光体的耐穴蚀性随着晶粒的细化而提高。在缸套材料中加入 Cr、Mo、Mn 等合金元素能促进珠光体的形成并有防止石墨化的作用，可以提高缸套的耐穴蚀作用。而 Al 和 Ti 合金元素能促进石墨化，对耐穴蚀不利，不应当采用。

（2）合理选择热处理工艺　缸套的热处理温度对穴蚀也有影响，铸铁缸套在 600℃ 以下低温退火，只要不出现金相组织变化就不会使耐穴蚀性能降低。高温退火可以导致铁素体形成而析出石墨，并使耐穴蚀性好的球状渗碳体变为耐穴蚀性差的片状渗碳体，而且淬硬状态比铸态更易受穴蚀。所以在制定热处理规范时，应当特别注意。

（3）改善冷却水的性质　在冷却液中加入耐穴蚀物质可以改善缸套的耐穴蚀能力。当柴油机冷却系统中发生显著的电化腐蚀作用时，可以在冷却液中加入高铅酸盐添加剂。这种添加剂由铬酸钾 $K_2Cr_2O_7$ 和工业亚硝酸钠 $NaNO_2$ 按 1∶1 配方组成，一般是水中加入添加剂，其质量浓度为 5g/L，它对高速轻型柴油机的缸套和机体有良好的耐穴蚀能力。有些柴油机冷却水中加入乳化液、乳胶液添加剂，例如 NL 乳化防锈油添加剂，其质量浓度为 10~15g/L，也具有良好的耐穴蚀能力。

第三节　气缸盖设计

气缸盖的作用是密封气体，并与活塞共同形成燃烧空间，承受高温高压燃气的作用。车用内燃机气缸盖通常都是整体式的，如图 10-26~图 10-28 所示。为了保证气缸盖与气缸套之间的密封，气缸盖还要受到很大的螺栓预紧力。

图 10-26　柴油机气缸盖底平面

图 10-27　柴油机气缸盖上表面

一、工作情况和设计要求

气缸盖的工作情况如下：

1）气缸盖受到高温高压燃气的作用，承受很大的螺栓预紧力，导致机械应力大。

2）气缸盖结构复杂，温度场严重不均匀，导致热应力大，严重时会使气缸盖出现裂纹和引起整体变形。

气缸盖的设计要求如下：

1）有足够的刚度和强度，工作变形小，保证密封。

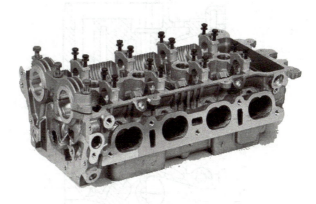

图 10-28　双顶置凸轮轴汽油机气缸盖

2）合理布置燃烧室、气门、气道，保证发动机的工作性能。

3）工艺性良好，温度场尽量均匀，减少热应力，避免热裂现象。

4）一般铸铁气缸盖鼻梁区的温度应低于 375℃，铝合金缸盖温度应保持在 200~300℃。

实际上，气缸盖的内部形状和结构十分复杂，设计时要优先考虑内部气道、燃烧室（另有预燃室、涡流室）、喷油器或火花塞、气门等功能部件的布置（图 10-29、图 10-30），然后在保证壁厚均匀、受力均匀、刚度足够的条件下考虑内部冷却水套的布置。

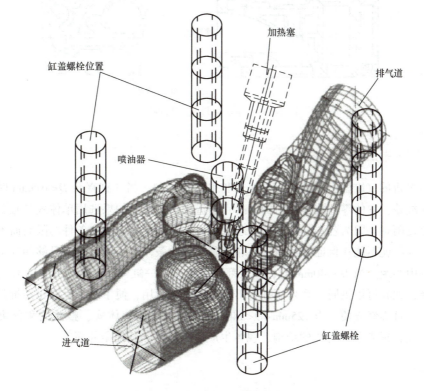

图 10-29　柴油机缸盖功能件布置

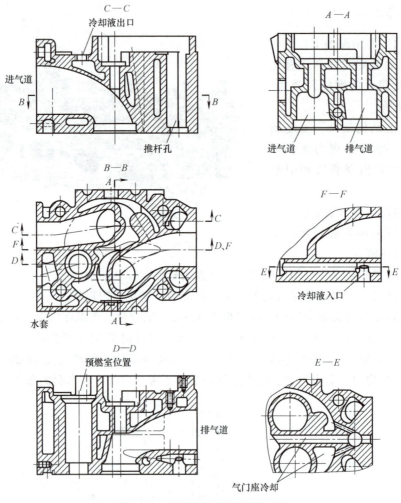

图 10-30 柴油机缸盖布置断面图

二、气缸盖形式的选择

水冷内燃机的气缸盖有整体式、分块式和单体式三种。当气缸直径 $D<105$mm 时，一般多用整体式气缸盖，它的零件数少，结构紧凑，制造成本较低。如果选用单体式气缸盖，则在结构设计上存在困难，因为各部分壁厚与型芯截面尺寸受到造型和浇注条件的限制而不能按缸径比例缩小，这样就不能在保证有适当壁厚和型芯尺寸的条件下，做到既有足够的气道面积又有紧凑的气缸中心距。当 $D>140$mm 时，一般都用单体式（一缸一盖）气缸盖。这样可以使铸造废品率下降，尤其可以供同一系列而缸数不同的内燃机通用，便于组织系列化的批量生产，降低制造成本，且维修方便。当 125mm$<D<140$mm 时，可采用单体式、整体式和分块式（每两缸或三缸一盖）或者兼而有之的结构，视各生产商的习惯和其他条件而定。

三、材料

气缸盖主要采用灰铸铁、合金铸铁、铝合金或蠕墨铸铁材料。

四、主要尺寸确定原则

（1）高度 $H=(0.9\sim1.2)D$，视燃烧室形式、气道布置、水套布置而定。
（2）底面厚度 $\Delta=10\sim15\mathrm{mm}$，以保证气缸盖有足够的抗弯刚度和强度。

五、气缸盖的冷却

气缸盖的冷却十分重要，因为其内部结构复杂，各处的工作温度差别很大，容易造成热应力过大，热疲劳裂纹损坏。因此，在考虑气缸盖的冷却时，要格外注意重点冷却部位的冷却措施。以下几点是总的原则：

1）由气门和喷油器组成的三角鼻梁区要重点冷却。一般采用喷管冷却或者导流板加强局部流速和流量的方法进行强制冷却。

2）减少三角鼻梁区的金属堆积。在不影响强度的条件下，尽量减少此处的金属堆积量。很多柴油机上采用湿式喷油器套，消除了鼻梁区的金属堆积，保证了工作可靠性（图10-31）。

3）将出水口布置在最高点，以保证没有高温冷却水的滞留现象（图10-32）。

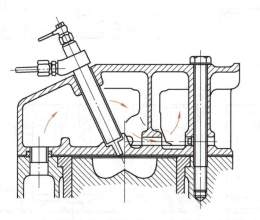

图10-31　采用湿式喷油器套减少三角鼻梁区金属堆积

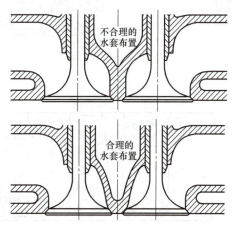

图10-32　出水口的布置

4）清砂彻底。若清砂不彻底，则容易在水套内部造成局部热点无法冷却，导致热裂现象。

5）壁厚尽量均匀。

气缸盖冷却水的流动和气缸盖温度场的分布目前都可以用CFD方法和有限元方法进行模拟计算，计算结果完全可以用来指导气缸盖的设计和优化。柴油机气缸盖如图10-33、图10-34所示。

六、气道设计的CFD方法及气缸盖CAE分析

进、排气道的设计对内燃机性能有很大的影响，进气道影响进气阻力和充气效率，排气道影响排气阻力和废气能量的利用（如废气涡轮增压）。为了驱动气门方便，当采用两气门（一进一排）时，一般都将气门中心线的连接线设计在平行曲轴轴线的方向。这时，气道有四种布置方案，如图10-35所示。图10-35a所示的气道最短，气流阻力最小，但只适用于单缸。这种方案若用在多缸机上，则气道将无法从两缸之间引出。图10-35b所示的气道只

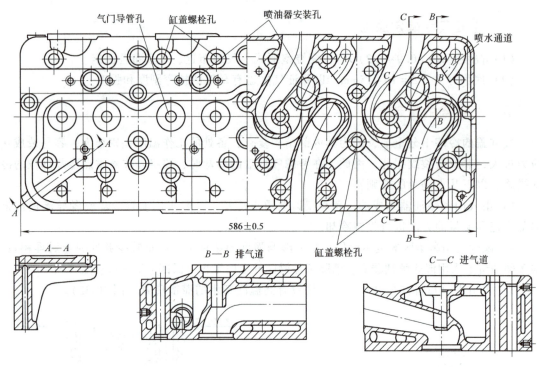

图 10-33 柴油机气缸盖图

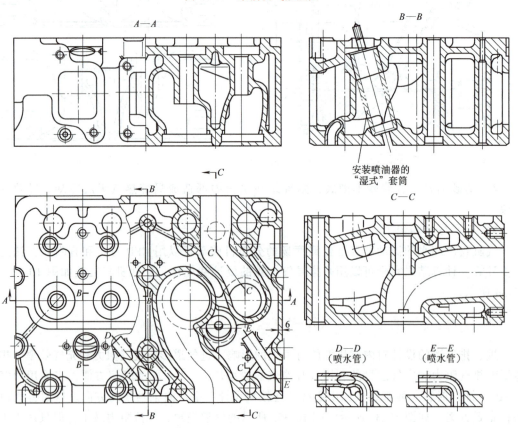

图 10-34 135 系列柴油机气缸盖

能用于单缸机或双缸机。在两缸以上的内燃机中，图10-35c、d所示的气道应用最广。从前在使用化油器的汽油机中，为了利用废气对进气管进行预热，直列式汽油机多将进、排气通道布置在一侧，如图10-35c所示，只有在V型汽油机中，由于总布置的需要将进气管布置在V形夹角以内，才将排气管布置在V型机的两侧。在柴油机中，为了减少排气通道对进气的加热，以提高充气效率，一般将进、排气通道布置在气缸两侧，如图10-35d所示。现在车用汽油机都已经采用电控喷射技术，很多直列汽油机也采用进、排气通道分开布置的形式。

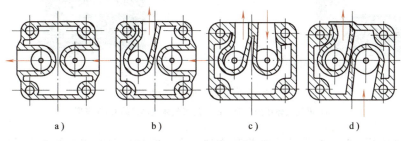

图10-35　气道的布置形式

为了保证内燃机有尽可能高的充气效率，进、排气通道应当有足够大的面积；气道断面要避免突变，由气门口起向进气道的进口、排气道的出口通道面积要分别均匀增大至气门口的120%左右，同时铸造的气道表面要尽量光滑。因此，要选取若干进、排气通道截面，绘制图形，计算通道面积。目前，三维造型技术和计算流体力学方法（CFD）在气道的设计和分析中得到了广泛的应用，克服了平面设计无法全面、充分表达气道形状变化、气体流动性能的缺点。在设计阶段，就可以利用三维设计方法和CFD方法，准确地按照设计者的想法设计出合乎要求的气道来。

气道的设计一般是先用三维软件绘制出气道内腔实体模型（图10-36）及气门模型，在进气口施加气体压力等边界条件，利用CFD软件计算出各个气门升程下的气道流量系数（图10-37）。然后判断气道是否满足要求，如果不满足要求，可以根据气道CFD计算的其他信息，如气道流速分布信息、流场压力分布信息等对气道进行修改，直至满足要求为止。在气道形状确定之后，就可以利用快速成形方法制造出气道模型和型芯。用这样的方法设计出来的气道，只要边界条件正确，与实际制造出来的气道就不会有很大误差，可以说相当精确。

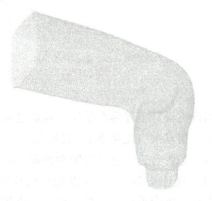

图10-36　气道三维模型和制造用的型芯模型

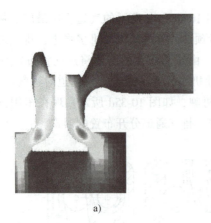 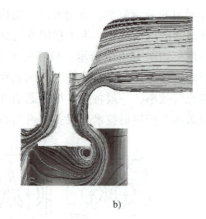

图 10-37 气道三维 CFD 模拟计算

a）进气气体压力分布　b）进气气体流动迹线 CAD 模型

类似于机体的设计，按照现在的设计方法，在进行气缸盖的基本结构设计时，要同时进行噪声、疲劳以及冷却水流场、温度场分布计算等 CAE 分析，过程如图 10-38 所示。

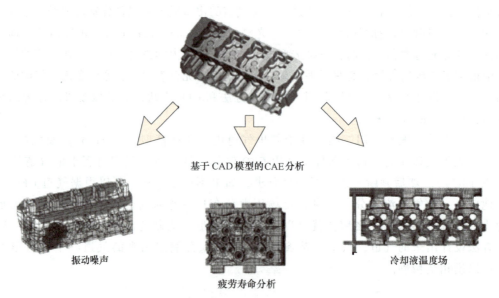

图 10-38　气缸盖设计过程中的 CAE 分析流程

*第四节　内燃机主要部件的设计基准

内燃机设计工程师在设计、制造过程中，经常会遇到如何设置、处理基准的问题，如设计基准、粗基准（毛基准）、过渡基准、加工（精）基准、检验基准、装配基准等。这些基准选取得是否合适，会直接影响内燃机的设计和加工质量。

（1）设计基准　设计基准是从设计理念出发，仅考虑发动机结构原理而设置的基准要素。在产品概念设计的三维布局中，要依据这些基准要素展开设计。

（2）粗基准　粗基准（毛基准）是指在产品实现的初期，单件的毛坯图设计及成形（铸造、锻造、冲压等）模具的基准要依据设计基准要素，并且要依据这些要素在毛坯的合适位置设置机械加工准备的基准。粗基准都是毛坯要素。

（3）加工基准　加工基准是机械加工的全过程都以其为依据的基准，必须依据毛坯上的粗基准加工出加工基准。对于箱体类零件，加工基准多为一个面和两个销孔；对于轴类零件，则多为顶尖孔、键槽或定位销孔。这些加工基准在加工过程中要多次、反复使用，对零件的精度极其重要。

（4）装配基准　装配基准是指两个零部件装配到一起时，为保证它们之间具有正确的相互位置而设置的结构要素。

一、整机设计基准

对于直列多缸机整机来说，设计基准有三个面和一条轴线，如图 10-39 所示。下面以直列四缸机为例（本章均以四缸机为例）加以说明：

（1）基准 A　四个缸孔轴线形成的平面。

（2）基准 B　发动机长度方向上的中心面，对于四缸机，既是二、三缸孔鼻梁中心平面，也是主轴承座前、后两个止推面的中心面。基准 B 垂直于曲轴轴线。

（3）基准 C　曲轴轴线。

（4）基准 D　过曲轴轴线并与平面 A 垂直的平面，这个平面是机体主轴承座与主轴承盖的分开面。

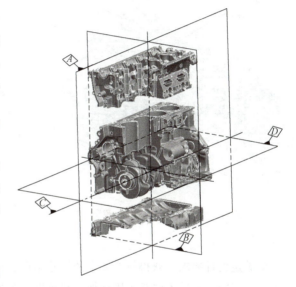

图 10-39　整机设计基准示意图

对于非偏置曲轴机型，曲轴轴线即是平面 A、D 的交线，A、B、D 三个平面形成整机设计的三维坐标系。

发动机技术的核心是通过燃烧将燃料的化学能释放出来，并通过曲柄连杆机构转化为机械能传递给车辆。

燃烧过程是在气缸内完成的，能量转换是由曲轴连杆机构完成的，所以缸孔和曲轴轴线是最基本的要素。而基准 B 和基准 D 是决定发动机其他结构要素方位的最基本要素。

设计师在设计初始时总是从设计基准出发进行构思的。对于零部件，又都在 A、B、C 和 D 四个基准的基础上引申形成各自的设计基准、粗基准和加工基准。

二、机体的设计基准

机体的设计基准与整机的设计基准一致，就是基准 A、B、C 和 D，如图 10-40 所示。绘制毛坯图时，以上述基准为尺寸坐标起始点标注尺寸。

X 方向以 A 面为起始点（0 点）；Y 方向以 B 面为起始点（0 点）；Z 方向以 D 面为起始点（0 点）。

1. 机体的粗基准

一般是在机体的下平面（经过精加工）再凹下去 1mm 处设置三处铸造的小平面作为 Z 向的粗基准；或在主轴承座分开面上设置凹进去的三个小平面作为 Z 向的粗基准，如图 10-41 所示。

利用第一缸和第四缸（最后一个缸）内壁横向两点（X_1 和 X_2）作为 X 向的粗基准，如图 10-41 所示。

夹紧第二、三缸孔之间的鼻梁区或者夹紧中间主轴承座前、后侧面作为 Y 向粗基准，如图 10-41 所示。

毛坯开始加工时，即加工第一工序的夹具，要根据图样设定的粗基准设置定位点。

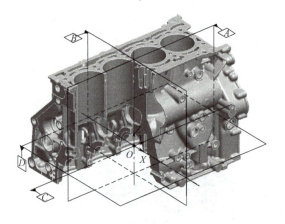

图 10-40 机体设计基准示意图

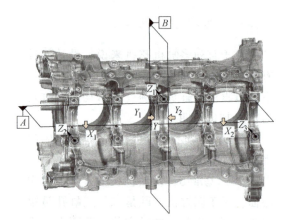

图 10-41 机体粗基准的设置

2. 机体的加工基准

为满足设计要求，获得符合要求的尺寸精度、位置精度和形状精度，首先必须在机体上加工出加工基准，随后各位置的机械加工都是以这个加工基准为定位元素的。传统习惯是精铣机体底平面并在其上钻铰出两个销孔作为机体的加工基准，即"一面两销孔"，如图 10-42 所示。

加工基准的具体实现过程是，把图 10-41 所示机体毛坯底面上的基准点 Z_1、Z_2 和 Z_3 落座于夹具上的三个支承点上，再利用紧定位把 X_1、X_2 和 Y_1、Y_2 卡紧，铣削上平面，并钻铰两个销孔，如图 10-43 所示。然后翻转过来，以上平面的一面两销孔定位，加工下平面的一面两销孔。

上平面的一面两销孔是过渡基准，也是装配气缸盖的装配基准。

在机体成品图样上标注尺寸时，以下述基准为尺寸起始点（图 10-42）：

1) Z 方向以 E 为起点。
2) X 方向以 M、N 的连线为起点。
3) Y 方向以 N 为起点。

上平面设置的一面两销孔，即前面提到的过渡基准或装配基准，可以保证气缸盖及凸轮轴等零部件的正确位置。一般把这两个销孔布置在最前、最后两气缸盖螺栓孔同轴的位置上（图 10-43），也有布置在最前、最后对角线方向上的两个螺栓孔位置上的。销孔与螺栓孔同轴，这里必须使用销套而不是实体销。

如果是整体主轴承盖，主轴承分开面处还要设置装配定位基准，此处往往设置四个定位销。单体主轴承盖的定位，有的以分开面两侧的小止口面和主轴承盖螺栓杆部定位，有的以小止口面和定位销套来定位。

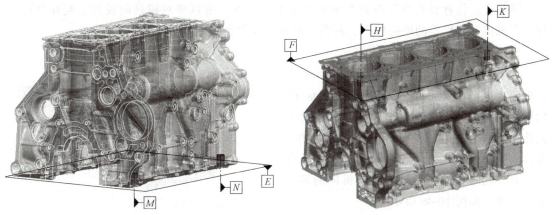

图10-42　机体的加工基准（一面两销孔）　　　图10-43　机体上表面的定位面及销孔

三、气缸盖的基准问题

1. 气缸盖的设计基准

气缸盖的设计基准是三个面，如图10-44所示。

（1）基准 A　气缸孔轴线形成的共面。此面通过气缸盖上的四个燃烧室中心并垂直于气缸盖底平面，与机体的基准面 A 相同。

（2）基准 B　发动机长度方向的中心面。此平面通过二、三缸燃烧室凹坑之间鼻梁处的中心，与机体的基准面 B 相同。

（3）基准 E　气缸盖底平面。

这三个面是绘制气缸盖毛坯图时三个方向上标注尺寸的起始点（0点）。

2. 气缸盖的粗基准

（1）Z 向粗基准　比 E 面凹下去1mm的三个铸造小平面，即图10-45中的 Z_1、Z_2 和 Z_3。

（2）X 向粗基准　气缸盖左侧或右侧设置的两个铸造小平面 X_1、X_2，如图10-45所示。

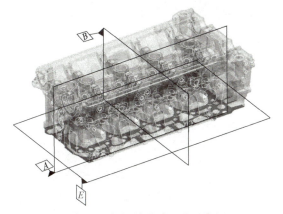 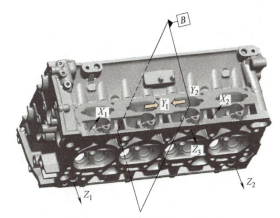

图10-44　气缸盖设计基准示意图　　　图10-45　气缸盖的加工粗基准

（3）Y向粗基准 二、三缸进气道相邻侧内壁进口处设置两个小平面（毛坯面）或二、三缸燃烧室凹坑中间的鼻梁处，如图10-45所示。

粗基准的位置和表面形态影响精加工基准的精度，所以要对模具的设计、制作加以重视。在机体、气缸盖的产品图上，对粗基准的位置和表面精度要严格要求。

3. 气缸盖的加工基准

利用粗基准面 Z_1、Z_2、Z_3 加工气缸盖上平面，再翻过来利用上平面加工底平面 E，然后依据 X、Y 向粗基准在 E 面上加工两个销孔，这两个销孔与 E 面组成气缸盖的加工基准。这两个销孔往往布置在气缸盖螺栓孔的位置，同时它们又是气缸盖与机体的装配定位基准，如图10-46所示。

也有很多机型在气缸盖上平面也布置有过渡基准（或称辅助加工基准），以方便其他要素的加工。

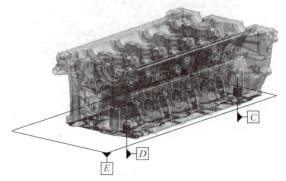

图10-46 气缸盖的加工基准示意图

如果是整体式凸轮轴轴承盖，那么，在上平面还须设置用于装配定位的一面两销孔，这同时也是凸轮轴孔合体加工所必需的。

思考及复习题

10-1 机体的设计原则是什么？

10-2 气缸盖设计考虑的重点是什么？

10-3 设计气缸盖时，应该先考虑哪些部件的布置？水套的设计原则是什么？

10-4 气缸套产生穴蚀的原因是什么？如何避免？

10-5 提高气缸套耐磨性的措施有哪些？

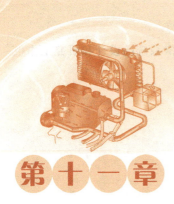

第十一章

内燃机的润滑和冷却系统

> **本章学习目标及要点**
>
> 本章主要介绍内燃机的润滑和冷却系统的基本任务和设计要求,如何根据内燃机的工作负荷和结构特点提出总体设计方案和主要设计参数,以及适应内燃机变化工况的润滑与冷却管理系统,包括水泵、风扇、散热器的基本参数和形式等。

内燃机的润滑和冷却系统都属于辅助系统,内容较多,但是作为内燃机设计者来说,主要是提出其总体设计方案和主要设计参数,其余部件如润滑油油泵、水泵、散热器、风扇等由供应商根据设计参数制造提供。

第一节 润滑系统

一、润滑系统的任务和设计要求

润滑系统的主要任务是供应一定数量的机油至摩擦表面,并起冷却和清洁磨粒的作用,还增加了活塞与活塞环的密封性。在个别情况下,它还担负着受热零件(如活塞)的冷却和传力控制(如液压挺柱、可变配气机构)的任务。

摩擦表面上的油膜能够防止金属表面直接接触,减小零部件之间的摩擦和磨损。摩擦表面上的机油可以冲掉其上的机械杂质,减小磨料磨损,带走摩擦热量,保证轴承等在合适的温度下工作。气缸壁上的油膜还可以保护摩擦表面,减小腐蚀磨损。因此,润滑系统在减少机械损失、提高机械效率、延长内燃机使用寿命等方面起着重要的作用。

润滑系统对内燃机的性能指标和工作可靠性也有很大影响。润滑不良的内燃机在运转过程中的机械损失和零部件的磨损很大,严重地影响了内燃机的动力性和经济性,甚至会使内燃机无法正常工作。

为使内燃机润滑良好,必须使用合适的机油。但是,机油在内燃机不断工作的过程中,会被从空气中吸入的尘土以及内燃机本身的燃烧产物和磨损产物所污染,并在高温的影响下逐渐变质。因此,润滑系统中必须用专门的机油滤清器不断对机油进行滤清,必要时应采用强制冷却装置（如机油冷却器），使机油温度不超过允许的数值。

现代内燃机的转速和功率不断提高，热负荷也越来越高，润滑系统的设计和研究工作也越来越受到人们的重视。一个良好的润滑系统应满足下列要求：

1）保证以一定的油压、一定的油量供应摩擦表面。
2）能够自动滤清机油，保持机油的清洁。
3）能够自动冷却机油，保持油温。
4）消耗功率小，机油损失量小。
5）无堵油、漏油现象，工作可靠；维护、修理方便。

二、润滑系统总体方案

现代内燃机一般采用复合式润滑方案。对于径向负荷大、相对摩擦速度快的部位，采用压力润滑，如主轴承、连杆轴承、凸轮轴承、摇臂轴等，这些部位采用压力润滑的另一个原因是这些部位能够开设油道；对于不容易开设油道的摩擦表面往往采用飞溅润滑方式，如气缸与活塞、活塞销与销座、凸轮与挺柱等。

三、润滑系统主要设计参数的选择

润滑系统的主要设计参数包括循环机油量、机油压力、机油温度、油底壳储油量、润滑油泵泵油量、润滑系统消耗功率等。

1. 循环机油量

循环机油量（不包括经过细滤器、调压阀旁通掉的油量）由必须被机油从零件上带走的散热量 $\Phi_c(kJ/h)$ 计算。一般

$$\Phi_c = (0.15 \sim 0.20)\Phi_f \tag{11-1}$$

式中，Φ_f 为每小时加入内燃机的热量（kJ/h）。

实际上，机油带走的热量不仅是燃料燃烧产生的热量，还有很大一部分是由部件之间的摩擦所产生的摩擦热，曲轴主轴承和连杆轴承运转时产生的热量若不能及时散走，将会引发严重故障。因此，式（11-1）中15%~20%的系数是考虑了摩擦热之后的数值。对于采用液压挺柱、可变配气机构及摩托车发动机采用湿式离合器的情况，此系数应取上限甚至超出上限。

由内燃机原理知

$$\Phi_f = \frac{3600 P_e}{\eta_e} \tag{11-2}$$

式中，P_e 为有效功率（kW），以下同。

有效效率

$$\eta_e \approx \begin{cases} 0.33 & 汽油机 \\ 0.40 & 柴油机 \end{cases}$$

所以

$$\Phi_c = \frac{0.15 \sim 0.20}{0.25 \sim 0.35} \times 3600 P_e \approx (160 \sim 280) P_e$$

循环机油量

$$q_{Vc} = \frac{\Phi_c}{60 \rho c \Delta t} \tag{11-3}$$

式中，ρ 为机油的密度，一般取 $\rho = 0.85 kg/L$；c 为机油的比热容，一般 $c = 1.7 \sim 2.1 kJ/(kg \cdot ℃)$；$\Delta t$ 为机油进出口的温差，一般取 8~15℃。

根据前面计算的 Φ_c 范围和机油参数范围，可得 $q_{Vc}(\text{L/min})$ 的经验计算式如下：
不用机油冷却活塞时

$$q_{Vc} = (0.12 \sim 0.28) P_e \tag{11-4}$$

用机油冷却活塞时

$$q_{Vc} = (0.42 \sim 0.57) P_e \tag{11-5}$$

2. 机油压力

主油道压力 $p_y = \begin{cases} 0.2 \sim 0.3 \text{MPa} & \text{汽油机} \\ 0.3 \sim 0.6 \text{MPa} & \text{柴油机} \\ 0.6 \sim 0.9 \text{MPa} & \text{高速强化（增压）} \end{cases}$

3. 机油温度

为了保证轴承等摩擦副在良好的工况下工作，同时也为了保证机油不过早氧化变质，保持一定的黏度，还必须控制机油的工作温度。

对于巴氏合金轴承：$T \leq 100℃$。

对于铅青铜合金轴承：$T \leq 110℃$，热负荷特别高的柴油机不应超过 $150℃$。

油底壳内机油温度：$T = 95 \sim 105℃$。

4. 油底壳储油量

对油底壳储油量的要求：一次注油后，能够使用足够长的时间，使发动机能够在这段时间内连续运转。同时，还要考虑机油自然散热的条件，以较低的循环率保证机油的散热效果。

一般希望机油的循环次数 $n_y \leq 3$ 次/min。统计资料表明，油底壳机油容量 $V_0(\text{L})$ 的经验计算式为

$$V_0 = \begin{cases} (0.07 \sim 0.16) P_e & \text{车用汽油机} \\ (0.14 \sim 0.27) P_e & \text{车用柴油机} \\ (0.27 \sim 0.54) P_e & \text{固定和农用} \end{cases}$$

不同排量汽车发动机的机油容量参考数据为：

排量/L	机油容量 V_0/L
0.5~2	2~5
2~5	3~6
>5	≥6

四、机油泵的选择

高速内燃机广泛采用外啮合齿轮式和内啮合转子式机油泵。机油泵的选择要根据机油循环量确定。一般车用汽油机和柴油机机油泵的选择按照以下数据考虑，即

$$q_{Vp} = (2 \sim 3) q_{Vc}$$

第二节　冷　却　系　统

一、冷却系统的作用和设计要求

1. 作用

内燃机运转时，与高温燃气接触的零件受到强烈的加热作用，如不加以适当的冷却，会使

内燃机过热，充气效率下降，燃烧不正常，机油变质和烧损，零件的摩擦和磨损加剧，使内燃机的可靠性、耐久性、动力性和经济性全面恶化。如果冷却过强，则会使摩擦损失、散热损失增加。因此，冷却系统的作用就是使内燃机在各种环境和工况下都能够在合适的温度下工作。

2. 设计要求

1）内燃机在各种工况、气候下都能正常工作。
2）本身消耗功率小。
3）拆装维修方便。
4）使用可靠、寿命长、成本低。

二、冷却系统的总体设计方案和参数选取

1. 冷却方式

（1）蒸发式水冷却 （开式、闭式）优点是没有水泵、风扇、散热器，结构简单，成本低，主要用于农用柴油机；缺点是局部热点冷却不可靠，需要经常加水。

（2）强制式水冷却 闭式强制冷却系统由缸体和缸盖的水套、水泵、风扇（风扇离合器）散热器组成。

2. 闭式强制冷却系统原始参数

（1）冷却系统散走的热流量 Φ_w（kJ/h）

估算
$$\Phi_w = \frac{Ag_e P_e H_u}{3600} \tag{11-6}$$

式中，A 为比例系数，指传给冷却系统的热量占燃料热能的百分比；H_u 为燃料低热值（kJ/kg）；g_e 为燃油消耗率 [g/(kW·h)]；P_e 为有效功率（kW）。

$$A = \begin{cases} 0.23 \sim 0.30 & 汽油机 \\ 0.18 \sim 0.25 & 柴油机 \end{cases}$$

现在，内燃机上采用废气再循环和增压技术的越来越多，循环的废气和增压空气都需要进行中间冷却，这样就加大了冷却系统的散热任务。因此，比例系数 A 在采取上述技术措施的情况下应该取上限或更高。

（2）冷却水循环量 q_{Vw}（m³/h）

$$q_{Vw} = \frac{\Phi_w}{\Delta t_w \rho_w c_{pw}} \tag{11-7}$$

式中，Δt_w 为冷却水在内燃机中循环时的容许温升（℃），$\Delta t_w = 0 \sim 12$℃；ρ_w 为水的密度（kg/m³）；c_{pw} 为水的比定压热容 [kJ/(kg·℃)]，$c_{pw} = 4.187$kJ/(kg·℃)

（3）冷却空气量 它根据散热器的散热量确定

$$q_{Va} = \frac{\Phi_w}{\Delta t_a \rho_a c_{pa}} \tag{11-8}$$

式中，Δt_a 为散热器前后空气温度差，一般为 10~30℃；ρ_a 为空气密度，一般为 1.01kg/m³；c_{pa} 为空气的比定压热容，一般为 1.047kJ/(kg·℃)。

（4）泵水量

$$q_{Vp} = \frac{q_{Vw}}{\eta_V}$$

式中，η_V 为水泵的容积效率，主要考虑泄漏情况，一般取 0.60~0.85。

三、散热器的结构设计要点

散热器由上贮水箱、下贮水箱和散热器芯部组成。目前常用的散热器芯部结构有管片式和管带式两种。水管一般都是扁平形的，以减小空气阻力，增加传热面积，减少冻裂的危险。

管外设置大量散热片或散热带是为了增加对空气的传热面积。

1. 计算散热器的正面积

根据冷却空气量，正面积 $A_R(m^2)$ 为

$$A_R = \frac{q_{Va}}{v_a}$$

式中，q_{Va} 为冷却空气量（m^3/s）；v_a 为冷却空气流速（m/s）。

在车用发动机中，$A_R = 0.2 \sim 0.4 m^2$。

2. 计算散热器的水管数

$$t = \frac{q_{Vw}}{v_w A_{f0}}$$

式中，q_{Vw} 为冷却水循环量；v_w 为冷却水流速；A_{f0} 为每根水管的截面积。

3. 确定传热系数

常规计算时，传热系数（K_R）根据散热器特性曲线查取，如图 11-1 所示。传热系数还可以利用 CFD 方法，通过水、固体、空气流固耦合模型仿真计算得到，这样得到的传热系数更接近于实际。

4. 计算散热器的散热表面积 $A(m^2)$

$$A = \frac{\Phi}{K_R \Delta t}$$

式中，Δt 为冷却水和冷却空气的平均温差。

四、冷却系统的调节

冷却系统的任务是保证内燃机在任何情况下都能保持合适的工作温度。

当工况改变时，如当转速不变而负荷改变时，机件的受热量随着平均有效压力的增加而增加，但因风扇转速和水泵转速不变，它们的扇风量和泵水量也不变，因而冷却系统的散热能力也不变。所以，按大负荷设计的冷却系统，在小负荷时就可能过冷；按小负荷设计的冷却系统，在大负荷时就可能过热。当内燃机负荷一定而转速变化时，机件的受热强度一定，但因扇风量和泵水量分别与风扇的转速和水泵的转速成正比，冷却系统的散热能力也近似与转速成正比。因此，按高转速设计的冷却系统，在低转速时就可能过冷；而按低转速设计的冷却系统，在高转速时又可能过热。当外界大气温度变化时，也会直接影响冷却系统的散热能力，气温高时散热困难，容易过热；气温低时，散热容易，容易过冷。因此，内燃机冷却系统一般按高温气候条件下的额定功率工况设计。在其他工况下，如果出现过冷，则对冷却系散热能力进行调节。

除节温器外，现在更多的是利用可变扇风量的变速风扇进行冷却强度的调节。比如，硅油风扇离合器、电磁风扇离合器、机械风扇离合器、电控风扇等。这些措施的采用，不但调节了冷却系统的冷却强度，而且减少了冷却系统消耗的功率。

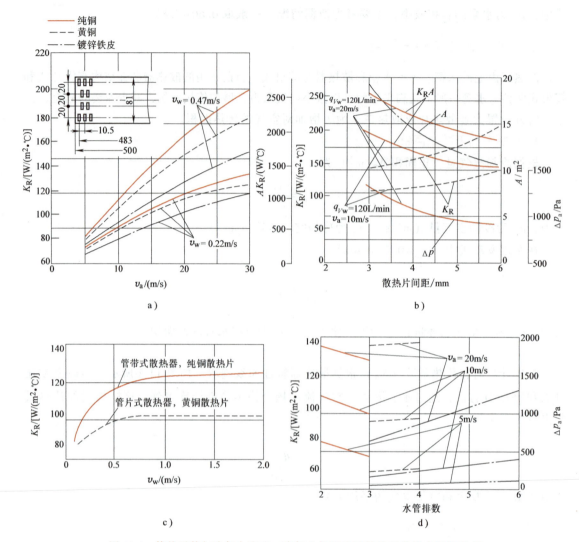

图 11-1 传热系数与冷却水流速、冷却空气流速及散热器结构参数的关系

a) 冷却空气流速 v_a、冷却水流速 v_w 和散热片材料对管片式散热芯传热系数 K_R 的影响
b) 散热片间距对管片式散热芯传热系数 K_R、散热量 $K_R A$ 和空气阻力 Δp_a 的影响
c) 冷却水流速 v_w 对散热芯传热系数 K_R 的影响
d) 水管排数对散热芯传热系数 K_R 和空气阻力 Δp_a 的影响

图 11-2 所示为一种以高黏度硅油为传递转矩介质,并利用散热器后气流温度进行自动控制的硅油风扇离合器结构。

带有散热片的前盖 1 与从动板 6 之间的空间为储油室,从动板与离合器壳体 8 之间的空间为工作室。从动板上有一小孔,在常温下被控制阀片 5 挡住,因此储油室内的硅油不能进入工作室,工作室内没有硅油,硅油风扇离合器处于分离状态。驱动轴 12 与水泵轴相连,风扇装在离合器壳体上。当发动机工作时,驱动轴转动,风扇随着离合器壳体在驱动轴上打滑。这时使风扇及壳体转动的力矩就是轴承 II 及密封毛毡圈 10 的摩擦力矩,其数值很小,所以风扇转速 n 很低(图 11-3 中曲线 1C)。随着发动机温度的升高,通过散热器的气流温

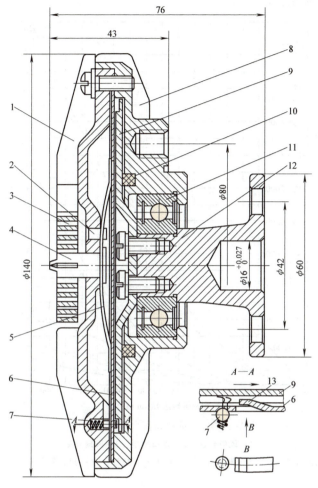

图 11-2 硅油风扇离合器结构

1—前盖 2—阀片限位销钉 3—感温器 4—阀片传动销 5—控制阀片 6—从动板 7—单向阀
8—离合器壳体 9—主动板 10—密封毛毡圈 11—轴承 12—驱动轴 13—刮油凸起

度 t_k 也随之增高,离合器前的螺线形双金属感温器 3 在气流温度的影响下产生偏转,通过阀片传动销 4 带动控制阀片转动一个角度,当 $t_k>65℃$ 时,从动板上的进油孔完全打开。于是储油室内的硅油就从进油孔流入工作室,离合器接合,风扇转速提高(图 11-3 中曲线 1B)。进入工作室的硅油受离心力的作用甩向外周,再通过从动板上接近外周处的回油孔和单向阀 7 回到储油室,不断循环,进行散热,避免了长期工作硅油的温度过高。当发动机温度下降时,控制阀片把进油孔关闭,储油室内的硅油不能进入工作室,而工作室内的硅油继续从回油孔返回储油室,最后工作室里的硅油甩空,离合器又恢复到分离状态。单向阀用于防止分离状态和静止状态时储油室内的硅油流入工作室。在从动板的回油孔旁,有一个刮油凸起 13 伸入工作室的缝隙内,其作用是使离合器转动时回油孔一侧的液体压力升高,使硅油从工作室流回储油室的速度加快,进而提高离合器的灵敏度。

从图 11-3 所示的功率特性 3A 和 3B 可知,当硅油风扇离合器接合时,风扇功率消耗可节约 50% 左右,分离(3C)时可节约 85% 以上。因此,发动机在装上硅油风扇离合器之后,可以节约燃料消耗 5% 左右。

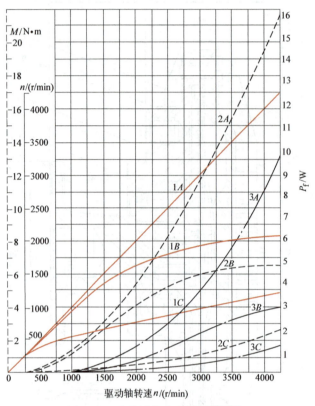

图 11-3 硅油风扇离合器速度特性

1—风扇转速　2—风扇转矩　3—风扇功率

A—不用离合器　B—离合器接合（空气温度 $t_a \geq 85$℃）　C—离合器分离（$t_a \leq 65$℃）

图 11-4 所示为风扇噪声测定结果。当不用离合器时，风扇转速与驱动轴转速一样（图 11-3 中曲线 1A），风扇噪声较高。但当用离合器时，风扇最高转速不超过 2200r/min（图 11-3 中曲线 1B），噪声明显下降。

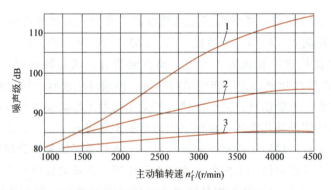

图 11-4 硅油风扇离合器对风扇噪声的影响

1—不用离合器　2—离合器接合　3—离合器分离

硅油风扇离合器现在已经得到了大量应用，其硅油泄漏问题也得到了很好的解决。它在工作中的主要缺点是硅油的充填和留空过程所需时间较长，致使啮合反应速度比较慢。采用电控阀片装置，可提高啮合反应速度，这是解决此问题的有效办法。出于节油和排放控制精度的需要，在重型货车上已经开始使用电控硅油风扇离合器。这种离合器根据冷却液温度，通过电磁阀的开断时间来控制离合器的反应灵敏度和流入工作腔的硅油量，进而控制风扇的转动速度。

五、风扇的计算

为了强制足够的空气量通过散热器，必须在冷却空气道中布置风扇。在水冷内燃机上广泛采用前后都无导流罩的轴流式风扇，因该风扇的结构简单，在系统中布置方便，在低压力下扇风量大。

风扇主要根据所需要的扇风量和风压来选择。水冷内燃机风扇的外径首先由散热器芯部的正面积决定，然后再决定其他参数和尺寸。而风冷内燃机风扇从风扇外形尺寸要尽可能小出发，首先确定工作轮内径的尺寸，然后计算其他参数和尺寸，这两种风扇的设计程序不同。下面是水冷内燃机风扇计算的举例。

1. 确定风扇的扇风量 q_{Va}

$$q_{Va}=\frac{\Phi_w}{\Delta t_a \rho_a c_p}$$

2. 确定风扇的压力 p

$$p=\Delta p_R+\Delta p_1 \tag{11-9}$$

式中，Δp_R 为散热器的阻力，当 $\rho_a v_a$ 为 $10\sim20\text{kg}/(\text{m}^2\cdot\text{s})$ 时，管片式散热器的阻力为 $100\sim500\text{Pa}$；Δp_1 为除散热器以外的所有阻力，它等于 $(0.4\sim1.1)\Delta p_R$。

3. 按照总布置和散热器芯部尺寸确定风扇外径 D_2

风扇轮叶扫过的环面积等于散热器芯部正面积 A_R 的 $45\%\sim60\%$，而风扇轮叶内径与外径之比 $D_1/D_2=0.28\sim0.36$，则

$$\frac{\pi}{4}D_2^2\left(1-\frac{D_1^2}{D_2^2}\right)=(0.45\sim0.6)A_R$$

即

$$D_2=(0.79\sim0.93)\sqrt{A_R}$$

4. 计算风扇外径处的圆周速度 u_2

圆周速度 u_2（m/s）为

$$u_2=\frac{\pi n D_2^2}{60} \tag{11-10}$$

式中，n 为转速（r/min）；D_2 为风扇轮叶外径（m）。

风扇叶顶圆周速度不可太高，否则产生的噪声会很大，一般控制在 $u_2<70\text{m/s}$，最高不超过 120m/s。

5. 计算风扇轮叶外径处的压力系数 ψ_2

$$\psi_2=\frac{2p}{u_2^2\rho} \tag{11-11}$$

式中，p 为风扇压力；ρ 为空气密度。

一般取 $\psi_2=0.5\sim0.6$。

6. 计算风扇轮叶内径 D_1

$$D_1 = \sqrt{\frac{\psi_2}{\psi_1}} D_2 \qquad (11\text{-}12)$$

式中，ψ_1 为风扇轮叶内径处的压力系数，一般取 $\psi_1 > 0.1$；D_1/D_2 值一般为 $0.28 \sim 0.36$。

7. 计算风扇气流的有效轴向速度 c'_m

$$c'_m = \frac{q_{V_a}}{\frac{\pi}{4}(D_2^2 - D_1^2)} \qquad (11\text{-}13)$$

8. 计算风扇轮叶外径处的流量系数 φ_2

$$\varphi_2 = \frac{c'_m}{u_2} \qquad (11\text{-}14)$$

9. 计算节流系数 Δg

节流系数为流量系数的平方 φ_2^2 与压力系数 ψ 之比，即

$$\Delta g = \frac{\varphi_2^2}{\psi} \qquad (11\text{-}15)$$

一般取 $\Delta g \leq 0.25$。

10. 求风扇的容积效率 η_V

先确定风扇轮叶外径 D_2 与风扇护风圈之间的间隙 s，再计算相对间隙 δ，有

$$\delta = \frac{s}{D_2/2} = \frac{2s}{D_2}$$

再在图 11-5 所示的曲线中，找到由式 (11-15) 计算所得的节流系数 Δg 的曲线，以 δ 为横坐标，就可查到对应的容积效率 η_V 之值。

从提高风扇效率的角度出发，间隙 s 越小越好（风扇轮叶的顶端向后弯曲的风扇除外，它有一个最有利的间隙值）；但因散热器与装风扇的内燃机分别用弹性支承装在底盘上，在汽车、拖拉机运行时它们可能有相对位移，如间隙 s 过小，则风扇和护风圈可能相碰，所以一般取 $s = 20\mathrm{mm}$ 左右。现在许多风扇采用了自带护圈的结构，这样的风扇，其容积效率得到了很大提高，同时也提高了风扇的刚度，对减少噪声有利。

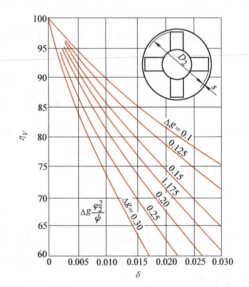

图 11-5 容积效率与相对间隙的关系

11. 计算通过风扇轮叶气流的轴向速度 c_m

$$c_m = \frac{c'_m}{\eta_V} \qquad (11\text{-}16)$$

式中，c_m 为考虑了风扇叶顶处空气回流后通过风扇轮叶气流的轴向速度。

从提高散热器散热效率的角度出发，经过散热器散热片间的气流速度应相等，在计算风扇轮叶气流的轴向速度 c_m 时，应当使所设计的风扇在不同风扇半径处的 c_m 相同。但当风扇

叶片过长时，这样设计会使风扇叶片根部过宽，安装角过大，叶片之间的间隙过小，会引起气流的扰动而产生噪声。故许多风扇在设计时，使 c_m 从叶片顶部沿根部逐渐变小，这样设计的风扇结构合理。但 c_m 不应相差太大。

12. 计算空气气流的周向分速度 c_u

$$c_u = \frac{p}{\rho \eta_V \eta_h u_2} \tag{11-17}$$

式中，η_V 为容积效率；η_h 为风扇液力效率，薄钢片叶轮风扇时为 0.5~0.7，铸铝机翼型轮叶风扇时为 0.55~0.75。

13. 计算气流相对速度 w_m

$$w_m = \sqrt{c_m^2 + \left(u - \frac{c_u}{2}\right)} \tag{11-18}$$

14. 计算平均气流角 β_m

因为

$$\tan\beta_m = \frac{c_m}{u - \dfrac{c_u}{2}}$$

所以

$$\beta_m = \arctan \frac{c_m}{u - \dfrac{c_u}{2}} \tag{11-19}$$

15. 计算风扇轮叶宽度 b

$$C_a b = \frac{120p}{\rho \eta_h znw_m} \tag{11-20}$$

式中，C_a 为叶片升力系数；z 为风扇叶片数，一般取 $z = 2$~6，现在小轿车风扇多取 $z = 6$~8，而且是非均匀布置。

先选取风扇叶片数 z，再将已知数代入式（11-20）计算得 $C_a b$ 之值。然后从图 11-6 或图 11-7 中选取某一合适的翼形（曲线上的数字是翼形编号），再从 $\varepsilon = f(\alpha)$ 曲线（图中下方一组曲线）上 ε 值较低的区间内选取攻角 α 值，接着在 $C_a = f'(\alpha)$ 曲线（图中上方一组曲线）上求得对应的 C_a 值。经过计算，即得风扇轮叶宽度 b。

16. 计算风扇轮叶安装角 θ

$$\theta = \alpha + \beta_m \tag{11-21}$$

设计风扇时，要从风扇轮叶的不同半径处选取 3~6 个断面进行上述计算。应用计算得到的风扇结构参数 D_1、D_2、b、θ 及所选的叶片翼形就可以设计风扇了。

17. 计算风扇的消耗功率 P_t

$$P_t = \frac{p q_{V_a}}{\eta} = \frac{p q_{V_a}}{\eta_h \eta_V \eta_m} \tag{11-22}$$

式中，η 为总效率，它等于 η_h、η_V、η_m 的乘积；η_m 为风扇的机械效率，由风扇的传动方式决定，用 V 带传动时，$\eta_m = 0.60$~0.95，只有当 V 带弹性很好且支座刚度较好时，才能取上限值。水冷内燃机的薄钢板风扇的总效率较低，只有 0.3~0.5；铸铝机翼形风扇的总效率较高，为 0.5~0.7。

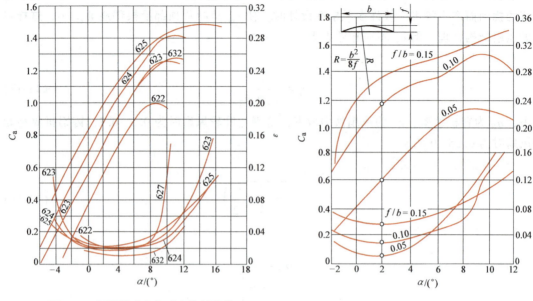

图 11-6　机翼翼形空气动力特性曲线　　　　图 11-7　薄钢片叶片空气动力特性曲线

　　风扇的设计除了要考虑扇风能力之外，还要考虑风扇引起的噪声问题，在日益严格的车内外噪声要求下，噪声问题已经很现实地出现在了汽车和内燃机的开发工作中。许多汽车在加速行驶时，车外噪声不能达到国家限值、车内噪声超标都与风扇的设计有直接关系。因此，开发高空气动力特性的低噪声风扇是不可回避的问题。

　　现在对风扇的空气动力特性研究已经开始借助 CFD 仿真计算的方法，而且取得了比较令人满意的结果（图 11-8），计算结果与试验结果的误差可以达到 3% 以内，完全满足工程需要。风扇噪声的研究也已经开始利用 CFD 仿真计算的方法，在设计阶段就能够预测风扇噪声随结构参数和工作转速的变化，大部分情况下，仿真计算的风扇噪声值与试验结果都很接近，误差仅在 3% 以内。今后风扇的设计手段将主要是利用仿真计算的方法，设计阶段进行多方案的比较、优化，将会提高设计的效率和准确性。

图 11-8　模拟计算风扇流动特性

六、内燃机现代热管理技术的发展

内燃机热管理技术实际上就是内燃机冷却系统现代设计技术，即冷却系统的先进调节技术。随着内燃机功率的不断强化，以及对排放和经济性的要求不断提高，现代车用发动机对冷却系统的要求越加苛刻。为了使发动机在任何工况和环境下都能在最佳的温度下工作，同时又能尽量减少冷却系统消耗的功率，近代的车用发动机采用了新的冷却系统设计理念和工作部件，取得了比较明显的效果。

1. 机体与缸盖的分流冷却方式

传统的机体缸盖冷却液分布方式都是冷却水先进入机体水套，然后通过各缸之间的上水孔流入缸盖，再经由缸盖上的出水孔进入节温器。当水温较低时，节温器阀门处于关闭状态，冷却液不经过散热器而直接经水泵流回入水口，进行小循环。当冷却液温度达到一定温度（一般控制在90℃）时，节温器阀门打开，冷却液进入散热器进行大循环。实际中缸盖水套内的冷却液温度上升较快，而机体水套内的冷却液温度上升较慢，致使冷却液整体温度上升到正常工作温度的时间较长。在环境温度较低的情况下进行冷起动时，冷却液温度上升需要的时间更长。当需要利用冷却水温度向车内供应暖风，以及快速加热变速器机油以减少液力摩擦损失时，则需要较长的过程。

为了更好地控制冷却液温度，最大限度地利用冷却液预热功能和减少冷却系统消耗的能量，现代发动机越来越多地采用机体和缸盖分流冷却的方式。采用这种冷却液布置方案，冷却液进入机体后分成两路，一路流入缸盖水套，然后由后至前依次流经各个燃烧室上方和排气道周围，带走燃烧室和排气道散出的热量，最后经独立的出水口进入节温器。由于缸盖的温度高，且受热面积大，一般分配给缸盖的冷却液流量为冷却液总流量的60%以上。另一路冷却液流入机体水套，由后至前依次冷却各气缸，在最后端重新返回缸盖，由独立的出水口进入节温器。节温器针对缸盖出水和机体出水有独立的控制阀门。在发动机低温冷起动时，控制缸盖冷却液的阀门关闭大循环通路，缸盖内的冷却液经水泵和暖风进行小循环。由于缸盖温度高，这部分冷却液温度上升较快，可以很快向车内供给热风。而机体内的冷却液在达到限定温度（如90℃）之前不作任何循环，只有达到了限定温度，阀门才打开。这时冷却液流经散热器进行大循环。当然，这仅仅是一种冷却液的流动方式，其功能的实现完全是通过电控节温器和电动水泵来控制的。

2. 电控节温器

众所周知，节温器是发动机中调节和控制冷却液冷却强度的重要部件。目前广泛使用的机械蜡式节温器发挥了重要作用，但是蜡式节温器只能根据冷却液出口的温度进行开闭动作，而且响应速度慢，导致冷却液的温度变化范围大。为了更好地控制冷却液的流动和散热效果，电控节温器开始逐渐取代了机械蜡式节温器。电控节温器的结构和不同的工作状态如图11-9所示。这种节温器反应灵敏，能够快速控制冷却水循环通路。另外，除了冷却水温度之外，伺服电动机的电压还可以根据空燃比信号、节气门开度信号、发动机转速信号、进气管绝对压力和爆燃信号通过ECU进行调节，控制阀门的开度，进而控制通过大循环和小循环的流量比例。

3. 电动水泵

传送带驱动水泵是发动机普遍采用的方式，只要发动机运转，水泵就要工作，而且不管

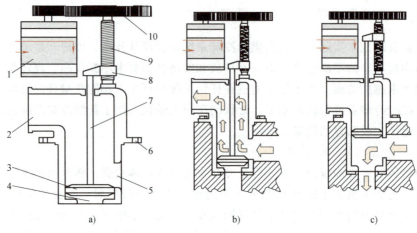

图 11-9 电控节温器

a）电控节温器的结构 b）大循环状态 c）小循环状态
1—伺服电动机 2—散热器出水口 3—活塞 4—旁通出水口
5—入水口 6—安装孔 7—连杆 8—蜗轮 9—蜗杆 10—减速齿轮

水温高低，水泵的泵水量只能根据发动机的转速变化，不能根据冷却液温度调节冷却液的流量。有研究表明，带驱动的传统水泵的泵水量仅在 5% 的时间内是正确的。除对泵水量的控制不准确外，带驱动水泵还消耗了很多机械功，造成了不必要的机械损失。为了更好地控制冷却液的流量，应该采用变速电动水泵，这样可以使燃油消耗减少 2%~3%。国外一些高级轿车和商用车上已经采用了电动水泵。

电动水泵还有其他优点：一是电动机被包围在水腔内，其本身的冷却不成问题；另外，与带驱动水泵的方案相比，电动水泵轴的工作应力大大减小，这是因为水泵轴在被带驱动和带动风扇时都有附加的工作载荷，而电动水泵受电动机的驱动，并不负责风扇的驱动。这样，对水泵轴承的要求有所降低，密封的可靠性得到了改善，水泵消耗的功率也大大低于带驱动的水泵。

4. 发动机现代热管理技术带来的效益

图 11-10 所示为采用电控模式与机械控制模式的发动机出口水温的比较。从图中可以看出，采用电控模式之后，冷却液的温度变化幅度很小，因此发动机的工作状态比较稳定，有利于提高发动机的经济性和排放性。而机械控制模式的冷却液温度变化接近 10℃，这种幅度的温度变化，肯定会导致发动机各项性能的不稳定。

采用电控节温器和电动水泵，根据冷却液温度及时调节冷却液的流量和分配，使发动机中实现部分核态沸腾换热成为可能。研究表明，核态沸腾换热在各种传热方式中换热效率最高，如果在发动机热负荷最重的局部区域能够实现核态沸腾换热，将大大改善发动机的工作状态，发动机的经济性将得到提高，也将改善 CO 和 HC 的排放。

图 11-11 所示为某货车在采用现代热管理技术前后，其发动机辅助系统消耗功率的比较。采用电控冷却系统后，节省了驱动水泵和风扇的机械功，但是增加了发电机的工作负荷，从发动机辅助系统所消耗的功比较来看，现代热管理技术还是明显节省了发动机功率。

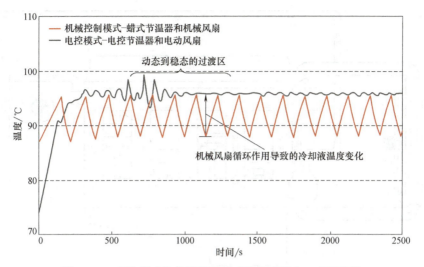

图 11-10　电控模式与机械控制模式的发动机出口水温比较

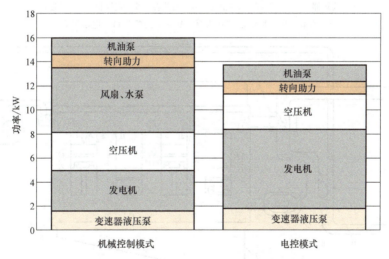

图 11-11　发动机辅助系统消耗功率的比较

5. 现代汽油机冷却系统热管理实例

传统的汽油机冷却系统结构如图 11-12 所示，它主要由节温器、水泵、散热器、风扇、水套等组成。其中，节温器是蜡式节温器，它根据冷却液温度自动控制流经散热器的冷却液流量。水泵是由曲轴带动的带驱动的。因为现在大多数发动机已经采用电动风扇，所以把电动风扇归入经典发动机冷却系统。

图 11-13 所示为现代汽油机冷却系统结构，它与传统汽油机冷却系统的区别体现在：将蜡式节温器改成电控节温器，带驱动水泵被电动水泵代替，增加了向车内供应暖风的换热装置。电控节温器可以由电控单元进行实时控制，其反应速度加快，降低了冷却液的温度波动幅度。电动水泵摆脱了对曲轴运转的依赖，可以实现对冷却液温度的自由控制。例如，在发动机突然停止运转时维持一定的水流量、冷起动时保持最小的水流量等。当然，电动水泵的驱动电压还可以根据电控节温器阀门的开度进行调节，以保证节温器和水泵的最佳配合。

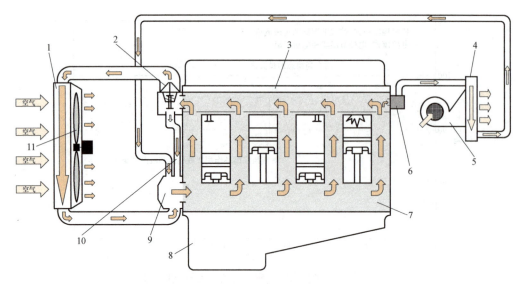

图 11-12 传统汽油机冷却系统结构

1—散热器 2—节温器 3—缸盖 4—换热器 5—吹风机 6—控制阀
7—水套 8—油底壳 9—水泵 10—旁通管 11—电动风扇

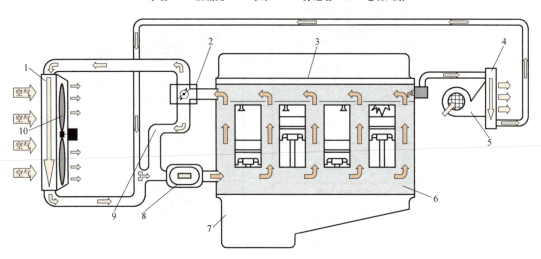

图 11-13 现代汽油机冷却系统结构

1—散热器 2—电控节温器 3—缸盖 4—换热器 5—吹风机 6—水套
7—油底壳 8—电动水泵 9—旁通管 10—电控风扇

6. 现代柴油机冷却系统热管理实例

柴油机是重要的交通运输动力源和发电机组动力源,其燃油经济性和排放水平对社会经济和环境有直接的影响。传统柴油机的冷却系统结构如图 11-14 所示,它由蜡式节温器、水泵、水套、散热器、电控风扇、空-空冷却器、EGR 冷却器和换热器等组成。

图 11-15 所示为现代柴油机冷却系统结构,可以看出,它与传统柴油机的冷却系统有很大的区别。除蜡式节温器被电控节温器替代、带驱动水泵被电动水泵替代之外,还增加了液-空中冷器、变速器机油冷却器和辅助水泵。这些装置的采用,可以使柴油机进一步满足更高要求的燃油经济性和 NO_x 排放标准。

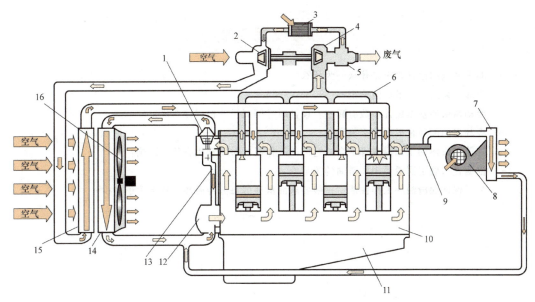

图 11-14 传统柴油机冷却系统结构

1—蜡式节温器 2—压气机 3—EGR 冷却器 4—涡轮 5—EGR 阀 6—排气管 7—换热器 8—吹风机 9—螺线形空气控制阀 10—水套 11—油底壳 12—水泵 13—旁通管 14—散热器 15—空-空冷却器 16—电控风扇

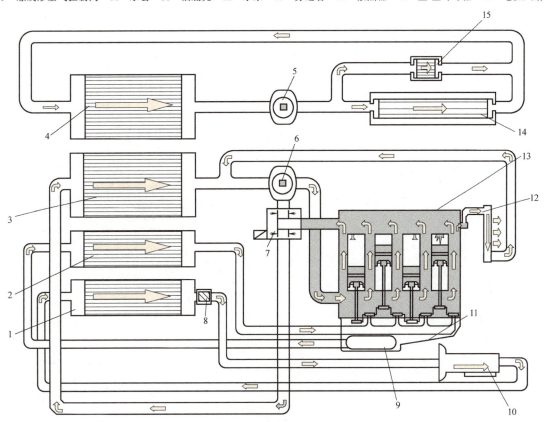

图 11-15 现代柴油机冷却系统结构

1—变速器机油冷却器 2—液-空机油冷却器 3—发动机散热器 4—EGR 中冷器 5—2 号泵 6—1 号泵 7—电控节温器 8—湍流器 9—机油泵 10—变速器 11—油底壳 12—换热器 13—发动机冷却水套 14—液-空中冷器 15—EGR 冷却器

思考及复习题

11-1 润滑系统的设计要求是什么?为什么?

11-2 冷却水泵的泵水量如何确定?

11-3 冷却风扇的基本设计参数有哪些?设计时外圆周尺寸根据什么确定?

11-4 冷却水的循环量根据什么确定?

11-5 缸盖与机体的工作温度哪个高?它们的工作温度对发动机有什么影响?

11-6 根据什么确定润滑系中润滑油的流量?

11-7 为了保证润滑油的工作性能,一般要求润滑油的每分钟循环次数不大于多少?

参 考 文 献

[1] 杨连生. 内燃机设计 [M]. 北京：中国农业出版社，1981.
[2] 周龙保. 内燃机学 [M]. 北京：机械工业出版社，1999.
[3] 吴兆汉，等. 内燃机设计 [M]. 北京：北京理工大学出版社，1990.
[4] 李斯特，匹辛格. 内燃机设计总论 [M]. 高宗英，等译. 北京：机械工业出版社，1986.
[5] 万欣，林大渊. 内燃机设计 [M]. 天津：天津大学出版社，1989.
[6] Heinz Heisler. Advanced engine technology [M]. SAE，1995.